应急医疗设施工程建设指南

中国建筑文化研究会医院建筑与文化分会 主编
黄锡璆 / 许钟麟

中 国 计 划 出 版 社

北 京

图书在版编目（CIP）数据

应急医疗设施工程建设指南 / 中国建筑文化研究会
医院建筑与文化分会主编. -- 北京 ： 中国计划出版社，
2021.1
ISBN 978-7-5182-1244-6

Ⅰ．①应… Ⅱ．①中… Ⅲ．①公共卫生－突发事件－
医院－建筑设计－指南 Ⅳ．①TU246.1-62

中国版本图书馆CIP数据核字(2020)第199482号

应急医疗设施工程建设指南

YINGJI YILIAO SHESHI GONGCHENG JIANSHE ZHINAN

中国建筑文化研究会医院建筑与文化分会　　　　主编
黄锡璆　许钟麟

中国计划出版社出版发行
网址：www.jhpress.com
地址：北京市西城区木樨地北里甲 11 号国宏大厦 C 座 3 层
邮政编码：100038　电话：（010）63906433（发行部）
三河富华印刷包装有限公司印刷

787mm×1092mm　1/16　16 印张　379 千字
2021 年 1 月第 1 版　2021 年 1 月第 1 次印刷

ISBN 978-7-5182-1244-6
定价：60.00 元

编审委员会

组 织 单 位：中国建筑文化研究会医院建筑与文化分会
　　　　　　　洁净园

主　　　编：黄锡璆　中国中元国际工程有限公司医疗总建筑师
　　　　　　　许钟麟　中国建筑科学研究院研究员

执 行 主 编：许海涛　中国中元国际工程有限公司医疗建筑设计研究院院长
　　　　　　　曹国庆　中国建筑科学研究院研究员
　　　　　　　张美荣　洁净园总编辑 / 中国建筑文化研究会医院建筑
　　　　　　　　　　　与文化分会副会长兼秘书长

副　主　编：王　杉　北京大学人民医院原院长 / 中国建筑文化研究会医院
　　　　　　　　　　　建筑与文化分会会长
　　　　　　　张流波　中国疾病预防控制中心消毒学首席专家
　　　　　　　张　强　华中科技大学同济医学院附属协和医院副院长
　　　　　　　张建忠　上海市卫生基建管理中心主任
　　　　　　　张同亿　中国中元国际工程有限公司副总裁
　　　　　　　黄晓群　中国中元国际工程有限公司医疗建筑设计研究院副院长
　　　　　　　汤　群　中信建筑设计研究总院有限公司副总建筑师
　　　　　　　张颂民　中南建筑设计院股份有限公司副总建筑师
　　　　　　　南在国　北京市建筑设计研究院有限公司副总建筑师
　　　　　　　　　　　医疗建筑研究中心副主任
　　　　　　　马　恒　公安部消防局法规标准处原处长
　　　　　　　　　　　中国建筑文化研究会建筑设计创新委员会名誉主任
　　　　　　　陶　麒　江苏达实久信医疗科技有限公司副总裁
　　　　　　　王　海　武汉华康世纪医疗股份有限公司副总经理
　　　　　　　蔡子牛　广州海洁尔医疗设备有限公司董事长
　　　　　　　夏群艳　深圳市华净科技有限公司总经理
　　　　　　　雷　霆　中广核环保产业有限公司总经理

参 编 单 位：中国中元国际工程有限公司
　　　　　　　中南建筑设计院股份有限公司

1

中信建筑设计研究总院有限公司

清华大学建筑设计研究院有限公司

北京市建筑设计研究院有限公司

浙江省现代建筑设计研究院有限公司

中国建筑设计研究院有限公司

浙江大学附属第一医院

江苏省人民医院

北京市朝阳区三环肿瘤医院

山东省设计院第五分院

同济大学建筑设计研究院（集团）有限公司

应急管理部四川消防研究所

山西省大同市消防救援支队

深圳市建筑科学研究院股份有限公司

深圳市新建市属医院筹备办公室

中国建筑文化研究会建筑设计创新委员会

北京大学人民医院

河北医科大学第四医院

首都医科大学附属北京地坛医院

首都医科大学附属北京佑安医院

首都医科大学附属北京朝阳医院

湖北省疾病预防控制中心

上海市第六人民医院

山西省人民医院

苏州科恩净化科技有限公司

沈阳金创工程有限公司

北京蓝源恒基环保科技有限公司

康斐尔过滤设备（昆山）有限公司

美埃（中国）环境科技股份有限公司

北京文康世纪科技发展有限公司

山东帅迪医疗科技有限公司

宁波合力伟业消防科技有限公司

鹤山市恒保防火玻璃厂有限公司

江苏永信医疗科技有限公司

靖江市九洲空调设备有限公司

四川科创源洁净工程有限公司

丽兹控股有限公司

皇家动力（武汉）有限公司

重庆思源建筑技术有限公司

老肯医疗科技股份有限公司

苏州净化工程安装有限公司

广州同方瑞风节能科技股份有限公司

阿姆斯壮（中国）投资有限公司

甘肃苏净建设发展有限公司

河北空调工程安装有限公司

青岛海尔空调电子有限公司

中建三局绿色产业投资有限公司

青岛松上环境工程有限公司

北京五合国际工程设计顾问有限公司

武汉华胜工程建设科技有限公司

宁夏鑫吉海医疗工程有限公司

南京天加环境科技有限公司

北京江森自控有限公司

约克（中国）商贸有限公司

编 写 人 员：（按章节顺序）

概　述

主　笔　人：许海涛　梁建岚

选址与规划布局

主　笔　人：黄晓群　王文胜　孙红兵

编　　　委：梁建岚　赵承宏　史　巍　李正涛　南在国　李华平
　　　　　　梅益文　苏黎明

专 项 工 程

主　笔　人：许海涛　李　辉　陈　兴　姚红梅　王国栋　张颂民
　　　　　　汤　群　张同亿　黄晓家　林向阳　涂　路　刘晓雷

3

前 言

新冠肺炎疫情是近现代人类社会重大的突发公共卫生事件。此次疫情传播范围之广、感染病患及死亡之众，以及持续时间之长前所未有，牵动着全球亿万人的心。

在抗击新冠肺炎疫情期间，我国人民在党中央的坚强领导下，万众一心、众志成城。中央一声号令，各方医疗队、全国医护人员奔赴疫情前线开展救治，医疗设备、药品、医护用品、生活物资、粮油果蔬等，从全国各地源源不断地被送往一线。在武汉、湖北"封城"之际，中国人民展现了中华民族同舟共济、不怕困难、勇于胜利的精神。

这次战"疫"是总体战、阻击战，为控制传染源、切断传染链，保护易感人群，实施早发现、早隔离、早诊断、早收治的方针，武汉等地设立了定点医院，并快速建造了一批应急救治医院。从中央到地方采取了一系列有力的举措，使我国疫情得到了有效控制，保障了人民群众的生命安全，逐渐实现复工复产复学，一步步恢复正常生活。中国抗击疫情取得了举世瞩目的阶段性成果。

在这场突如其来的疫情中，我国广大建筑从业人员，不论是勘察、规划、设计、施工、监理、安装维修人员，还是建筑产品研发院所、生产厂家，也不分民企、国企，与广大医护人员以及其他行业人员一样，不甘落后、勇于争先，纷纷积极响应、投入行动，不分昼夜、分秒必争，不怕艰难困苦，在短短的时间里，建成一座座规模不等、标准规范的现代化应急救治设施，对缓解当地救治压力起到了不可替代的作用，展现了我国建筑行业勇于担当的社会责任感和"国难当头，匹夫有责"的家国情怀。

为了总结新冠肺炎应急医疗设施这一特殊设施的建设经验，中国建筑文化研究会医院建筑与文化分会组织新冠肺炎应急设施工程建设参与者共同编写了本工程建设指南。本书涵盖各个专业，从总体概念到各个细节，从工程启动到投入使用再到维护管理全过程，对应急医疗设施工程建设水平的继续提升和发展创新是一项很有意义的工作。

应急医疗设施在突发公共卫生事件中可以发挥独特作用，能有效减缓原有医疗设施的压力，并补充其不足，因此赋有特殊性。此类设施需要快速建造，均采用了模数化、标准化、体系化的建造方式，采用成品标准复合板、成品钢筋混凝土盒式结构、成品集装箱式结构、模块化机电设备等。在快速建造的同时，设施在生物安全、结构安全、非结构系统安全、消防安全、环境安全、生命支持系统安全等方面也要保证满足基本需求，洁污分区、洁污分流、气流合理组织等也都不容忽视。

当前全国各地正在加强公共卫生体系建设，继续完善和提高应急医疗设施的建设水平，不断优化预案很有必要。在近期已实施投入使用或未使用的案例中，还存在着一些问题，如诊疗流程合理化、满足功能空间尺度、无障碍设计、节能降耗、节省投资、适应气候条件等方面，仍然有许多可提升的空间；在病房过渡缓冲区的设计、负压气流的控制方式、门的控制等方面也存在不同见解，需要继续研究判别。毫无疑问，对战胜疫情，业界付出了巨大努力，似乎不应苛求，但面对未来，需要广大的工程技术人员不断发扬科学精神，补足短板、不断求索，更好地履行社会责任。

黄锡璆

2020 年 6 月 10 日

目　　录

第1章 概　　述

1.1　编　制　背　景

自新型冠状病毒肺炎（以下简称"新冠肺炎"）疫情暴发以来，疫情的发展及防控牵动着全国人民的心。为认真贯彻落实习近平总书记关于防控新冠肺炎疫情的重要指示精神，坚决打赢疫情防控阻击战，全国各地相继进行新冠肺炎应急医疗设施建设，科学合理地完成应急医疗设施的新建、改建和扩建。本书总结 2003 年重症急性呼吸综合征（SARS，Severe Acute Respiratory Syndrome）和 2020 年新冠肺炎应急医疗设施一些项目建设过程中的有益经验，以专业性、实用性、指导性和可操作性为原则进行阶段性总结，包括选址与规划布局、医疗工艺设计、建筑、结构、给排水、暖通空调、电气、智能化、医疗气体、消防、环保、标准化及模块化各专项工程，涵盖从选址、设计到施工、运行维护各个阶段，以期推进相关应急救治设施快速建造和安全运行，为新冠肺炎应急医疗设施工程建设提供有益借鉴与参考。

1.2　冠状病毒肺炎应急医疗设施

应急救治设施是指为应对突发公共卫生事件、灾害或事故，快速设置的应急医疗救治场所或设施。2003 年颁布的《突发公共卫生事件应急条例》规定："突发公共卫生事件，是指突然发生，造成或者可能造成社会公众健康严重损害的重大传染病疫情、群体性不明原因疾病、重大食物和职业中毒以及其他严重影响公众健康的事件。" 2007 年颁布的《中华人民共和国突发事件应对法》规定："突发事件，是指突然发生，造成或者可能造成严重社会危害，需要采取应急处置措施予以应对的自然灾害、事故灾难、公共卫生事件和社会安全事件。按照社会危害程度、影响范围等因素，自然灾害、事故灾难、公共卫生事件分为特别重大、重大、较大和一般四级。"可以看出，突发公共卫生事件具有以下几个特点：

- 事发紧急——在毫无准备的情况下发生，常常造成措手不及。
- 事态严重——早期难以应对，必须采取非常规的方法处理。
- 情况复杂——给紧急救援造成极大困难。
- 危害严重——短时间造成大量人员伤亡、财产损失，严重破坏正常生活秩序。
- 影响巨大——对社会公众造成很大的精神压力和心理压力，可能造成社会混乱。

在本次疫情防控过程中，为控制传染源、切断传染链、保护易感人群，实施早发现、早隔离、早诊断、早收治的方针，各地根据当地疫情、可利用资源，采用各种方式建设各类应急医疗设施，按照设施配置特点，大致可以划分为以下四类：

（1）新选用地，模数化、标准化、装配组合式应急设施。采用标准轻质实芯板或标准集装箱式板房快速建造，例如应对 SARS 的北京小汤山医院，应对新冠肺炎的武汉雷神山、火神山医院。

（2）在现有传染病医院、综合医院等医疗机构院区内利用现有设施改造或新建，或在院区附近的新征用地进行建设的应急设施。

（3）利用体育馆、旅馆、学校、宿舍等现有公共设施改造的应急隔离点。

（4）利用移动式车载医疗方舱等设备，结合帐篷等其他活动设施建设的应急诊断、筛查等救治点。

本书以应对 SARS、新冠肺炎等呼吸道类传染病，快速建设的第一类和第二类应急医疗设施为研究对象。

1.3　建设基本原则

1.3.1　医疗资源的合理共享与快速建设

应急医疗设施的建设应结合当地疫情防控的实际需要和现有医疗设施的实际情况，充分利用现有资源，因地制宜，选用适宜技术，采用快速有效的建设方式，在有限时间内完成。

鼓励优先采用装配式建造方式。新建工程项目宜采用整体式、模块化结构，特殊功能区域和连接部位可采用成品轻质板材，现场组接。

1.3.2　科学高效的流程布局

应急医疗设施设计应当遵照控制传染源、切断传染链、隔离易感人群的基本原则，满足传染病医院的医疗流程要求，按照生物安全原则，做到医患分区分流、洁污分区分流。

医患分区分流是指医患分区，分为清洁区、半清洁区、半污染区和污染区；相邻区域之间应设置相应的卫生通过间或缓冲间，严格划分医护人员与患者的交通流线。其中，清洁区是指医护生活区，医护人员开展医疗工作前后居住、停留的宿舍区域，包括换岗后的医护人员须在该区域隔离两周的临时居住区；半清洁区是指医护工作辅助区，包括医护会诊室、休息室、为患者服务的备餐间、医护开水间、医护集中更衣淋浴间、医护卫生间等用房；半污染区是指医护工作区，包括护士站、医生办公室、库房等，以及与负压病房相连的医护走廊；污染区是指诊疗区和病房区，包括接诊室、各类医技检查室、检验室、病区内护士站、处置室、负压病房、负压隔离病房、呼吸重症监护病房（RICU，Respiratory Intensive Care Unit）、病房缓冲间、病房卫生间、患者走廊、污物间、患者开水间等用房。

洁污分区分流是指清洁物流和污染物流分设专用路线，各种流线避免交叉。

1.3.3　安全高效的结构和机电系统

应急医疗设施设计应严控院内交叉感染，严防环境污染，确保医疗机构安全、高效运行，做到生物安全、环境安全、结构安全、消防安全、质量可靠和经济合理。为医护人员提供安全可靠的工作环境,为患者提供安全便捷的就医环境。

有效组织气流是指严格控制空气按不同压力梯度由清洁区向半污染区及污染区单向流动。

利用信息化手段加强管控包括:利用信息化手段,开展医护人员对患者的隔离观察和与患者的有效沟通,保证生物安全;负压病房区域出入口设置门禁系统,实现对病患活动范围的有效管理;可利用 5G 信号全覆盖,为远程会诊提供可靠保障。

机电专业设施设备的安装位置和布线应当与建筑功能及结构布置相匹配,利于快速安装,保证医疗使用效果。机电管道穿越房间墙处应当采取密封措施。

第2章 选址与规划布局

2.1 选址与总体规划

2.1.1 选址原则

2.1.1.1 新建工程

新建工程项目的选址应满足以下要求：

（1）环境应安静，远离污染源。

（2）宜位于地形规整、地质构造稳定、地势较高且不受洪水威胁的地段。

（3）宜位于市政配套设施齐备、交通便利地段。

（4）不宜设置在人口密集的居住与活动区域。

（5）应远离易燃、易爆产品生产、储存区域及存在卫生污染风险的生产加工区域。

2.1.1.2 改扩建工程

改扩建工程项目的选址应满足以下要求：

（1）应当位于院内相对独立、下风向、能设置独立出入口的区域。

（2）拟改造建筑应当基本满足传染病医疗流程，满足机电改造基本要求。

（3）在单独建筑物内局部改造应急收治区时，应当设置在建筑内便于隔离且有独立出入口区域，并应当满足现行国家标准《传染病医院建筑设计规范》GB 50849、《传染病医院建筑施工及验收规范》GB 50686 的规定。

（4）应事先考虑到应急工程对恢复原医院正常秩序的影响。

2.1.1.3 绿化隔离卫生间距

新建应急医疗设施选址，以及现有医院改建和扩建及传染病区建设时，医疗用建筑物与院外周边建筑应设置大于或等于20m绿化隔离卫生间距。

2.1.2 总平面规划

2.1.2.1 规划要点

（1）应合理进行功能分区，洁污、医患、人车等流线组织应清晰，并应严格遵循生物安全法则，防止院内感染。

（2）主要建筑物应有良好朝向，建筑物布局应满足卫生、日照、采光、通风、消防等要求。

（3）根据疫情发展留有可发展或改建、扩建用地。

（4）妥善处理废弃物，并应符合国家现行有关环境保护的规定。

2.1.2.2 场地设计

（1）院区出入口不应少于两处。

（2）车辆停放场地应按规划与交通部门要求设置。

（3）医院出入口附近应布置救护车冲洗消毒场地。

（4）根据分区，合理设置垃圾站（生活垃圾、医疗垃圾）、医疗气体站房（负压吸引、压缩空气、液氧站等），以及污水处理站、热力站、配电站、洗衣消毒站等配套设施。

（5）对涉及污染环境的医疗废弃物及污废水，应采取环境安全保护措施。

（6）应充分考虑保障设施的规划，如医护休息区、就餐区、武警、保安、后勤、办公、物资供应区等，如确实无法容纳时，应留有大量大客车、货运车辆停靠接驳场地。

（7）应结合用地条件进行环境绿化美化设计。

2.1.3　规划设计案例

2.1.3.1　深圳市第三人民医院二期工程

深圳市第三人民医院二期工程院区总用地面积为 69 000m²，总建筑面积为 48 000m²。项目为集装箱装配式临时建筑，作为收治新冠肺炎确诊病患使用，并设置接诊、放射科、功能检查、手术、重症监护室（ICU，Intensive Care Unit）、检验、中心供应、病房及配套附属设施等。应急院区总床位数为 1 008 张（含 208 张普通床位，784 张负压床位、16 张 ICU 床位）、手术室 2 间、数字 X 线摄影术（DR，Digital Radiography）1 台、病情探测仪器（CT，Computed Tomography）1 台、预留 CT 1 台。深圳市第三人民医院二期工程应急病区总平面图如图 2-1-1 所示。

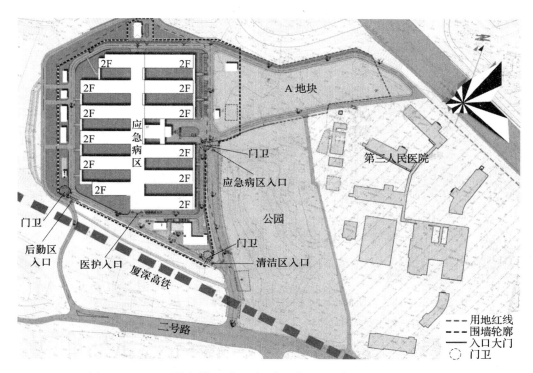

图 2-1-1　深圳市第三人民医院二期工程应急病区总平面图

2.1.3.2 佛山市第四人民医院扩建工程（临时）项目

佛山市第四人民医院扩建工程（临时）项目位于广东省佛山市金澜南路北侧，项目选址紧邻现有传染病医院佛山市第四人民医院，新建应急病区位于其西侧，改造应急医护人员休息区位于其西北侧。设计方案充分利用既有医疗资源和基础设施，实现新旧院区的资源共享和相互支援。

项目包括新建应急病区和改造的应急医护人员休息区两部分，其中，新建应急病区用地面积 14 274m²，总建筑面积 7 150m²。应急病区建筑面积 6 850m²，辅助用房建筑面积 300m²，地上一层，设置病床 205 张。应急医护人员休息区利用现有行政楼、结防楼改造而成，改造面积 4 284m²。佛山市第四人民医院扩建工程（临时）项目选址示意图和规划总图如图 2-1-2 所示。

（a）选址示意图

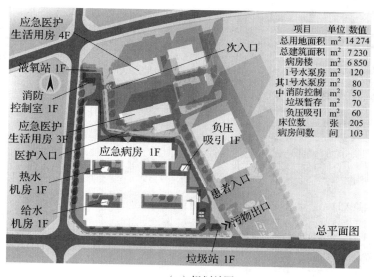

（b）规划总图

图 2-1-2 佛山市第四人民医院扩建工程（临时）项目选址示意图和规划总图

2.2　物流运输及停车场

2.2.1　一般规定

2.2.1.1　流线及分类

（1）车流运输流线主要为救护车流线、物资运输车流线。

（2）救护车、物流运输车的流线组织应清晰、合理，应保证救护车、物流运输车出入的顺畅和便捷。

（3）不同运输流线应按洁污严格划分，应避免交叉，尸体运输流线应与出入院路线分开。

2.2.1.2　出入口

（1）救护车出入口、物流运输车出入口应与实施院区污染区出入口、限制区出入口相对应。

（2）医院出入口附近应布置救护车冲洗消毒场地。

（3）出入口处设置岗亭及道闸，设置车牌号码自动识别系统和信息屏。

2.2.1.3　停车设施

院区内应设置救护车停车场、医用物资装卸场地、小型机动车停车场、非机动车停车场，各类停车场应按院外院内车辆分区布置，并严格按照使用功能安排在污染区或清洁区，停车场宜设置在地面。

2.2.1.4　清洗消毒设施

（1）在实施院区污染出入口处应设置清洗消毒站，其尺寸应根据车辆类型进行设计。

（2）在清洗消毒场地周边应设置集水槽，车道侧边应设置防溅的挡水板，清洗废水需收集后纳入院内污水处理系统。

（3）清洗消毒站应设置清洗消毒设备、用品、药品的储藏间（箱）和工作间。

（4）清洗消毒站应有给排水、电力接口。

2.2.2　道路

2.2.2.1　基本要求

（1）应满足救治、运输、安装、检修、消防安全和施工的要求。

（2）应与功能分区相契合，并应与总平面布置相协调。

（3）应与基地外道路连接方便、短捷。

（4）基地内道路路面宽度应根据车辆、行人通行和消防需要确定。

（5）应与竖向设计相协调，应有利于场地及道路的雨水排除。

2.2.2.2　机动车道

（1）接诊门诊楼、病房楼、仓库的主要出入口应设置宽度合适的通道以满足车辆通行要求。

（2）供救护车通行的机动车道应采用贯通式双车道。

（3）尽头式道路应设置回车场，回车场的大小应根据汽车最小转弯半径和道路路面宽度确定。

（4）道路最小圆曲线半径、道路边缘至建筑物或构筑物的最小距离、道路最大纵坡等要求的确定宜参照现行国家标准《城市居住区规划设计标准》GB 50180 的有关规定。

2.2.3 停车场

2.2.3.1 配建指标

（1）救护车配置标准：按照每 100 张床位配置 1 辆救护车。

（2）停车位计算标准：以小型车为计算标准，每 100 张床位宜配置 4～8 个停车位（每班医护人员通勤车运送量）。

2.2.3.2 场地设计

（1）地面停车场地应平整、坚实、防滑，并满足排水要求，排水坡度不应小于 0.3%，且不应超过 0.5%，以免发生溜滑。

（2）地面停车场宜设置在行车方便处，距传染病区建筑外墙面应大于或等于 20.0m。

（3）救护车停车场应独立设置，方便车辆进出，停车场附近应设置随车人员休息场所，停车位宜设置遮阳挡雨棚。

（4）需设置残疾人停车位的停车场，应有明显指示标志，其位置应靠近建筑物出入口处，残疾人停车位与相邻车位之间留有轮椅通道，其宽度不应小于 1.2m。

2.2.3.3 配套设施

（1）停车场应划设停车线、停车分区，停车场内有方向引导指示标志。

（2）小型车停车场应配置充电桩，救护车停车场预留 1 个充电桩。

（3）停车场应设置视频监控设施，场内应无监控死角。

（4）停车场应设置照明、排水系统。

2.2.4 装卸作业场地

（1）装卸场地和堆场的地面应平坦、坚固，坡度不得大于 2%，并应有良好的排水设施。

（2）装卸场地、堆场应保证装卸人员、装卸机械及车辆有足够的活动范围和必要的安全距离，车身后栏板与建筑物的间距不应小于 0.5m。

（3）装卸场地应根据车辆类型进行设计，中型汽车装卸场地大小为 10.0m×4.5m，轻型汽车装卸场地大小为 8.0m×4.0m。

（4）装卸场地应有良好的照明装置，应根据需要设置消防和防护设施、遮挡雨雪设施，以及必要的服务设施。

2.3 平面布局与医疗工艺设计

2.3.1 应急医疗设施的作用和主要工作任务

（1）作用：应急医疗设施是为应对突发的急性传染性疫情而为患者提供救治的医疗机构。

（2）主要工作任务：应急医疗设施主要工作任务是接收由政府指定医院转诊且已确诊为疫情患者和危重疑似患者并负责其抢救、治疗。

2.3.2　应急医疗设施的科室设置

应急医疗设施科室设置如表 2-3-1 所示。

表 2-3-1　应急医疗设施科室设置表

临床科室			医技科室								行政后勤科室								
重症医学科病房	重症治疗病房	普通治疗病房	接诊住出院处	影像诊断科	功能检查科	检验科	药剂科	手术室	血库	供应室	病案室	党院办公室	医务科	护理部	感染科	人事科	财务科	信息科	保卫科	总务科

2.3.3　应急医疗设施主要技术参数

应急医疗设施主要技术参数如表 2-3-2 所示。

表 2-3-2　应急医疗设施主要技术参数

项　　目	技　术　参　数
平均住院日	8～12 天
危重症患者占比	10%～13%
CT 诊断	80～100 人次 / 天
DR 诊断	120～150 人次 / 天
B 超诊断	30～50 人次 / 天
床位 / 工作人员比例	1：1.15～1.20
普通病区床位 / 每单元	45～50 张
重症病区床位 / 每单元	25～30 张
ICU	20～25 张（12 张 / 组）
呼吸机	总床位数的 5%
人工肺（ECMO）	1～2 台 /ICU 病区

2.3.4　应急医疗设施建设规模与相关科室规模配套比例关系

应急设施建设规模与相关科室规模配套比例关系如表 2-3-3 所示。

表 2-3-3　应急设施建设规模与相关科室规模配套比例关系统计表（500 张床位）

序号	功能	科室名称	工作内容	主要医疗设备	单位面积	数量	总面积（m²）	占比（%）	备注
1	住院部	ICU 病房	危重症患者抢救治疗	ECMO、呼吸机、监护仪、移动影像设备等	47.76m²	25 人	1 194.0	—	—
2		重症病房	重症患者治疗	呼吸机、移动影像设备	47.26m²	25 人	1 181.5	—	—

续表 2-3-3

序号	功能	科室名称	工作内容	主要医疗设备	单位面积	数量	总面积（m²）	占比（%）	备注
3	住院部	普通病房	非重症患者治疗	移动影像设备	23.63m²	450人	10 633.5	—	—
4		住院治疗工作用房	病区医疗附属用房	—	8.72m²	500人	4 360.0	—	—
		小计			—	—	17 369.0	67.38	—
5	医技楼	接待厅、出入院处	接待转诊患者、办理住出院手续				384.0		
6		影像诊断科	影像学检查	CT、DR	—	2台CT、2台DR	732.0		
7		功能检查	影像学检查	B超、心电图、肺功能	—	2台B超、1台心电、1台肺功能	330.0		
8		检验科	核酸检查、聚合酶链式反应（PCR，Polymerase Chain Reaction）、血液、体液检查等	临床Ⅱ级实验室	—	—	756.0		
9		药剂科	药品收、存、配发	—	—	—	698.0	—	—
10		病案室	病案办理	—	—	—	200.0	—	—
11		手术室	外科手术	麻醉机、手术床、无影灯	—	—	150.0	—	—
12		血库	血液收、存、配发	医用冰箱、检测仪器	—	—	80.0	—	—
13		供应室	手术治疗用品的清洗消毒	半清洁、消毒设备	—	—	200.0	—	—
		小计			—	—	3 530.0	13.46	—
14	行政后勤	行政办公	党、政、医、护、后勤办公	—	4m²/人	80人	320.0	—	—
15		计算机中心	信息自动化系统管理维护	—	—	—	150.0		
16		消防总控室	—	—	—	—	80.0		
17		物资库房	医疗物资存储发放	—	—	—	400.0		
18		维修室	运行保障设备、医疗设备维修管理	—	—	—	50.0		

续表 2-3-3

序号	功能	科室名称	工作内容	主要医疗设备	单位面积	数量	总面积（m²）	占比（%）	备注
19	行政后勤	中心供气	氧气，正、负压气体	正负压机房设备、液氧、汇流排室	—	—	100.0	—	—
20		变配电	高低压配电室	—	—	—	200.0	—	—
21		空调冷冻	空调冷冻机房	冷冻机设备	—	—	200.0	—	—
22		锅炉房	供暖、生活热水	锅炉、水泵等	—	—	500.0	—	—
23		污水处理	医疗污水处理	—	—	—	地下 300.0	—	—
24		垃圾站	生活、医疗垃圾存放	—	—	—	120.0	—	—
			小计				2 420.0	9.33	—
25	院内生活	职工食堂	职工用餐厅、患者备餐、加工厨房		—	1 000 人	550.0	—	—
26		职工临时宿舍	职工临时宿舍、二线值班宿舍		6.6m²/人	300 人	2 000.0	—	—
			小计		—	—	2 550.0	9.90	—
			总计		—	—	25 870.0	—	床均面积 58m²/床

2.3.5 应急医疗设施就医流程

（1）确诊患者就医：接诊登记→住院检查治疗→痊愈出院；

（2）住院期间患者检查：检查室→专用通道→病房。

2.3.6 医疗区建筑布局的医疗工艺设计

（1）医疗区主要建筑：接诊医技区、病房区、医护人员工作区及通道，物资供应区及半清洁通道等，如图 2-3-1 和图 2-3-2 所示。

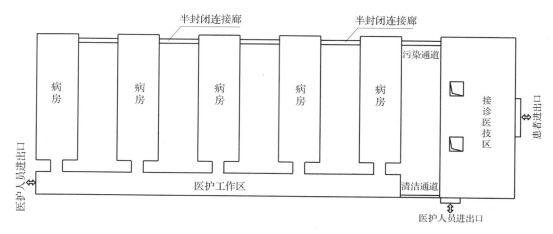

图 2-3-1　单侧病房布局示意图

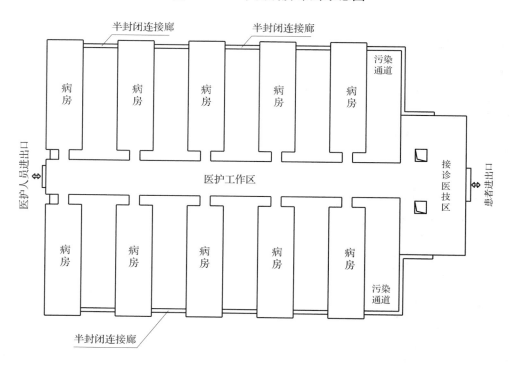

图 2-3-2　双侧病房布局示意图

（2）医疗区建筑应根据地形、院区用地情况选择布局方式，一般情况下：

1）建设规模小于 500 张床位，宜采用单侧病房布局方式；

2）建设规模大于 500 张床位，宜采用双侧病房布局方式；

3）病房层数不宜超过 3 层。

（3）两栋病房间距不应小于 20m。

（4）两层以上建筑可设坡道并设电梯（半清洁区域）、污染杂物梯（污染区域）。

（5）医疗区应依据卫生安全等级标准分别安排半清洁区用房、半污染区用房、污染区用房及通道。

（6）各区主要使用功能。

1）接诊医技区：接待、影像诊断室、功能检查室、药剂科、病案室、手术室、供应室、血库等医技科室。

2）病房区：ICU 病房、重症病房、普通病房。

3）病房医护工作区：更衣洗浴、护士站、医生办公室、配药室、处置室、值班室、库房等。

4）半清洁工作区：半清洁通道、远程会诊、休息、物资库房、行政后勤办公等用房。

2.3.7　医疗区的洁污分区、洁污分流、医患分区、医患分流布局

新冠肺炎应急医疗设施高效运营的重要条件是保护医护人员不被疾患感染，完成高质量救治患者的任务，医疗区用房按照洁污分区、洁污分流、医患分区、医患分流的原则布局，是有效预防医护人员感染，科学、规范、合理、高效开展各项医疗活动的重要条件，如图 2-3-3、图 2-3-4 所示。

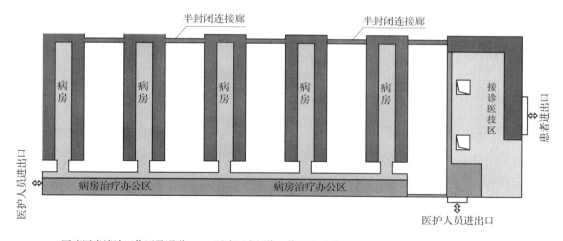

■ 医疗区半清洁工作区及通道　　□ 医疗区半污染工作区及通道　　■ 医疗区污染工作区及通道

图 2-3-3　单侧病房三区三通道平面示意图

2.3.7.1　洁污分区布局

洁污分区布局是指医疗区内不同卫生安全等级（半清洁、半污染、污染）用房应分开布局。洁污分区布局应遵守如下规则：

（1）布局规则。

1）半清洁区用房集中布局。

接诊医技区内的药剂科、病案室等不与患者直接接触的科室用房为半清洁用房；住院工作区内的会诊、会议、接待、行政后勤办公、信息中心、总控制室、物资仓库等用房均应在各自区域内集中布置。

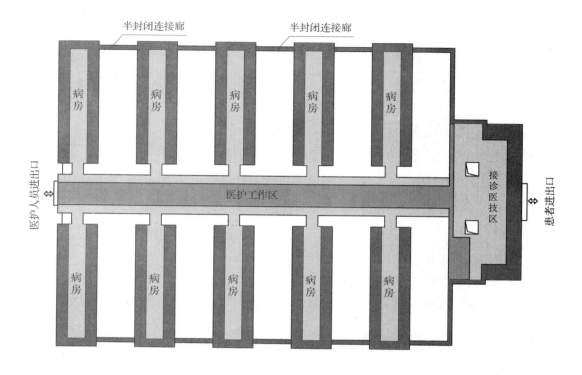

■ 医疗区半清洁工作区及通道　■ 医疗区半污染工作区及通道　■ 医疗区污染工作区及通道

图 2-3-4　双侧病房三区三通道平面示意图

2）半污染区用房集中布局。

接诊医技区内的影像诊断科、功能检查科、接待室、住出院处的办公用房，住院工作区内的护士站、配药室、医生办公室、处置室、医疗设备存放间、休息用餐、值班、库房等集中布局。

半污染区用房的特点是房间内无患者，但医护人身着防护服往返于病房及检查室后在此停留。

3）污染区用房集中布局。

接诊医技区内的 CT 室、X 光片拍摄室、B 超检查室、心电图室、接待室、住院出院办理处，病房区内的患者病房等集中布局。

（2）不同卫生安全等级用房的连接规则。

1）相邻卫生安全等级用房可经由缓冲间或卫生通过间方式连接。

2）不相邻卫生安全等级用房不能连接，也不应经由缓冲间或卫生通过间方式连接。

2.3.7.2　洁污分流布局及动线设置

（1）洁污分流布局。

洁污分流布局是指半清洁物品应按规定的路线送至使用地点，污物应沿专用污物通道运出，洁污动线不可交叉。洁污分流布局应遵守如下规则：

1）半清洁区内使用的物资应经半清洁通道进出，如接诊医技、住院工作区内的半清洁区使用的物资。

2）半污染区、污染区内使用的物资应在半清洁区存储点领取，经专用通道，再经卫生通过间或缓冲间到达使用位置，如药品、食品、一次性使用物品、血液、病历等。

3）半污染区、污染区的物流不得经由半清洁区专用通道流动。

4）污染物、垃圾应经由专用半污染、污染通道送出医疗区。

（2）动线设置。

1）医疗区物流动线。

药品：库房→领发药→缓冲间（卫生通过间）→病房工作区专用通道→配药室（库房）。

送餐：厨房→半清洁通道（病房区、接诊医技区）→缓冲间（卫生通过间）→专用工作通道→传递窗（病房）或用餐间（工作人员）。

其他物资：库房→半清洁通道→缓冲间（卫生通过间）→专用通道→存放间。

2）医疗区污染物流线。

医疗垃圾：病房→病区污染走廊→污物暂存处理室→医疗区污物通道→医疗垃圾站。

一次性防护服：脱衣室→污衣处理→医疗区污物通道→医疗垃圾站。

工作人员内衣：脱衣室→污衣处理→医疗区污物通道→洗衣房。

3）生活垃圾流线。

半清洁区：垃圾收集→半清洁区通道→院区生活垃圾站。

污染、污染区（病房医护工作区、医技科室工作区）：医技科室垃圾收集→工作区通道→污物处理室→医疗区专用污物通道→院区生活垃圾站；病房医护工作区垃圾收集→工作区通道→缓冲间（卫生通过间）→病区污染通道→污物处理室→医疗区专用污物通道→院区生活垃圾站。

2.3.7.3 医患分区布局

医患分区是指医疗区内医护人员工作、生活空间，与患者住院病房、检查用房及通道等空间分开布局，避免因布局不当而发生交叉感染。

医疗区包括医护人员工作区域、半清洁区、半污染区、污染区。医疗区患者治疗、生活区域包括病房及与病房连通的污染通道，接诊医技区内的接诊大厅、候诊厅（廊）、检查室。

设计应有助于实现严禁患者进入规定活动区以外的房间、通道的目的。

2.3.7.4 医患分流布局

医患分流是指医护人员、患者各自按设计规定的路线运行，医患动线不交叉。

（1）医护人员工作流线如图 2-3-5 所示。

图 2-3-5 医护人员工作流线图

（2）患者流线包括两种情况：一是住院患者：接待登记厅→患者专用污染通道（连接接诊医技区）→病房；二是住院期间检查患者：病房→病房区污染通道→医疗区污染道→候诊厅→检查室。

2.3.8 接诊医技区平面布局、用房、动线及各科室布局要求

2.3.8.1 医技楼

（1）接诊医技区应位于院区主入口位置，方便转来诊疗的患者接待、登记、检查。医技区平面布局如图 2-3-6 所示。

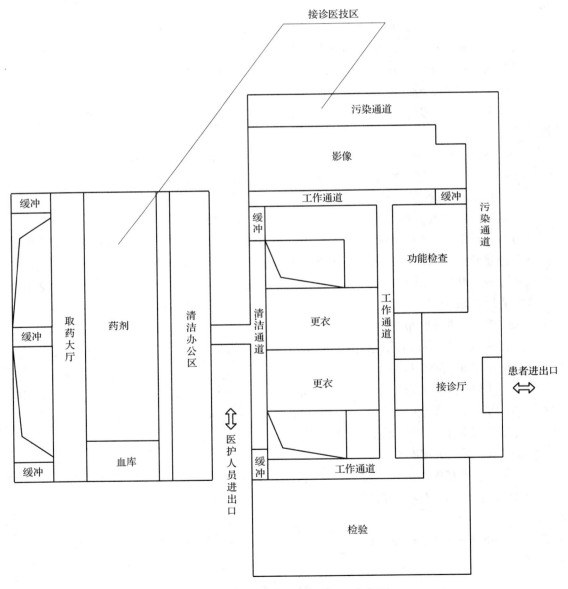

图 2-3-6 医技区平面布局示意图

（2）接诊医技区内的功能科室可分为直接或间接与患者接触的科室（如影像诊断科、功能检查科、检验科、接待、登记等）和非接触患者的科室（如药剂科、病案室、血库、信息中心、总控制室、物资库房等）。接触与非接触患者的科室宜相对集中布局，有条件时也可分开布局。

（3）接诊医技区平面应采用"二区三通道"布局，即半污染区、污染区、半清洁通道、半污染通道、污染通道。

1）半清洁通道：工作人员进出医技楼的主通道（更衣前）。

2）半污染区用房及通道：影像诊断科、功能检查科、接待登记各科室的办公用房及工作通道。

3）污染区用房及通道：等候大厅、CT 室、B 超检查室及患者等候厅，进出通道。

（4）人员通过不同卫生安全等级空间需经由缓冲间，如从工作通道至 CT 室、工作通道、B 超检查室等。

（5）接诊医技区内的患者污染通道应与病房楼专用患者通道连通，以方便患者住院期间做各种医学检查。

（6）单侧布局病区时，接诊医技区半清洁通道宜连通住院楼半清洁通道，此通道也是医疗区工作人员及部分物资运行的主通道。

（7）接诊医技区与病房医护工作区内的工作通道应以缓冲间方式连通，以方便药品、病案及其他物资的送达。

（8）接诊医技区内接触患者的各科室宜集中一处更换防护服。

（9）接诊医技区平面布局应符合消防规范相关规定。

（10）接诊医技区内直接或间接与患者接触的科室宜共用工作通道（半污染区）。

2.3.8.2 各科室布局用房动线要求

（1）影像诊断科。

1）影像诊断科应自成一区，其位置宜临近病房区，候诊区（廊）应与病房区连通。

2）影像诊断科的医生阅片室、会诊室可设在半清洁区内。

3）影像诊断科医护人员工作流线：半清洁通道→半清洁办公用房→更换防护服室→工作通道→办公室→缓冲间→扫描室。

4）CT 机数量配置：500 张床位以下——2 台，600 张床位以上——3～4 台。

5）因新冠肺炎应急治疗设施病区内需配置相应的移动式 X 光机，影像诊断科固定式 X 光机数量可酌情配置。

6）主要用房：候诊厅（廊）CT 扫描室、控制室、注射室、抢救室、激光打印室、普通 X 光检查室、控制室、医师阅片室、主任办公室、值班室、休息用餐室、库房等。

（2）功能检查科。

1）功能检查科宜临近影像诊断科。

2）功能检查科医护人员工作流线：半清洁通道→更换防护服室→工作通道→办公室→缓冲间→功能检查室。

3）主要用房：候诊厅（廊）、B 超检查室、心电图检查室、主任办公室、医师办公室、值班室、休息用餐室、库房等。

4）因新冠肺炎应急治疗设施病房内需配置移动式 B 超机、心电图机，故功能检查科固定 B 超心电设备数量可酌情配置。

（3）检验科。

1）检验科应具备病毒检验，血常规检验，尿、便、体液检验功能。实验室建设应符合临床 Ⅱ 级实验室及以上标准。

2）检验科工作区内应设专用污物处理室，检验标本经高压消毒灭菌处理后方可运出检验室。

3）检验科人员工作流线：半清洁通道→更换防护服→工作通道→缓冲间→工作间。

4）主要用房：样本接收室、PCR、Ⅱ级临床检验实验室、污物处理室、试剂存放间、不间断电源（UPS，Uninterruptable Power System）电源室、紧急冲刷处、主任办公室、医生办公室、值班室等用房。

（4）药剂科。

药剂科应自成一区，药剂科是非接触患者的医技科室，故科室用房为半清洁区用房，工作人员应经半清洁通道进出工作区。

1）药剂科的位置应临近病房楼的医护治疗区，方便病区领药，并应临近室外道路，便于来药装卸。

2）药剂科应具备中药、西药、输液药的收取、记账、存储、发放功能。

3）主要用房：药品发放厅、中药房、西药房（含特药）、输液药库房、接收拆包室、主任办公室、药师办公室、财务办公室、休息用餐室、更衣室、厕浴室等。

（5）住院、接待登记室、住院出院办理。

1）住院、接待登记室、住院出院办理是应急医疗设施的窗口部门，宜位于医技楼入口处。

2）主要用房：住院、接待登记室。

3）医护人员工作流线：半清洁通道→更换防护服室→工作通道→缓冲间→工作间。

4）空间需求：入院大厅应满足同时接待患者及服务人员的空间需求，接诊登记室、接待与入院区分开，住院出院办理室使用面积不应小于 25m²/ 间。

（6）信息科。

1）信息科是非接触患者科室，用房为半清洁用房，工作人员应经半清洁通道进出办公区、值班区。

2）主要用房：主机室、UPS 电源室、软件办公室、硬件办公室、值班室、更衣厕浴室等。

2.3.9　病房区平面布局及用房动线要求

（1）普通病区以两人间病房为主，每病区床位数量一般为 45～50 张。重症治疗病区以单人间病房为主，每病区床位数量一般为 30～35 张。ICU 病房是重症监护抢救治疗病房，每单元床位数量不宜超过 12 张，若超过 12 张时，可按 12 张分组。

（2）普通病区重症治疗病区平面及病房布局如图 2-3-7 所示。

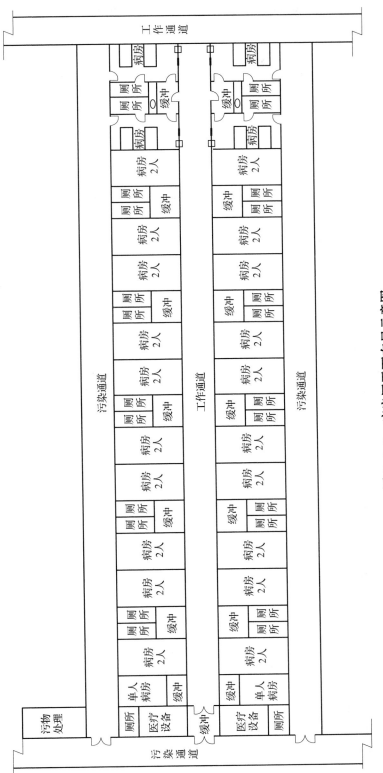

图 2-3-7 病房区平面布局示意图

1）病区采用双侧病房、双通道（医护工作通道、患者专用通道）布局方式。按卫生安全等级要求，医护工作通道为半污染区，病房患者专用通道为污染区。

2）双通道净宽不宜小于 2.8m。

（3）患者仅限于在病房、患者专用通道内治疗及活动。

（4）病房开间净宽不宜小于 3.6m，便于实施抢救治疗时通过，病房进深应满足床距墙不小于 1.0m，床间距不小于 1.1m。

（5）医护人员进入病房应经过缓冲间，缓冲间内应具备简易洗消功能和其他需在平台上临时操作的功能。

（6）病房临工作通道侧墙体上应设传递窗、观察窗，患者饮食、药品经传递窗传递，传递窗为电子锁式，可在附近设置紫外线消毒灯。观察窗为方便医护人员随时观察患者状况。

（7）每病区内应设移动式医疗设备存放室 1 间，开水间 1 间。

（8）病区内人流、物流动线。

1）病区医护人员：医护工作区→病区工作走道→缓冲间→病房。

2）移动医疗设备：移动设备间→病区患者专用通道→病房。

3）患者：病房→病区患者专用通道。

4）卫生半清洁区人员：更衣室→医疗区污物通道→病区污物通道→缓冲间→病区工作用房（病房）。

5）药品：药剂科取药窗口→缓冲间→医护工作通道→护士站→病房工作走道→传递窗→病房。

6）食物：营养食堂→病房医护工作区送餐通道→缓冲间→医护区工作通道→传递窗→病房。

7）物资：物资库→病房医护工作区物资通道→缓冲间→医疗区工作通道→缓冲间→病房。

8）医疗生活垃圾：收集站→医疗区工作通道→病区患者专用通道→污物处理室→医疗区污物通道→垃圾站。

2.3.10 病房医护工作区平面布局、用房动线要求

病房医护工作区是病房区的重要组成部分，是为住院患者提供救治准备的医护人员办公的场所。连接接诊医技区、病房区的室内主要半清洁通道和连接各病区的工作通道均布置在病房医护工作区以内，病房医护工作区布局特点是半清洁区通道用房与工作区通道用房（半污染）同区布置，特别是当建设规模大、采用双侧病房布局时，半清洁区通道用房则位于半污染、污染区的中间位置，因此病房医护工作区布局应实现洁污分区、分流，医患分区、分流，避免交叉感染，医护工作人员治疗准备工作用房应有较好的工作环境和条件。

（1）设计应满足：连接接诊医技区的室内半清洁主通道同室外空间、院区宿舍保持一致；穿着防护服的工作人员不能进入半清洁区通道、房间；运往各病区的物资不得通行、

穿行半清洁区主通道。

（2）物资库房、餐食、药剂、病案血库宜布局在医疗工作区两端，经缓冲间可直接进入病区专用通。

（3）清洁区主通道净宽不宜小于 3m，医护工作区主通道净宽不宜小于 2.8m。

（4）医疗工作区为两层以上建筑时宜设置电梯，包括客梯和货梯，并设坡道。

（5）医疗工作区布局应符合相关消防规范的规定，通往清洁区走道的消防疏散口平时不得开放。

（6）病区医护人员穿脱隔离服、更衣厕浴间在医疗工作区内，平面布置如图 2-3-8 所示。穿脱隔离服厕浴间设计要求：

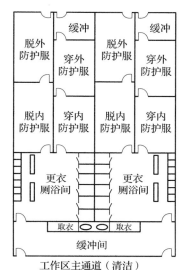

1）进入人流：半清洁通道→缓冲间取衣→厕浴间更衣→穿内防护服→穿外防护服→缓冲间→工作区走道。

2）离开人流：工作区走道→脱外隔离服室→脱内隔离服室→浴室淋浴更衣间→缓冲间→半清洁走道。

3）污物流：一次性隔离衣收集打包密封→工作走道→污染走道→医疗垃圾站；回收内衣收集打包→工作走道→污染走道→洗衣房清洗。

4）男女穿脱隔离服厕浴间宜每 2 ~ 2.5 个病区合用一个更衣厕浴间，使用空间应按男女同时满足 25 ~ 30 人使用需求。

图 2-3-8　穿脱防护服、更衣厕浴间平面布局示意图

（7）主要用房：

1）半清洁区：会议室、接待室、临时休息室、信息中心、药剂科、总控室、血库、病案、部分行政办公室、后勤办公室、厕浴间等。

2）护理单元工作用房：护士站、配药室、处置室、医生办公室、仪器设备间、库房、男女值班室、休息用餐室等。

（8）人流、物流动线同病房楼。

2.3.11　ICU、手术室、供应室、血库平面布局

ICU、手术室、供应室、血库宜相邻布局且位于病区范围内，平面布局如图 2-3-9 所示。

2.3.11.1　主要用房

（1）病房：开放式大病房、多间负压隔离病房（单人间）、护士站、配药室、一次性物品室、仪器设备室（存放抢救设备、检查设备）、处置室、污物处理室等。

（2）医护工作区：主任办公室、医生办公室、护士长办公室、库房等。

2.3.11.2　手术室

（1）手术室一般为 1 ~ 2 间，均为负压手术室。

（2）主要用房：手术室、洗手更衣室（缓冲间）、洁净走廊、污染走廊。

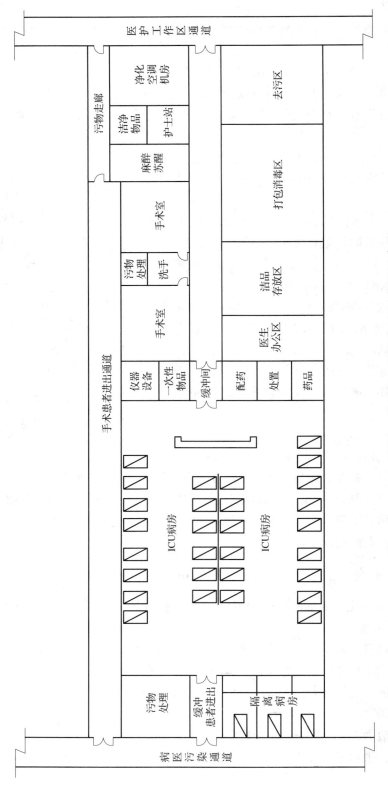

图 2-3-9 ICU 病房、手术室、供应室平面布局示意图

1）手术区：手术室、缓冲间、刷手间、洁净走廊、污染走廊、净化空调机房。

2）工作区：麻醉医师办公室、值班室、护士长办公室、库房等。

2.3.11.3　供应室

（1）供应室可与手术室同层布局，以方便手术部洁净物品、待清洗消毒的污染物品的送达。供应室主要任务是手术器械的高低温消毒和病区无菌器械的消毒供应。

（2）主要用房：污物接收登记、污物清洗室、打包消毒室、消毒后洁净物品存放室、洁净物品发放厅、污车清洗室、洁车清洗室、水处理室、洁净空调机房、办公室、休息用餐室。

（3）主要设备：清洗机、高压蒸汽消毒锅，等离子低压消毒机等。

2.3.12　医疗平面布局预防区内交叉感染的重要节点

病房楼的医疗工作区是医疗区内最复杂的区域，主要有以下特点：一是功能复杂，包括临床治疗功能、部分医技功能、行政后勤服务及物资保障功能均在此区范围；二是不同卫生安全等级区域划分及通道要求标准高，半清洁区用房通道与半污染区用房通道严格分开布局、限定连通；三是物流集中，药品、物资、配餐、抢救、送检样品等均需经此区运送；四是人员密度高，即住院区工作人员、部分医技科室工作人员及服务保障工作人员均在此区工作；五是工作环境条件差，大多数房间均为无自然通风、无采光的房间。因此，设计师要予以高度关注，布局时应有针对性地解决上述问题。

2.3.12.1　平面布局方案对比

图 2-3-10 为设天井的医护工作区的平面布置图，图 2-3-11 是未设天井的医护工作区的平面布置图。两种方案相比，医护工作区内设计天井有如下优势：

（1）改善医护人员的工作条件，使工作用房能够自然通风和间接采光。

（2）一旦发生大面积室内疫情污染，自然通风是避免和解决污染的最佳方法。

（3）非疫情时可利用天井空间和半清洁区用房统筹布局正常医院的功能用房，如门诊、急诊等，便于应急医疗设施转换为正常医疗设施。因用地条件紧张等原因无法设计天井时，宜在两侧病房专用工作区走道加设天窗。

2.3.12.2　严格控制，防止不同卫生安全级别的动线交叉

医护工作区人流、物流动线应严格按洁污动线分开布局，严禁洁污混行或交叉运行。设计应满足如下要求：

（1）医护人员应经穿脱防护服、更衣厕浴间进出工作区。

（2）不允许穿防护服的工作人员进入半清洁区通道。

（3）用于患者治疗的全部物资（药品、食物、仪器设备、敷料被服等）应经病区工作通道送达使用地点。

（4）住院期间患者转换病区时应经由患者转运通道。

（5）患者住院治疗期间一切活动仅限于病房、医技检查室、污染通道内，不得进入其他区域。

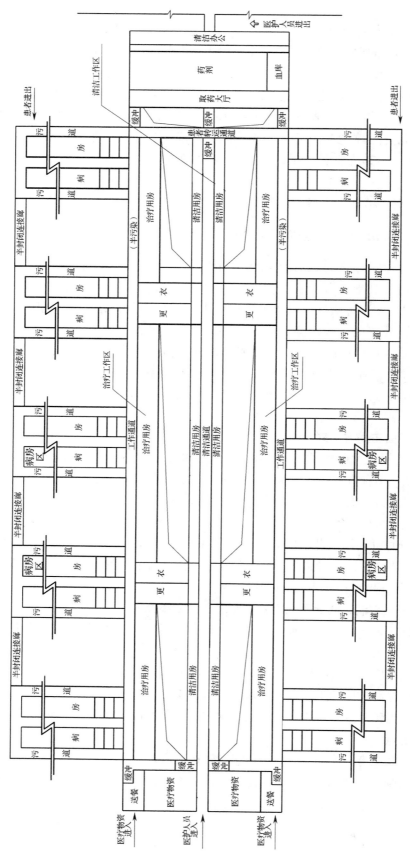

图 2-3-10 设天井的医护工作区平面布置示意图

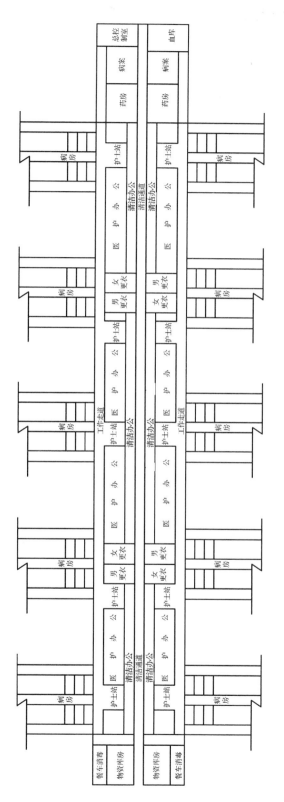

图 2-3-11　未设天井的医疗工作区的平面布置示意图

2.3.12.3 卫生通过间的设计

卫生通过间是两个相邻卫生安全等级用房 / 通道直接设置的专用空间，设计时应注意：

（1）宽度应满足双向通过的要求（人员、物资运输），满足更衣、换鞋、洗手等的要求；

（2）长度应满足运行不受阻及运送工具轮子走动式去污、消毒的需求。

第3章 专项工程

3.1 建 筑

3.1.1 概述

3.1.1.1 基本内容

新建应急医疗设施应全面、系统地完成医疗区建筑、配套机电、采暖、医疗气体等空间以及相关后勤保障、医护人员生活等区域的建筑设计。利用现有建筑改造的应急医疗设施应充分评估现有建筑是否具备符合医疗设施流程的条件,以及建筑物结构类型、抗震等级、结构柱网、机电系统等能否满足改造要求。在既有建筑物内局部改造应急收治区时,应满足便于隔离且能设置独立出入口的条件。改造时应考虑能符合现行国家标准《医院负压隔离病房环境控制要求》GB/T 35428 的相关规定。

3.1.1.2 建筑基本分区

本书所讨论的应急医疗设施是收治已确诊的住院患者,需要设置接诊处但不考虑设置门诊、急诊部的应急医疗设施。功能布局一般分为接诊区、医技区、病房区、以 RICU 为主的重症监护区、后勤保障区、医护人员生活区。根据情况,医护人员生活区可利用原院区内既有设施。

平面布置应严格按照传染病医院的流程进行布局。划分为清洁区、半清洁区、半污染区与污染区。其中医护人员办公、生活用房应设置在清洁区;护士站、治疗、处置、患者餐食备餐等用房应设置在半清洁区;病房、污物间、洗消间等应设置在污染区,此区还设有病区护士站、治疗室、移动设备库房。

在清洁区与半污染区之间应设置医护人员通过式卫生通过区,用于换鞋、脱衣、穿防护服;半污染区与污染区之间设置医护人员二次卫生通过区,用于穿隔离服、戴护目镜、戴手套。

3.1.1.3 流线组织要点

医疗流线应严格遵循卫生安全等级,严格划分医护人员与患者的交通流线,清洁物流和污染物流分设专用路线,各种流线严禁交叉。

患者、医护人员应分别设置独立的垂直交通和通道,并通过相应走廊进入病房区、工作区和生活区。患者、医护人员流线应采用进入与离开原路往返的模式,以降低交叉感染的风险,并便于对不同人群进行管控。应严格控制患者在病房区域、检查及治疗区域的可活动范围。具体的动线如下:

(1)患者入院:入院→接诊大厅→患者走廊→病房的流程。

(2)患者出院:病房→患者走廊→出院办理→离院的流程。

（3）医护人员进入污染区：清洁区→缓冲间（穿防护服）→半清洁区→缓冲间→负压病房、医技检查。

（4）医护人员离开污染区：负压病房、医技检查→缓冲间→半污染区→缓冲间（脱防护服）→清洁区。

（5）药品、餐食等洁净物品：清洁区→传递窗→半污染区→传递窗→负压病房。

（6）待检标本：负压病房→患者走廊→标本接收→检验科。

（7）被服、待灭菌物品、医疗垃圾、生活垃圾等污染物品：各科污物收集暂存点→污染走廊→污物暂存间→院区垃圾暂存间。

3.1.1.4 设计要点

为满足在有限工期内建成交付使用，应急医疗设施应优先采用模数化、标准化、装配式结构，可采用整体式、模块化结构，房间尺寸、空间、高度等有特殊要求的功能区域和连接部位可采用标准化轻质夹芯板材进行组装。

机电专业设施设备的安装位置和布线应与建筑功能及结构布置互相协调配合，快速安装，保证医疗使用要求。机电管道穿越房间墙处应采取密封措施。

地面、墙面、吊顶等室内装修材料应平整、光滑、耐擦洗、耐清洁、耐腐蚀、无死角，接缝处应密封，且便于清洁和消毒。

缓冲间面积应预留充足，门洞尺寸及开门方向应考虑便于医用推床和普通医疗设备通行。

确诊患者可采用两人间负压病房，危重症患者或其他需要单独救治的患者应采用单人负压隔离病房。病房与医护走廊之间应采用双门电子联锁传递窗传递物品。

负压隔离病房靠患者走廊一侧宜设置固定密闭采光窗，并安装窗帘作为遮阳措施；靠医护人员工作走廊一侧设置固定密闭观察窗。

每间负压病房都应设置独立的卫生间，在医护走廊与病房之间设置缓冲前室，设置非手动或自动感应龙头洗手池，墙上设置双门密闭式传递窗。

3.1.2 接诊和医技区

3.1.2.1 功能设置

（1）接诊区。

接诊区是接收来院患者、办理手续，并对患者进行诊断和检查的区域。应急医疗设施专门收治由其他医院转送来的确诊患者，不包括自行前来的患者。

接诊区划分为接诊工作区、医护辅助区。两个区域之间设置卫生通过区和缓冲间。

接诊工作区包括登记室、接诊室、诊室、检查室、抽血采样间、洗消间、患者卫生间等。

医护辅助区包括医生办公室、护士办公室、休息室、会诊室、医护卫生间等。

（2）医技区。

医技区是为所收治患者提供系统性医技检查和治疗的功能部门，同时服务于接诊和住院患者。应急设施接收患者时，除进行病情诊断外，还要进行一系列相应的医技检查作为收治入院记录；患者在治愈出院前需到检查区检查，达到出院标准后方可出院。同时将手术室也设在医技区，既方便对接收和住院患者的救治，又可以在救治时汇集相关医疗人员及时会诊和制订救治方案。

医技区分为检查治疗工作区、医护辅助区。两个区域之间设置严格的卫生通过间和缓冲间。

医护辅助区包括医生办公室、护士办公室、休息室、阅片室、会诊室、医护卫生间等。

检查治疗工作区包括超声室、心电图检查室、DR 室、CT 放射检查室、纤支镜检查室，检验室、手术部等以及办公室、会诊室、控制室、库房、洗消间、污物处置间、设备机房相关配套功能用房。

检验室设抽血室、样本接收间、检验区、PCR 实验区、库房、高压消毒间、标本暂存间、污物处置室。

手术部根据需求设相应数量的手术室、换床间、麻醉准备室、复苏室、医护人员刷手准备区、无菌品库房、快速消毒灭菌间、污物打包暂存间等，手术室均为负压环境。

3.1.2.2　区位规划

接诊区应设在靠近院区主要出入口的位置，方便急救车到达，易于转运患者。运送患者的急救车活动范围应限制在医院接诊区前的有限空间，避免急救车进入院区内部。应在院区出入口附近设急救车洗消站，对出入车辆进行清洗消毒。

医技区应设在院区主入口处，并位于院内病房的居中位置，既便于接诊时对患者进行必需的入院检查，又方便住院患者住院期间进行检查。在布局上应考虑尽量缩短从各个住院病区到检查区的距离。

3.1.2.3　工艺流程和建筑布局

接诊区基本流程：急救车运送患者进入院区交接→患者在接诊室接收登记→诊室诊断→医技科室作相应检查→抽血留样。医护人员由清洁区经卫生通过区进入医护辅助区，穿防护服后经缓冲间进入接诊工作区的医护走廊，与患者由不同方向的门进入各个房间。

由于患者均为急救车专门运送，接诊室前可设少量等候区，方便身体虚弱的患者等候休息。

检查区基本流程：新接收或住院患者由医护人员陪同至检查等候区→登记室登记→DR 或 CT 放射检查、超声室、心电图检查室，患者在接诊区或住院病房内采集的血样和便样均由医护人员专门转送至检验室。医护人员由清洁区经卫生通过区进入医护辅助区，穿防护服后经缓冲间进入检查工作区的医护走廊，与患者由不同方向的门进入各个房间。

检查区的功能相对集中，患者走廊宜适当加宽方便推床进出。

检查区宜与重症监护室相邻布置，方便对危重症患者及时检查和手术治疗。

3.1.2.4　卫生安全要求

（1）接诊工作区的医护人员直接面对患者，在进行诊断检查时需要与患者近距离接触，因此该区域应强化换气处理措施，以降低空气中病毒停留和扩散的风险。

（2）患者卫生间均为单间，避免混用。为避免相互感染，卫生洁具以蹲便器为主，考虑患者体弱，所有卫生间均设有助拉手。无障碍卫生间设坐便器，并设有一次性坐便纸便于更换。卫生间设有方便患者采集便样的置物台。

（3）放射检查室及其控制室应做好射线防护措施，避免射线泄露。

（4）接诊区应与检验室相邻或设有专用通道，便于采集患者的血样或便样，避免经过患者活动区域送样。

3.1.2.5　机电保障措施

（1）医技区的检查与治疗设备比较多，也比较集中，应配置相应的供电设备。

（2）医技区的放射检查、检验、手术室均需要可控制调节的温湿度环境，应配置专用空调系统和设备机房。

（3）医技区的机电设备检修维护不应跨区往返操作。

3.1.3　住院部

3.1.3.1　住院部的工艺流程要求

（1）住院部收治的患者分确诊患者和疑似患者两种，疑似患者收治按单人间，确诊患者按双人间设置。确诊患者可分普通患者、重症患者及危重症患者，可以分在不同病区单元安置。单人间病房不宜低于 $15m^2$，双人间病房不宜低于 $18m^2$。病房应设独立卫生间，患者不能擅离病房，只能在指定范围内活动，患者之间不能串门。

（2）住院部应严格按照"三区两通道"的模式设置。"三区"是指病房分为半清洁区、半污染区、污染区三个分区。半清洁区包括值班室、主任办公室、护士长办公室等；半污染区包括医护人员办公区，包括医护走廊、护士站、治疗室、医生办公室、护士办公室、配餐室等；污染区为患者活动区，包括病房、患者走廊、治疗室、移动式设备库房、配餐室、开水间、污洗间等。各区之间通过卫生通过区连通。"两通道"是指患者通道和医护通道位于病房的两侧，分别供患者和医护人员使用。

（3）应急医疗设施的病房均为负压病房，按气流组织等级不同分为负压病房和负压隔离病房，但实际上两者均作隔离病房使用。

（4）每个护理单元的床位宜为 35 ~ 45 张，不宜超过 50 张。

（5）医护工作区应与病房区严格分开，封闭管理，病房区可以设置护士站和治疗室，属于医护工作用房。

3.1.3.2　医疗流线

负压病房有严格的功能分区和医疗流程，医护人员、患者与物品流线严格分隔。医护人员、患者、物流都必须按照单向流程活动。

医护人员从半清洁区到半污染区通过缓冲间进入，从半污染区进入污染区通过穿防护服的空间进入，离开污染区时通过"缓冲→脱防护服→脱口罩→淋浴→缓冲"回到半污染区。医护人员退出传染病区流线、进入传染病区流线分别如图 3-1-1、图 3-1-2所示。

病房 ⇨ 污染走廊 ⇨ 缓冲 ⇨ 半污染走廊 ⇨ 缓冲 ⇨ 更淋 ⇨ 医护工作区

图 3-1-1　医护人员退出传染病区流线

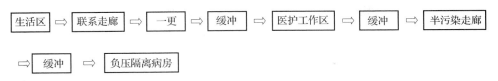

图 3-1-2　医护人员进入传染病区流线

病房采用"双廊式"设计，患者通过患者走廊进入病房，医护人员通过医护走廊和缓冲间进入病房。医护人员在病房区的流线采用从半污染区向污染区单向流动的方式，不能走"回头路"。

物品只能从清洁区向污染区单向流动。

3.1.3.3　负压病房的设计及建设要点

（1）负压病房的建设应符合现行国家标准《负压隔离病房建设配置基本要求》DB 11/663 的规定，单人间、双人间病房的平面布局如图 3-1-3、图 3-1-4 所示。

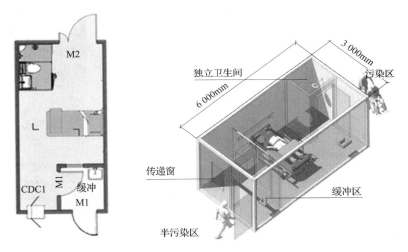

图 3-1-3　单人间病房平面布局图

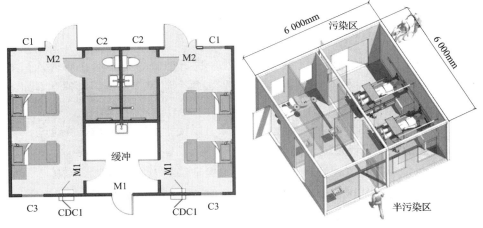

图 3-1-4　双人间病房平面布局图

（2）病床的排列应平行于采光窗墙面，床与床之间的间距不应小于1.1m。

（3）病房在靠近医护通道一侧设有传递窗、观察窗和缓冲间，传递窗和观察窗宜临近医护走道，传递窗为双层电子联锁传递窗，附近设有移动式紫外线灯消毒设施；观察窗的位置应方便医护人员观察到患者；缓冲间的门和病房门应错开布置，避免气流倒灌。

（4）负压病房内设置独立卫生间，除卫浴设施外，卫生间还应设置紧急呼叫装置。

（5）隔离室门应配备闭门器关闭装置。

（6）围护结构的所有缝隙和贯穿处均应可靠密封。

（7）负压病房门不应有门槛，要便于病床通过，门的最小宽度不小于1.2m。

（8）室内净高不应小于2.5m，如无特殊要求，高度也不宜大于3.0m。

（9）负压病房区域出入口设门禁系统，限制患者的活动范围，可配对呼式对讲机。

（10）病房与医护走廊之间设置传递窗，以传递清洁物品、药品及膳食。传递窗一般安装在墙体中间，或在墙体选择方便的位置，保持平衡固定，用圆角或其他装饰条来装饰传递窗与墙体的缝隙，打胶密封修饰。传递窗实物图如图3-1-5所示。

图3-1-5 传递窗

可选用机械联锁或电子联锁的传递窗，但注意定期检查和保养，检查是否存在联锁失灵，杀菌灯损坏的情况。标准式传递窗有如下特点：

1）标准式传递窗采用更适合洁净室原理的圆弧转角；

2）外壁优质冷轧钢板喷塑；

3）短距离传递窗工作台面采用无动力滚筒，传递物品轻松方便；

4）两侧门设有机械互锁或电子互锁装置，确保两侧门不能同时处于开启状态。

3.1.3.4 负压隔离病房的设计及建设要点

（1）负压隔离病房属于负压等级较高的病房，均为单人间病房。

（2）基本要求同负压病房。

3.1.3.5 缓冲区和更衣区设计及建设要点

（1）缓冲区内应设置非手动式水盆，不具备水盆条件的，应设置免洗消毒液，并设污物桶，收集一次性废物。

（2）穿防护服的空间可以置于病区入口处，脱防护服的空间应在病区入口处按"缓冲→脱防护服→脱口罩→淋浴→缓冲"流程设置，每个流程应设置相对独立空间，供人依次通过。

（3）缓冲间的门应错开布置，不应设置门槛，以便于医疗推车和设备通过。

3.1.3.6 医护区的设计及建设要点

（1）医护区应相对独立设置，封闭管理，以保证医护人员安全。

（2）医护人员的工作区位于半污染区，休息区位于半清洁区。

（3）应仅在休息区设置医护人员的卫生间。

（4）医护工作区包括护士站、治疗室、医生办公室、库房、为患者准备的配餐室、护士长办公室等。

（5）医护区的地板安装用卷边上墙方式，有利于日常清洁消毒工作，不易藏污纳垢。

3.1.3.7　污物与污洗的设计及建设要点

（1）病房产生的垃圾也具有传染性，需要在垃圾暂存间内消毒密封后再运送至院区专门的医疗垃圾暂存收集站待外运。

（2）污洗间、垃圾暂存间的位置要靠近污物运送通道或污梯。

（3）污洗间的地面、墙面采用表面防水、高强耐污的组合材料。污染区污染物多，日常冲洗及消毒频次高。地板材料选用表面更耐污染、易清洁、防滑的弹性材料。墙面选择高强耐污、易清洗、防水、耐高浓度化学试剂且防撞的材料。整体安装接缝少、易安装、防水，基层、胶水也都满足防水的要求，且能保证地面和墙面的有效连接。

3.1.3.8　住院部内部装修材料的选择要点

（1）病房装修应选择缝隙少、易清洁的材料，接缝处应密封，且便于清洁和消毒。应急设施的住院部因建造时间短，可采用成品复合树脂板做饰面或采用集装箱体自带的面层材料。

（2）病房的地面建造时间短，还面临人流多、家具搬运以及交叉施工等问题，材料优选耐磨和耐污的产品，如 PVC 同质透心无方向花纹卷材。

（3）吊顶应采用硅钙板、铝条板等易于安装、平整的材料，不应采用吸音板等多孔隙的材料。

3.1.3.9　住院部的消防及疏散

（1）住院病房和手术部用房均应采用防火隔墙与其他部分隔开。病房区相邻护理单元之间应采用防火隔墙分隔，隔墙上的门应采用乙级防火门。

（2）病房区每个护理单元应有 2 个不同方向的安全出口。直通疏散走道的房间疏散门至最近安全出口的直线距离不应大于 35m。

3.1.3.10　案例分析

应急医院住院部分区示意图如图 3-1-6、图 3-1-7 所示。

3.1.4　后勤保障区

3.1.4.1　消毒供应室

消毒供应室宜与手术室联系便捷，并按照污染区、清洁区、无菌区三区布置，按单向流程设置人流、物流。进入消毒供应室应通过工作人员卫生通过区。

用房设置要求：污染区应设收件、分类、清洗、消毒和推车清洗；清洁区应设辅料制备、灭菌、质检、一次性用品库等；无菌区应设无菌物品库。可根据设施的规模，集约归并，利用隔断、储柜等进行分隔。

在综合医院内改建的应急设施，应将其消毒供应室单独设置。

3.1.4.2　医疗废弃物暂存间

医疗废弃物暂存间应位于污染区污物通道处，可采用人工推车或电瓶车等，将病区的污物（医疗垃圾、生活垃圾、污衣）运输到污物暂存间，并在污物暂存间内进行预处理，密封后运至院区中转站外运。

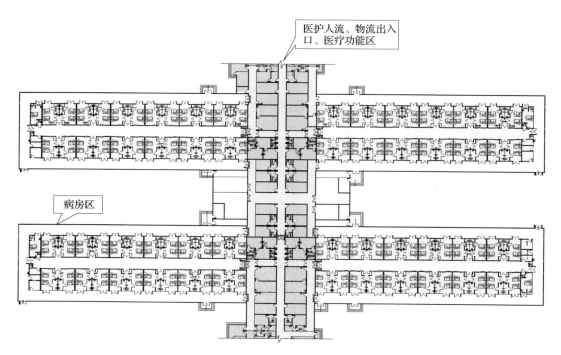

图 3-1-6　火神山应急医院住院部分区示意图

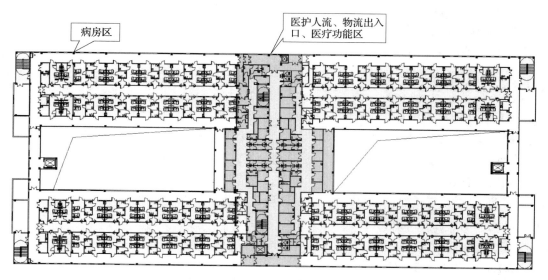

图 3-1-7　珠海应急医院住院部分区示意图

3.1.4.3　机电设备机房

机电设备机房应按照机电系统要求设于污染区外，以方便工作人员维护管理。负压吸引站应在污染区。机电专业设施设备的安装位置和布线应与建筑功能及结构布置匹配，利于快速安装，保证医疗使用。

3.1.4.4　物资储备库（含外援）

物资储备库包括中心库房和药品库房，其位置设置应考虑日常消耗品及医疗药品药物的配送发放，既考虑外购物品的验收方便，又要考虑配送物流发送通道顺畅快捷，一般设于清洁区。

随着医用机器人的普及，可以考虑利用智能化物流系统的库房分类、装卸平台等设施，避免一些不必要的医患接触，也减少医护人员工作量。

3.1.4.5　餐饮设施

餐饮设施宜靠近病区，包括员工餐厅、患者备餐及营养厨房，均设在清洁区，向患者运送餐食可利用医护人员工作通道。应急设施用地紧张，食物亦可采用外购的模式。对综合医院内改建的应急设施，可利用原院区厨房。

餐饮设施用房包括：过磅间、主食库、副食库、调味品库、主食粗细加工间、副食粗细加工间、特种餐饮加工间、营养师室、财会室、员工更衣淋浴室和卫生间等。

厨房加工布局应严格遵守食品加工卫生防疫要求，主副食、生熟食品严格按加工流程布置，注意排油烟、污水油污收集设计、防蝇防鼠措施。

配餐等使用蒸汽和易产生结露的房间应采用牢固、耐用、难沾污、易清洁的材料装修到顶，并应采取有效的排气措施，楼地面排水应通畅且不出现渗漏。

3.1.5　医护人员生活区

3.1.5.1　功能区定义

医护人员生活区是指为保证在应急设施中参与救治相关工作的人员在工作时间外的休息，以及轮岗离院前进行必要的隔离观察而使用的独立生活区。

医护人员生活区的服务对象包括医生、护理人员，以及环卫保洁人员、曾进入污染区的设备维护人员，还有进入污染区存在感染风险的其他工作人员。

3.1.5.2　空间组成及设置要求

轮岗离院前休整宿舍区与工作期间休息宿舍区应相对独立设置。

（1）工作期间休息宿舍，可集中设置双人间，就餐空间可集中设置。

（2）轮岗离院前休整宿舍，必须为单人间，人员在房间内单独用餐。

（3）医护人员工作期间休息生活区及轮岗离院前休整生活区应设置以下功能空间：

1）配置阳台的单人隔离宿舍（带卫生间），双人宿舍（带卫生间），宿舍管理间，配餐室，开水间，洁具间，消毒间，洁、污被服间，生活垃圾暂存间。

2）有条件的宜设置封闭管理的室外分散活动场地、设施，如跑步步道等；还可设置室内健身设施。

（4）餐厅、厨房、营养食堂应独立于宿舍区，按现行国家标准《综合医院建筑设计规范》GB 51039 的要求执行。

3.1.5.3 医护人员生活区与其他功能区的关系

医护人员生活区与后勤保障区、医疗区（住院区、门急诊区、医技区）的关系如图 3-1-8 所示。

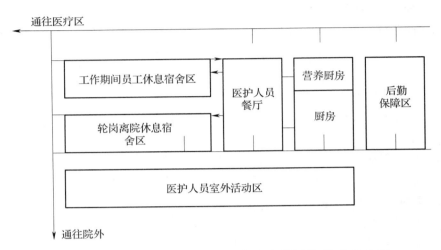

图 3-1-8 医护人员生活区与其他功能区的关系示意图

3.1.6 呼吸重症监护病区（RICU 病区）

3.1.6.1 RICU 病区的基本要求

RICU 病区应自成一区，宜靠近手术部，并设置方便联系的通道。

3.1.6.2 RICU 功能组成及分区

RICU 病区包括医护工作用房、RICU 病房区、辅助用房三个部分。RICU 按洁净度分区，包括污染区（红区）、半污染区（黄区）和清洁区（绿区）三大区域。

3.1.6.3 RICU 病区的布局

RICU 病区应按"三区两通道"原则设计，即红区、黄区、绿区，以及医护、病患两通道，医护与病患应有分开独立的进出通道。

3.1.6.4 医护工作用房

医护工作用房包括医生办公室、主任办公室、护士长办公室、护士办公室、会诊室、示教室、值班室。

3.1.6.5 RICU 病房区用房

RICU 病房区主要由 RICU 病房、护士站、治疗间、处置间、卫生间、纤支镜 + 洗镜间、呼吸机 +ECMO 等医疗仪器间、污物暂存间组成。RICU 病房区应采用单床开放小隔间布置方式，当空间受限时，也可采用 2～3 床开放分隔布局，护士站宜设在病房区中央位置。

3.1.6.6 辅助用房

辅助用房主要包括医护卫生通过区、缓冲间、传递间、耗材库、药品间、污物间、医护休息间、卫生间。

3.1.6.7 RICU 病区的特殊要求

RICU 病区应在出入口处设置缓冲间、卫生通过区。污物间宜为通过式房间，一端以门与 RICU 病房分隔，另一端连接污染通道。RICU 病房宜设置互锁型传递箱。RICU 病区室内地面墙面顶面应选用耐擦洗、耐腐蚀、易清洁消毒的材料，地面应防滑耐磨。采用空气调节的 RICU 病区，应采用负压系统。RICU 病房污洗间应设置倒污池。

3.2 结 构 设 计

应急医疗设施中包含了新建项目和改扩建项目。

改扩建项目优势在于资源后期利用率高，以后可用于普通病房等其他作用。应急医疗设施建设首先要面临的是卫生安全和防疫安全，同时考虑消防安全和结构安全。因此，关于改扩建还是新建的决策，主要考虑两方面因素：一是既有空间能否被改造为适用于传染病救治的应急医疗设施，二是哪种方式的建设周期更短。

关于建设周期，如果基本条件较好，设计、施工的时间可以相对缩短，但如果改造条件一般，就需要在拆除等环节花费时间。从已有经验来看，既有建筑改造一般要比新建的装配式应急医疗设施耗时更久，新建项目建设周期一般为 10 ~ 15 天，而改造项目一般会超过一个月。

本节对结构专业特别定义如下：原结构单元改造、扩建结构与原结构连接并共同承载的结构为改扩建结构；结构单元为新建且独立承载的结构为新建结构。

改扩建结构一般为永久建筑设施，其设计参数取值应满足现行国家标准，设计使用年限应结合原有建筑的实际情况、应急医疗设施未来预期使用目标综合确定。

本节主要探讨应急医疗设施新建结构的一般规定、建设场地及岩土工程勘察、上部结构设计、地基与基础设计、施工要求等。

3.2.1 一般规定

3.2.1.1 结构形式选择

应急医疗设施建设周期很短，结构形式的选择应综合考虑材料可得、施工便捷的原则，以建设周期为主要因素进行抉择。材料可得原则即应因地制宜、就地取材，同类材料供应充足、方便运输、保护环境和节约资源；施工便捷原则即应保障材料加工方便，属地化机具充足，便于在当地气候条件下快速施工。

一般而言，应急医疗设施应优先采用装配式钢结构，如轻型箱式模块化钢结构、钢框架和夹心彩钢板组合钢结构等。轻型箱式模块化结构（见图 3-2-1）适合标准负压病房，对于医护工作区和医技区，以及其他局部有特殊要求的区域，可部分采用板式或轻钢框架结构，以满足医疗设施的功能布局。需要注意的是，部分应急医疗设施采用了现有标准的 $3m \times 6m$ 平面尺寸规格的箱式单元，当用于两人间病房时，其医疗工艺布局是有局限性的。

图 3-2-1　箱式建筑主体结构

3.2.1.2　设计参数取值

进行新建项目结构设计时首先要确定设计使用年限，作为临时建筑，推荐设计使用年限为 5 年，当建设方有更高要求时，按建设方要求确定；结构安全等级为二级，考虑到其重要性，其结构重要性系数不宜小于 1.0。结构抗震设防类别可为丙类。

结构荷载应按现行国家标准《建筑结构荷载规范》GB 50009 的规定取值，活荷载取值要特别注意大型医疗设备荷载。由于涉及全国各地的应急医疗设施建设，对于沿海地区确定风压取值的重现期要适度提高，最小重现期不应小于 10 年，有条件的可取 50 年（沿海地区宜按 50 年重现期取值），且基本风压不小于 0.3kN/m²；对于雪荷载取值的原则，可以参照上述风荷载。应急医疗设施结构位于抗震设防烈度为 6 度、7 度地区时，可不考虑地震作用，抗震构造措施可按设防烈度为 6 度地区的有关规定执行；设防烈度为 8 度（0.2g）时，地震作用可按 7 度（0.10g）确定。

应急医疗设施钢结构的防腐设计年限不宜低于 5 年，钢结构构件防火涂层宜采用薄涂型防火涂料，防腐和防火涂层应在构件或产品出厂之前完成。

3.2.2　建设场地及岩土工程勘察

3.2.2.1　建设场地选择

应急医疗设施建设场地的选择应符合国家及地方相关法律法规、标准的规定。场地宜选择地势平坦、水文地质条件较好且地下水与周边水域无水力联系或水力联系较弱、工程地质条件较好的地段，尽可能避开软土、厚填土、山坡沟坎起伏或需要复杂地基处理的地段，应避开地质灾害发育区。

3.2.2.2　岩土工程勘察

应急医疗设施建设，大多来不及开展详勘，设计时应充分了解周边已有建筑及市政工程等地勘资料，参照实施并结合施工过程验证。

具备条件时，岩土工程勘察应根据应急工程的特点，在符合相关标准和规定的前提下，采用简便快捷的方式进行，并应满足以下要求：收集场地及其周边已有建筑物的岩土工程勘察资料、地基基础设计及使用状况资料。结合所收集的地质资料，采用现场基础

（槽）开挖验证的方式进行；对于缺少地质资料的场地，可采用现场原位测试、槽（坑、井）探与基础（槽）开挖验证相结合的方式进行；对于大型设备基础、荷载较大独立基础，宜进行勘探。

3.2.3 上部结构设计

3.2.3.1 一般要求

应急医疗设施的上部结构宜采用装配式钢结构，如轻型箱式模块化钢结构、钢框架和夹心彩钢板组合钢结构。

采用箱式模块化钢结构时，叠箱层数不宜超过 2 层，不应超过 3 层。不同箱体竖向、水平向之间的连接应简捷可靠，确保整体受力性能及抗震抗风安全。采用箱式模块化钢结构时，应对上部结构供货产品提出要求，供货商应保证产品符合国家现行标准的规定，满足结构的防渗、防漏、密闭及卫生安全要求，高风压地区应确保抗风安全。

部分采用钢框架结构时，现场拼接方式宜为栓接，与基础连接的钢柱脚宜采用外露式。

结构布置应结合建筑平面功能进行，尽可能采用模数化、标准化、模块化结构；结构缝的设置应结合建筑功能平面布置进行，不应穿越重要的功能性房间。

宜采取有效措施减少温度作用及地质条件不均匀等对结构的不利影响。

3.2.3.2 结构整体分析方法

轻型箱式模块化结构，箱体竖向荷载由框架承担，水平荷载由结构抗侧力体系（框架和四面金属墙板）承担，其抗侧可根据实际构造考虑是否计入蒙皮效应。已经实施的相关标准《集装箱式房屋技术规程》DBJT 15-112-2016、《临时性建（构）筑物应用技术规程》DGJ 08-114-2016 给出不同的倾向性规定，《集成打包箱式房屋》T/CCMSA-20108-2019 未给出计算方法的具体规定。本书建议，进行应急箱式医疗建筑结构计算分析时，除地震作用外，均可不考虑金属墙板的蒙皮效应，这对于箱体框架是偏于安全的。

轻型箱式模块化结构典型排布为"鱼骨式"，各个病房分区的常见形式为五跨"走廊-病房"交替布置。在对箱式模块化结构进行建模分析时，需要注意的是不同箱体的立柱之间，仅在端点处用连接件连接，如图 3-2-2 所示。因此不同箱体的立柱之间沿纵向可发生相对滑移，立柱组合截面的截面属性数值近似于各独立柱截面属性数值的"线性叠加"。为了使建模计算结果更加精确可信，计算模型将分别采用两种建模方式：一种是"组合式"建模，即将各个位置的立柱组合截面按照"线性叠加"的方式对其进行属性修正，如图 3-2-3 所示；另一种建模方式为"分离式"建模，即在模型中将各个箱体之间按照实际缝隙大小建模，再用两端铰接的链杆连接各个立柱端点，如图 3-2-4 所示。考虑到实际箱式结构柱脚连接不满足刚性柱脚要求，两种模型均采用柱底铰接建模。

图 3-2-2　箱体立柱间的连接

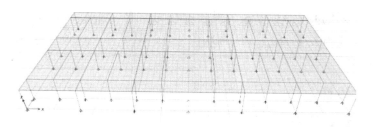

图 3-2-3 "组合式"模型

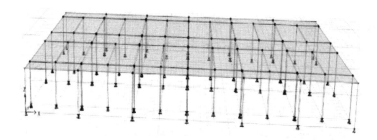

图 3-2-4 "分离式"模型

箱式结构典型受力构件截面详见图 3-2-5，对于组合箱体，可能出现的竖向构件组合截面列入表 3-2-1，"组合式"模型中梁为两根横梁并排放置，故中梁直接放大刚度即可。根据设计实例验证，两种建模方法的动力特性分析结果相差不超过 6%（表 3-2-2、表 3-2-3），角柱及边柱构件内力差异相对较大，"组合式"模型的柱脚拉力计算值偏大。

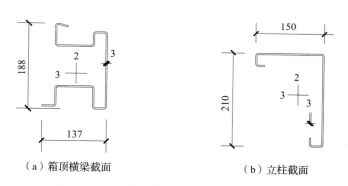

（a）箱顶横梁截面　　　　　　（b）立柱截面

图 3-2-5 典型箱式结构受力构件截面

表 3-2-1 箱式建筑结构柱组合截面

	截面形式	$I22$（mm⁴）	$I33$（mm⁴）	A（mm²）
角柱		3.8×10^6	7.9×10^6	1 335
边柱 – 边走廊		7.6×10^6	1.6×10^7	2 670

续表 3-2-1

3 ⊥ 2	截面形式	I22（mm⁴）	I33（mm⁴）	A（mm²）
边柱 – 病房端		1.2×10^7	1.2×10^7	2 670
中柱 – 小		1.6×10^7	7.6×10^6	2 670
中柱 – 大		3.1×10^7	1.5	5 340

表 3-2-2　"组合式"与"分离式"模型周期对比（单层）

振型	"组合式"（s）	"分离式"（s）	误差（%）
1X	0.299	0.286	4.5
2Y	0.274	0.286	-4.2
3Z	0.269	0.281	-4.3

表 3-2-3　"组合式"与"分离式"模型周期对比（双层）

振型	"组合式"（s）	"分离式"（s）	误差（%）
1X	0.58	0.55	5.5
2Y	0.531	0.55	-3.5
3Z	0.521	0.542	-3.9

3.2.3.3　特殊验算要求

（1）整体抗风设计。轻型结构应特别注意要进行抗风验算，应具有完善的节点连接构造和连接方式，以满足结构整体受力和变形。对于箱式结构，不同箱体竖向、水平向之间的连接应简洁可靠，确保整体受力性能及抗风抗震安全。

（2）局部抗风设计。局部抗风设计主要包括屋面抗风，边角部特殊区域抗风，外露设施、管道及连接构件的抗风，均应予以关注。要特别强调的是架空区域底板的抗风验算，容易被设计人员忽略。当采用架空设计时，架空区域周边有的封闭有的开敞。对于开敞的架空区，风荷载对箱体底板会产生向上的压力或向下的吸力，进行底板承载力验算时必须考虑风荷载的不利组合，必要时应进行数值风洞分析以确定风荷载（见附录图 1），根据数值分析结果，建筑底面平均风荷载体形系数约为 -0.4，建筑角部负压最大，体形系数达到 -1.8。如果条件许可，建议封闭架空区外围，以减小风荷载的不利影响。当外墙开有较大的门、窗时，洞边应采取增加龙骨等补强措施。

（3）噪声、舒适度及动力设备振动控制。为医患人员创造良好的环境，保证设施的舒适度，有利于病患的治疗和康复。减小动力设备对应急设施产生的振动和室内噪声影响，是结构设计需要注意的重要内容。由于轻质房屋质量较小，如送风机、排风机等设备设在屋面时，处理不当则容易在运行时导致振动及噪声超标。所以振动较大的风机宜设在地面，建议独立设置设备支架和基础，并将支架、基础与主体结构脱开，避免噪声和振动对医疗监护及患者就医产生影响。实际工程中联合支架布置如图 3-2-6 所示，多台风机工作时联合支架振动分析结果如图 3-2-7 所示。为此，对于上屋面的小型设备，建议将箱体房立柱作为振动设备的支撑并采取减振措施。

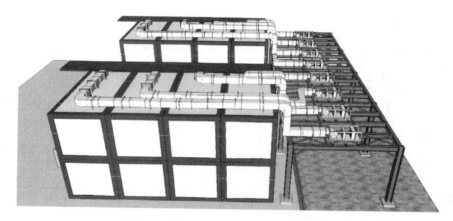

图 3-2-6 多台风机联合支架布置

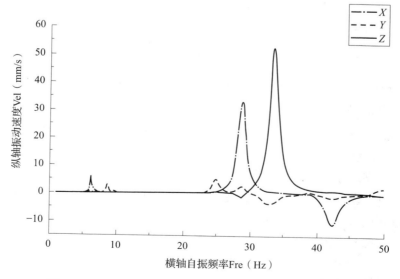

图 3-2-7 多台风机工作时联合支架振动分析结果

另外，应急医疗设施箱体结构竖向和水平拼接缝的处理，都是保证舒适度的重要条件，比如箱体如果采用自排水，可能产生的噪声问题，均需要关注并处理。

（4）架空地板验算。采用箱体房架空时，底层房屋的地坪也相当于楼面，要对箱式房屋底板、底梁承载力进行验算。箱式房屋的底板承载力有限，一般允许活荷载为 $2kN/m^2$，能满足一般病房、办公用房的要求，有超载情况时，要验算底板及底梁的承载力，不足时应采取加强措施。

对于一些有较大荷载的用房，如 CT 室、DR 室、手术室、中心供应室、库房、信息机房等，很难通过加固箱体底板结构本体来满足承载力要求，可以利用基础底板直接支承的方式，使荷载直接作用于基础底板，满足这些用房较大荷载的需求。如采取底板下砌筑地垄墙现浇楼板、底梁跨中增加支座等措施；承载面积不大时，亦可自基础底板上现浇混凝土填实，并注意预留、预埋好管线，同时注意运输设备的通道也应采取相应措施。

因此，当应急医疗设施采用多层箱体叠放时，有较大荷载的用房应布置在底层。

对某应急医疗设施箱式房屋底板变形进行验算，计算结果如附录图 2 所示。

3.2.3.4　结构连接构造要求

上部结构应有完善的构件节点连接构造和连接方式，节点连接构造应满足结构受力和变形要求，节点连接方式应便于现场安装。

3.2.3.5　上部结构与基础连接

上部结构应与基础可靠连接。当上部结构与基础通过支墩连接时，对于支墩的稳定验算、抗拉措施等，设计人员均应高度关注。

筏板基础与集装箱之间可采用架空连接的方式，架空层的高度根据具体项目确定，一般为 500～600mm。架空做法一般为钢梁架空，也可采用预制混凝土块或砌体结构架空。

集装箱四角应布置支墩结构，集装箱长边中点位置可根据需求布置支墩结构，典型布置示意见图 3-2-8。

筏板在支墩结构处凿毛，清理干净，刷水泥结合浆。支墩结构顶部与上部集装箱连

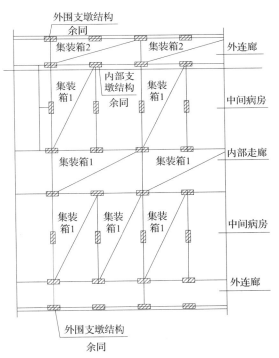

图 3-2-8　箱式结构底部架空支墩典型布置示意图

接，外围支墩结构与底板应设拉结，拉结方式详见图 3-2-9～图 3-2-11，图中锚筋及锚栓直径仅为示意，应按计算确定，上部应与集装箱焊接连接。

3.2.3.6　密闭要求

应急医疗设施设有大量负压病房，负压病房对整个建筑包括结构的密闭性有特殊要求。因此，结构开洞、墙板连接、管线穿越、箱体拼接处等都应考虑密闭性；另外也应考虑材料的防渗性能。

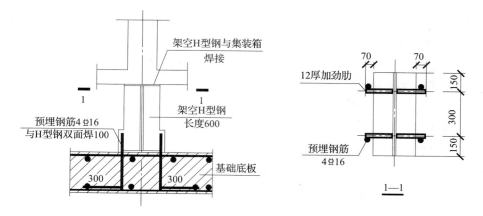

图 3-2-9　架空支墩与基础连接（一）

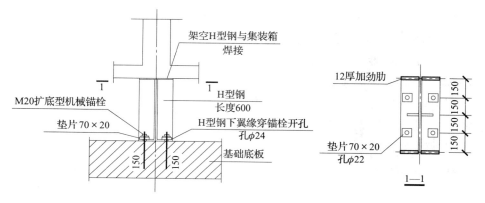

图 3-2-10　架空支墩与基础连接（二）

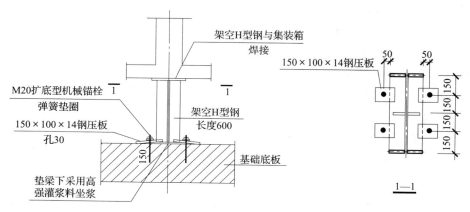

图 3-2-11　架空支墩与基础连接（三）

要求密封的房间，其结构构件、门窗、墙板、屋面设计应考虑室内与外部的压力差的影响。

3.2.3.7　屋面防水结构设计

在南方雨水较多的地区，如采用箱式结构，尤其是 2 层及以上箱式结构，应专门设计刚性或柔性屋面防水。采用附加刚性屋面防水时，当位于台风地区时，要进行附加刚性屋面防水结构的抗风验算。

3.2.4　地基与基础设计

应急医疗设施基础设计应符合国家和地方现行标准的规定。设施上部结构一般不超过 3 层,荷载相对较小,所以建议采用天然地基。根据建设场地的地质条件,可分别采用独立基础、条形基础和筏板基础。

3.2.4.1　地基处理

应急医疗设施的地基处理需要特别重视,一般结合场地条件,考虑砂石回填或素土回填,特别注意处理好场地标高,满足场地高差、场地排水、建筑室内外高差及医护推车坡道坡度等要求。另外,地质条件一般的场地,应重视回填土压实系数、砂石回填处理、防渗漏设计等技术要求。

图 3-2-12 ~图 3-2-14 给出了三类不同地基的处理方式及相应节点详图,无防渗层的做法见图 3-2-12、图 3-2-13,有防渗层的做法见图 3-2-14。

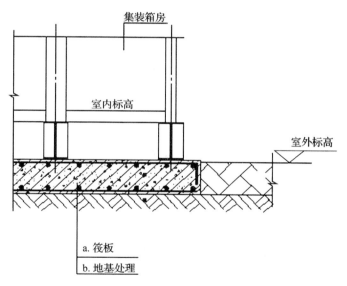

图 3-2-12　无级配砂石褥垫层基础做法

场地平整及地基处理要求如下:

将表面植被、垃圾、渣土等清除。当场地为老土或地质条件较好且经过处理、设计承载力可达到设计要求时,场地可不进行地基处理(图 3-2-13)。当场地为回填土时,需碾压 3 ~ 6 遍进行地基处理;当回填土比较厚时,先行碾压 3 ~ 6 遍进行地基处理,平整处理完后铺设 300 厚的级配砂石褥垫层(图 3-2-14);当场地局部或部分低于设计标高时,应采用级配砂石进行分层回填压实,每级厚度不大于 300mm(图 3-2-15)。

级配砂石回填、褥垫层及防渗层下部砂层应压实,压实系数不小于 0.94,平整度要求 ±20mm/m²;场地处理的范围为基础往外 500mm。图纸中应对处理完后的场地提出承载力具体要求。

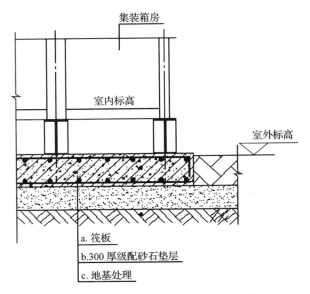

图 3-2-13 有级配砂石褥垫层基础做法

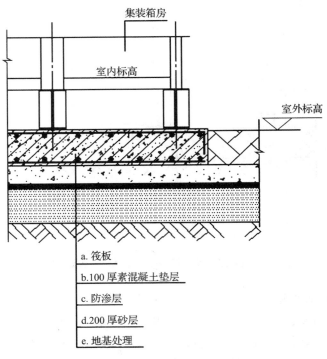

图 3-2-14 有防渗层的基础做法

在北方地区建设应急设施时，应考虑冬季施工及越冬使用地基基础的防冻胀措施。

3.2.4.2 基础形式

关于基础形式选择，要综合考虑施工速度和经济性。

当地质条件较好、预估基础变形较小时，可采用刚性基础，刚性基础可采用 C25 素混凝土；当地质条件较差或地层变化较大、可能产生不均匀沉降时，应采用整体性较好的钢筋混凝土条形基础或筏板基础。

　　基础形式选择主要考虑以下因素：①采用独立基础和条形基础，支模和绑扎钢筋的时间比采用筏板基础长；②对于箱式建筑来说，需要与自排水功能配套的排水构造措施；③箱体跨度一般为 6m，采用 300mm 左右的筏板基础较为经济。因此建议采用筏板基础为主，既能做到建设周期短，又对后期排水处置有利。

　　基础可采用 C30 混凝土，考虑到冬季施工的环境因素，混凝土强度等级可适当提高；钢筋强度等级宜采用 HRB400。典型应急医疗设施采用的基础形式详见表 3-2-4。

表 3-2-4　典型应急医疗设施基础形式

名　　称	场地条件及基础形式	结 构 特 点
北京小汤山医院	条形基础	单层装配式，轻钢结构、板式结构
武汉火神山医院	局部软弱土碎石换填筏板基础	1～2 层装配式，箱式轻型钢结构模块化房屋、钢框架或门式刚架
武汉雷神山医院	条形基础、筏板基础	1～2 层装配式，箱式轻型钢结构模块化房屋＋钢框架结构或轻钢活动板房

　　（1）筏板基础。考虑工期要求，应优先选择筏板基础。筏板厚度一般可为 300～350mm，当筏板中需要埋设管线时，筏板厚度根据具体情况适当加厚。混凝土强度等级可选择 C30，地质情况较好时，筏板配筋可按截面配筋率 0.15% 进行配置；下部有回填土且厚度不均匀时，可适当加大配筋率。

　　（2）混凝土垫层与基础钢筋保护层。当有防渗层时，在防渗层上部设置 C15 混凝土垫层兼防渗层的保护层（图 3-2-14），其他情况下可不设置混凝土垫层。钢筋保护层厚度不应小于 40mm，当基础下无混凝土垫层时，板底钢筋保护层厚度为 70mm。

　　（3）伸缩缝的设置。当筏板尺寸、条形基础或单独基础之间拉梁长度超过 50m 时，需设置伸缩控制缝，缝宽取 50mm。伸缩控制缝处钢筋连通、混凝土断开，具体做法如图 3-2-15 所示。伸缩控制缝应避开集装箱立柱、有水房间、手术室、RICU 及有辐射性房间等区域。

　　（4）设备基础。送风、排风机等设备宜布置在地面，其基础及支架应按照本书 3.2.3 的建议，与房屋结构脱开设置。单一设备采用独立基础，多台设备宜考虑联合基础，联合基础形式可采用筏板基础。

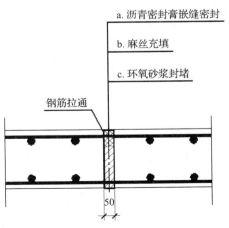

a. 沥青密封膏嵌缝密封

b. 麻丝充填

c. 环氧砂浆封堵

钢筋拉通

50

图 3-2-15　伸缩控制缝示意图

3.2.5 施工要求

模块单元的制作、运输和安装应符合国家现行标准《轻型模块化钢结构组合房屋》JGJ/T 466-2019、《模块化装配整体式建筑施工及验收标准》T/CECS 577-2019 等的要求。

其他钢结构的制作、运输和安装应符合国家现行标准《钢结构设计标准》GB 50017-2017、《冷弯薄壁型钢结构技术规范》GB 50018-2002、《装配式钢结构建筑技术标准》GB/T 51232-2016、《低层冷弯薄壁型钢房屋建筑技术规程》JGJ 227-2011 等的要求。

结构验收时，应特别检查构件之间及支墩上下连接的完备性，连接构造、连接方式应符合设计要求。

3.3 给 排 水

3.3.1 概述

新型冠状病毒传播速度快、蔓延范围广，病患短时间增加量大，加以原有的医疗设施不足，国家应急建设专门的新冠肺炎应急救治设施，以满足患者快速隔离、治疗的需求。应急医疗设施要求建设速度快，并应确保高效安全运行。

2003 年我国应对 SARS 取得了宝贵的经验，应对新冠肺炎疫情，对既有建筑进行改扩建或新建应急医疗设施，也具有非常显著的特点。此类设施工期短，集成度高，用水特征明显，对于供水安全和防止回流污染控制要求严格；对于排水系统，严禁破坏水封，防止通过排水系统导致室内感染传播，有效控制排水系统的废气污染，对通气管进行消毒，室外排水采用封闭排水系统。

应急医疗设施大部分区域是隔离区，这个区域感染性强，设备维修可能会导致维修人员感染的风险增加，加之维修人员要穿防护服，在现场维修操作困难，因此要强调采用简单可靠的设计方案，选用可靠性高、耐久性强、在项目生命周期内免维护和少维护的产品，以减少维修人员被传染的风险，同时节省防护器材，这也是应急医疗设施高效运行的保障。在工程设计中还应采取必要的技术措施，避免易损设备设置在污染区内；对必须设置在污染区内的，其控制和维修部件应设置在非污染区，如维修阀门和控制开关等宜设置在半清洁区和半污染区内。应急医疗设施快速建设、紧急应用且无调试期，因此应采用集成设备、高质量设备和器材，以确保应急医疗设施快速建造和安全高效运行。

应急医疗设施建设应遵循国家现行标准《传染病医院建筑设计规范》GB 50849、《综合医院建筑设计规范》GB 51039、《建筑给水排水设计标准》GB 50015、《建筑与工业给水排水系统安全评价标准》GB/T 51188、《新型冠状病毒肺炎传染病应急医疗设施设计标准》T/CECS 661，以及国家卫健委同住建部联合印发的《新冠肺炎应急救治设施负压病区建筑技术导则（试行）》（国卫办规划函〔2020〕166 号）等的有关规定。

同 2003 年 SARS 疫情应急医疗设施——北京小汤山医院，以及上述规范相比，关于应急医疗设施中给排水的最新研究有如下四点：

（1）机电设备早期失效理论。

机电设备、器材采用耐久性强、少维护和安全可靠性高的产品，是应急医院即时、高效运行的基础性要求。

机械设备的安全可靠性有浴盆曲线的定义（见图 3-3-1），即设备的使用初期有磨合期，通常称为早期失效期，容易出现故障，磨合期后是正常使用寿命期，再后进入损耗失效期，经常出故障而无法使用。应急医疗设施建成后即时应用，没有调试期和磨合期，加之维修难度较大，因此，强调机电设备器材应安全可靠、耐久、少维护，以确保应急医疗设施即时投入使用，高效运转。

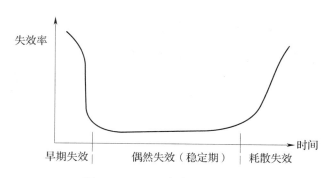

图 3-3-1　设备的浴盆曲线

（2）污水处理二级强化消毒工艺。

目前的技术完全能满足环境安全和水体安全的要求。根据 2003 年北京小汤山医院的污水处理实践，鉴于新型冠状病毒与 SARS 冠状病毒理化特性相似，新型冠状病毒对消毒剂的抵抗力远低于我国目前常见传染病肝炎病毒、结核菌、大肠杆菌和 f2 噬菌体指示微生物，因此可将大肠杆菌作为新型冠状病毒的指示微生物。采用消毒工艺处理应急医院污水，其病毒灭活率在 4logs 以上，所含的新型冠状病毒完全能够得到有效灭活。在此基础上，又提出了新型冠状病毒肺炎应急医疗设施污水处理工艺为二级强化消毒工艺，具体规定如下：

当改造项目污水处理无法满足现行国家标准《传染病医院建筑设计规范》GB 50849 二级生化处理的有关规定时，污水处理应采用强化消毒处理工艺，并应符合下列规定：

1）污水处理应在化粪池前设置预消毒工艺，预消毒池的水力停留时间不宜小于 1h；污水处理站的二级消毒池水力停留时间不应小于 2h。

2）污水处理从预消毒池至二级消毒池的水力停留总时间不应小于 48h。

3）化粪池和污水处理后的污泥回流至化粪池后总的清掏周期不应小于 360 天。

4）消毒剂的投加应根据具体情况确定，但 pH 值不应大于 6.5。

这种工艺能即时运行，安全可靠，同二级生物处理工艺相比省略了较长的生物调试周期，能满足应急即时应用的要求，且安全可靠。

（3）供水安全可靠性。

新冠肺炎是我国传染病防治法规定的乙类传染病，并要求按甲类防御，目前是没有特效治疗药物的生物安全Ⅲ级病毒，为此应采用断流水箱的供水方式，有效防止回流污染；同时又考虑其实施的可能性，特别是在既有医院改造时，由于无法建设断流水箱供水或不具备建设条件，又提出了减压型防止倒流的防污染措施。断流水箱供水泵站应设置在清洁区和半清洁区，以防止空气污染。考虑维修的风险，维修阀门等应设置在非污染区。

（4）防止下水道系统的传染。

2003年非典疫情期间，香港淘大花园E座7号、8号单元的排水管道竖向水封破坏，同时卫生间排风扇抽风，导致空气竖向传播，发生了321人感染的水封破坏感染传播事件，因此排水系统的水封是防止感染的关键部件。北京大学第一医院外科病房楼、2003年北京小汤山医院等工程实践，在现行国家标准《传染病医院建筑设计规范》GB 50849–2014、《综合医院建筑设计规范》GB 51039–2014、《建筑与工业给水排水系统安全评价标准》GB/T 51188–2014中得到了体现。如为防止排水系统水封被破坏，规定其深度应为50～100mm，没有地面水流的场所采用密闭地漏等。为确保排水系统水封不被破坏，其排水系统排水能力的设计值不应大于规范规定值的70%，另外室外排水系统为防止检查井冒臭味，采用密闭系统的技术措施。

3.3.2 室内给水

3.3.2.1 技术规定

（1）应急医疗设施给水系统建设要根据用地区域既有给水设施及条件，充分考虑应急设施的用水特点、建设规模、启用时序、功能转换等，确保给水系统规划、设计、建设、使用经济合理、高效安全且具有疫情过后可持续性使用的条件。

（2）生活给水系统宜采用断流水箱供水方式，且供水系统宜采用断流水箱加水泵。当改造项目采用断流水箱供水确有困难时，应依据现行国家标准《建筑给水排水设计标准》GB 50015和《建筑与工业给水排水系统安全评价标准》GB/T 51188的有关规定，分析供水系统产生回流污染的可能性和危险等级，并应符合下列规定：

1）当产生回流污染的风险较低且供水压力满足要求时，供水系统应设置减压型倒流防止器；

2）当风险较高时，仍应采用断流水箱供水方式。

（3）独立建造的室外生活给水泵房和相关给水设施应设置在清洁区，且应远离污水站、化粪池等污染源；在室内附建时，应设置在清洁区或半清洁区。

（4）室内给水的配水干管、支管应设置检修阀门，阀门宜设在半清洁区内；当受系统形式等条件影响不允许时，可设置在半污染区，不应设置在污染区。

（5）用水点或卫生器具均应设置维修阀门。维修阀门应采用截止阀，并应设置标识。

（6）下列场所的用水点应采用非接触性或非手动开关，并应防止污水外溅：

1）医技区域公共卫生间的洗手盆、小便斗、大便器；

2）护士站、治疗室、缓冲间、诊室、检验科等房间的洗手盆；

3）其他有无菌要求或需要防止院内感染场所的卫生器具。

（7）采用非手动开关的用水点应符合下列规定：

　　1）医生用洗涤水龙头应采用自动、脚动和膝动开关，当必须采用肘动开关时，其手柄的长度不应小于 160mm；

　　2）检验科设置的洗涤池、化验盆等，应采用感应水龙头或膝动开关水龙头；

　　3）医护公共卫生间的洗手盆应采用感应自动水龙头，小便斗应采用自动冲洗阀；

　　4）医疗区医生卫生间采用蹲便器，隔离医疗区患者卫生间采用坐便器；蹲便器采用脚踏式冲洗阀；

　　5）水龙头宜采用单柄水龙头，且不宜采用充气式。

　　（8）卫生器具的选择应符合下列规定：

　　1）卫生器具应具有防喷溅和防黏结的功能；

　　2）材料应耐酸腐蚀；

　　3）不应采用具备吸附功能的材料；

　　4）卫生间应采用防滑地面。

3.3.2.2　用水量

　　新冠肺炎的防治措施之一是勤洗手，因此在同等情况下其应急医疗设施的用水量要比当地同类型医院的用水量多，预计应是 1.3 倍左右的水量，应按当地医院的统计数据的 1.3 倍计算。

　　应急医疗设施同综合医院和传统传染病医院相比，可能有些功能不完全具备，因此其用水量应根据医疗功能来确定。

　　（1）应急设施功能以救治确诊患者为目的，功能布局以病床区域为主，配套以救治患者必要的医技设施（手术室、放射科、检验），不设置门诊功能，且其他辅助功能设施少，用水相对综合医院更集中直接。

　　（2）应急设施用水量计算包括患者（床位）用水量、医护人员用水量、后勤人员用水量、绿化洗消用水量以及未预见水量。

　　（3）应急设施生活用水定额可参照现行国家标准《传染病医院建筑设计规范》GB 50849-2014 中第 6.1.2 条选定，且结合应急设施的用水特征取下限值进行水量计算。

　　（4）患者用水量以床位数计算，医护及后勤人员数量应根据医院方给出的数据确定，当没有数据时应按照床位数的 1.8 倍计算。

　　（5）医护人员的倒班宿舍和轮岗宿舍的用水量应单独计算，并根据床位数确定。

　　（6）当缺少有关数据时，医院病区的用水量可按床位综合用水量计算，日综合用水量为 700～800L/（床·天），小时变化系数 K=2.0。

　　（7）手术供应室、检验需要特殊工艺用水量应根据新冠肺炎患者的特征，通过测算重症患者手术数量、检验数量及频率的需求确定，并对疫情过后功能转换使用量留有考虑。

3.3.2.3　设计

　　（1）应急医疗设施生活给水水质应符合现行国家标准《生活饮用水卫生标准》GB 5749 的有关规定，配套相关医技设施工艺用水需符合相关的国家标准或行业标准的规定，给水系统水质防污染控制应严格执行《建筑给水排水设计标准》GB 50015-2019 第 3.3 节相关条款的要求。

（2）当应急医院给水引入管开口位置位于城市给水管网前端，设置减压型倒流防止器后，压力和水量均可满足应急医院的使用需求，可利用市政压力直接供给。

（3）断流水箱及供水设备要设置在生活水泵房内，生活水泵房的建设应满足相关设计及验收规范的要求，经卫生部门验收合格后方可使用，并应满足以下要求：

1）应急医院水泵房建设安全卫生要求高，顶部及墙壁应贴瓷砖或涂刷防水、防霉涂料。由于应急医院建筑结构形式特殊，需要根据荷载和施工工艺要求选择装饰技术措施。

2）水泵房应有良好的通风措施，侧壁上应安设通风扇或相似的具有气流组织功能的设备，当设在半清洁区时，应有正压通风防护保证措施。

3）水泵房内要有流畅的排水设施，地面不得有积水。室外水泵房排水到院区污水管道时，要有防止管道臭气回返水泵房的技术保障措施。

4）断流水箱应选用食品级304不锈钢水箱，变频供水设备吸水管要设置消毒措施，建议选用安装便捷且杀菌消毒效果好的紫外线管道消毒装置。

5）水箱进水管、通气孔、溢流管、泄水管、人孔、水泵出水管止回阀等设施的设计及安装要严格执行现行国家标准《建筑给水排水设计标准》GB 50015-2019中相关条款的要求。

（4）应急医疗设施功能布置一般呈鱼骨形设计，给水系统宜采用与之相对应的支状管网布置。每个护理单元、医生办公及医技区域宜设置独立的支状给水管网并单独进行计量。

（5）应急医疗设施洁具的选用，在满足功能使用的同时，要有足够的排水容积和防止溢流及外溅的措施，避免造成环境污染；卫生洁具、洗涤池等建筑配件应选用耐腐蚀、难沾污、易清洁的产品。

（6）洁具安装要牢固，要充分考虑集装箱体的构造和承重要求，避免使用过程中脱落而对患者和医生造成不必要的意外伤害，医疗功能的较大洁具应落地安装。

（7）给水管道安装横向管道应避免连续穿越箱体墙壁，对结构稳定性造成不必要的影响；当给水管道穿越不同卫生等级或不同静压区域分隔墙时，应加设套管并严密封堵。

（8）当病房卫生间采用集成卫浴形式时，给水支管应与洁具安装连接到位，给水支管预留位置方便接驳且应在缓冲间一侧。

（9）给水管材应选用方便采购、安装、抑菌的材料，建筑物内主管道宜选用复合材料管材，给水支管采用塑料管。

（10）给水管道施工安装及固定要充分了解集装箱体的受力构造，应固定在结构受力构件上；施工过程需谨慎，以防对已安装的箱体造成破坏。

（11）应急医疗设施采用断流水箱和变频供水泵组供水时，系统设置应满足以下要求：

1）水箱储水容积可按最高日用水量的20%～25%考虑，应急医疗设施用水特征比较稳定，宜按最高日最高时水量补水；

2）变频供水泵组选择要根据整体病区规模、启用时序、功能转换等多方面综合考虑并适当留有余量，泵组配置做到节能、高效；

3）供水压力不宜过大，严格按照相关规范要求执行，确保患者及医护人员用水舒适安全，且避免由于水压过大造成废水及废液外溅；

4）供水系统宜设应急加氯措施，在生活加压泵房生活水箱进水管处预留投加口，并预留计量泵，在紫外线消毒失效或管网水质不达标时应急加氯。

（12）具有特殊工艺用水需求的设备，建议采用自带集成相关净化设备的产品；如必须单独制备，水处理设备应采用集成一体化产品，工厂集成现场安装。

（13）如对水量、水质、水压、水温等计量有数据采集的需要，计量设施均应采用远传数据反馈到控制终端。

（14）受应急医疗设施结构形式及室内空间施工条件限制，给水管道安装在建筑外墙或者底部架空层中时，应满足以下要求：

1）寒冷区域应根据气候条件设置相应的管道防冻保温措施；

2）考虑外敷管道和空调室外机、风管、环网柜等机电专业其他设备的交叉进行汇总调整；

3）外敷管道尽可能减少施工操作留下的管道接口，阀门要考虑设置在方便检修的位置或有方便检修的辅助设施；

4）集装箱式建筑底部架空层敷设给水管线，应避免和排水管交叉，无法避免交叉时，应遵循给水管在上方的原则并采取保护措施。

（15）救护车洗消台、负压泵房、污水处理站等给水点接软管的冲洗吸嘴应设置真空破坏器等防倒流污染措施。

3.3.3　生活热水与饮水

3.3.3.1　技术规定

（1）应急医疗设施生活热水热媒的选择，应首先选择便捷的能源，以项目区域既有的热媒条件为基础，结合地域气候热点，选择可靠性高、便于取得且直接高效的热媒方式。优先采用燃气、市政热力和电能，当采用电能时，夏热冬暖地区可优先使用空气源热泵系统。

（2）生活热水系统宜优先采用集中供应系统；当受工期影响或采用集中热水系统确有困难时，病房卫生间可采用单元式电热水器，有效容积应设计合理，使用水温稳定且便于调节，且应设置在缓冲间，由护理人员统一调节。

（3）集中供应生活热水系统应采用机械循环的热水供应系统，其支管不循环的长度不应超过 5m。

（4）生活热水站房宜在应急医疗设施室外单独设置，设置在室内时应设置在清洁区或半清洁区。

（5）集中生活热水系统，换热器的供应温度不得低于 60℃，应采取防烫措施，集中热水系统应采用机械循环且回水温度不应小于 55℃。

（6）集中生活热水系统的换热设备不应少于两台，当一台设备检修时，其余设备供热能力不应小于设计小时供热量的 60%。

（7）电开水器应自带水槽，便于放空和防止外溅，保证开水间区域干燥卫生，防止细菌滋生。

（8）病区每个护理单元应单独设置饮水设备，且应设置在患者走廊一侧的污染区。

（9）应急医疗设施不宜设置直饮水系统。

3.3.3.2 用水量

（1）应急医疗设施生活热水水量计算应以使用性质和供应范围作为直接依据，病患生活热水使用主要集中在淋浴，医护人员热水使用集中在更淋和洗消。

（2）当采用集中热水系统时，患者和医护人员按照现行国家标准《传染病医院建筑设计规范》GB 50849、《综合医院建筑设计规范》GB 51039 的规定以及冷水用水量定额取值，按不同用水功能的冷热水用水量比值，经计算确定，计算方法见《建筑给水排水工程技术与设计手册》（中国建筑工业出版社，2010 年）。

（3）由于应急医疗设施特殊的性质，医护更淋区域会根据平面布局在"鱼骨"上分区域集中设置，医护人员只在更淋区域穿着防护服进行洗消。每个更淋区域系统宜单独设置，且储水容积应以一次连续更淋人数为准进行计算。

（4）医技其他生活热水需求以具体医疗流程操作使用为准。

（5）饮水用量计算患者按 2～3L/（张·天）计算，医护人员由于防护限制饮水较少，按定额低值进行计算。

（6）热水系统形式分集中生活热水系统（含区域集中热水系统）和分散式热水系统，也可结合选用，具体系统构成与常规热水系统一致。

3.3.3.3 设计

（1）当应急医疗设施规模较小时，优先选用集中式生活热水系统，系统构造应简单直接且便于施工。

（2）当病房卫生间采用电热水器供应热水时，应以每次连续淋浴人数和预热时间来计算电开水器储水容积和功率。以一个标准模块单元计（两个病房＋缓冲和卫生间），每个病房 2 人，两个病房共用一台电热水器。每人淋浴 10min，热水用量为 30L/（人·次）（40℃），换算成 60℃热水为 18L/（人·次）。选用一台储水有效容积为 70L、功率为 2.5kW 的电热水器即可满足 4 人连续淋浴需求。

（3）当应急医疗设施规模较大时，护理单元、医护办公、医技区域生活热水宜根据各自的需求和特点分系统设置，以免热水管道敷设的浪费和热损耗，以及病区开放先后时序造成的资源浪费。

（4）当采用空气源热泵供应生活热水时，热泵机组布置不宜放在集装箱体屋顶，以免对结构稳定造成影响；布置在室外时，要避开空调室外机、风机等潜在污染因素，放置在相对独立、清洁、开阔的区域。

（5）电热水器应在病房缓冲间落地安装，淋浴器要求采用恒温阀，以防止随着使用热水的时间加长导致水温变化等影响患者使用。

（6）应急医疗设施饮水系统采用电开水器时应自带净水设备，同时具有冷热功能，医护办公和医技区域根据功能单元布置集中设置饮水设备，也可统一配置桶装水或瓶装水以便饮用。

（7）生活热水管材及相关附件的选用应满足耐高温且卫生性能好的要求，热水站房、走廊主干管管道建议采用钢塑复合管，支管采用 CPVC 或性能优良的塑料管。

（8）由于应急医疗设施建设工期紧，生活热水系统相关设备材料难以短时间采购，用其他产品替代时，不能改变系统设计形式及卫生防污染等相关的设计要求，并经各方确认后方可使用。

（9）医护冲淋、手术室刷手等生活热水使用设施应安装恒温混水装置。

（10）生活热水站房及设备布置应紧凑合理，尽量减少占用建筑面积，且满足以下要求：

1）热水站房和相关设备应与用水区域结合布置，不宜距离建筑过远或同一系统区域的热水设备布置过于分散；

2）热水站房内应有良好的气流组织和清洁环境，地面应保持干燥，防止细菌滋生，当站房位于室内半清洁区时，应有严格的空气组织防护措施；

3）设备选型应充分结合应急医疗设施建筑结构形式的要求，一般集装箱体高度有限，承重能力差，需提前和相关专业沟通，以免设备采购后安装无法实现。

3.3.4 室内排水

3.3.4.1 技术规定

（1）医疗应急设施的污废水应将污染区、半污染区与清洁区和半清洁区的污废水分流排放，应做到同一洁净等级区域的排水单独排放。

（2）粪尿污水中含有活体冠状病毒，保证污染区排水管道通畅至关重要，污水管道水力计算应符合以下规定：

1）排水立管和横干管的最大设计排水能力取值不应大于现行国家标准《建筑给水排水设计标准》GB 50015 规定值的 70%；

2）病房卫生间排水出户汇合管段根据流量计算管径增大一级，且不应小于 DN150mm；

3）应保证排水管道内水流和气流组织畅通，减少排水造成的管道气压变化对水封造成的影响；污染区所有排水管道均应设有通气措施，一层应急医疗设施污染区排水也不应例外。

（3）排水系统应采取防止水封被破坏的技术措施，防止管道内有害气体溢出污染环境，危害健康，并应符合下列规定：

1）减少地漏的设置，除准备间、污洗间、卫生间、更淋区域等应设置地漏外，护士室、治疗室、诊室、检验、医生办公室等房间不宜设地漏；

2）地漏宜采用带过滤网的无水封地漏加 P 型存水弯，存水弯的水封不得小于 50mm，地漏应采用水封补水措施，并宜采用洗手盆排水给地漏水封补水的措施。

（4）医疗及设施排水通气管应高空排放，上至屋面的排水通气管四周应有良好的通风条件，宜将通气管中废气集中收集进行处理，通气管出口应设置无阻力型高效过滤器或紫外线消毒器等相关设施。

（5）检验科应设专用洗涤设施，核酸检验等污水应在高温消毒灭菌后才可排放到室外排水管网。

（6）空调冷凝水作为重要的潜在污染源需要统一收集，有组织地排放到室外污水管网，不得散排。

（7）手术供应室高温废水应单独设置管道收集排放，不得和区域内其他洁具共用排水管；在消毒蒸锅高温热水排放口应设专用汽水分离设施且在存水弯上端设置通气管至屋面排放，排放尾气经紫外线消毒器或光氢离子空气净化装置杀菌消毒。

（8）由于应急医疗设施排水点较多，在保证排水畅通的原则下，应采取技术措施减少安装开洞对结构主体的影响。

（9）负压机房排水具有病毒传染性，应采用密闭一体化排水设备消毒排放。

3.3.4.2　排水量

应急医疗设施建筑内的排水量应根据给水量计算确定，考虑到安全性和排水系统的密闭性，排水量不考虑折减系数，等于给水量。

3.3.4.3　设计

（1）应急医疗设施病区卫生间污水宜污废合流，医护区域及医技部分排水根据污水性质以及室外污水管线设计情况综合考虑，并应符合以下规定：

1）当应急医疗设施规模较小（100～200张）时，宜在所有区域采用污废合流，方便统一收集预消毒；

2）当应急医疗设施规模较大且功能相对齐全时，排水系统分区域进行单独考虑，病区卫生间污废合流，医护和医技区域根据排水性质在满足现行相关标准的要求下进行分流，以方便收集处理为原则；

3）当室外化粪池设置确有困难时，病区卫生间排水可采用污废分流。

（2）病房标准模块单元排水应满足以下技术要求：

1）病房标准单元模块一般为三个集装箱体拼装而成，包括两个卫生间、两个病房和一个缓冲间，排水可两个卫生间统一污废合流排出；

2）缓冲间洗手盆处在半洁净区，宜与卫生间分开单独排放，如一起合流排出时手盆下部要设存水弯，水封高度不宜小于75mm，保证水盆频繁使用且水封高度不被破坏；

3）受集装箱体底部架空高度限制，病房卫生间出户后排水管在室外埋地汇合，按照现行团体标准《新型冠状病毒肺炎传染病应急医疗设施设计标准》T/CECS 661-2020中的要求设置室外清扫口和通气管；

4）病房卫生间排水出户汇合管段根据流量计算管径增大一级，且不得小于$DN150$mm；

5）空调室外机、人行步道等与架空层安装的排水出户管位置要进行综合汇总，出户管地面裸露管道需要采取保护措施。

（3）为加快模块化安装速度，当应急医疗设施病房卫生间采用集成卫浴时，应满足以下技术要求：

1）集成卫浴排水应在马桶排水上游设置带P型存水弯的多通道地漏，且利用洗手盆进行补水；

2）集成卫浴排水管安装尽可能压缩安装高度，应结合集装箱体结构进行无障碍安装衔接；

3）当病房为两层，受两层屋顶和地板影响，完成无障碍安装有困难时，在保证水封完好的情况下应最大可能地减小排水管安装高度，且和病房地面做无障碍斜坡；

4）集成卫浴地面应留有清扫口；

5）卫生间集成卫浴宜考虑在洗手盆下存水弯上方集成排水插口。

（4）应急医疗设施排水通气管和尾气处理设备安装需要满足以下技术要求：

1）不同洁净级别区域的排水通气管不得合并伸顶排气；同洁净级别宜按区域进行通气管汇合，减少屋顶开洞和尾气净化消毒装置数量；

2）通气管管径不得小于排水立管或横干管的管径，汇合通气管管径要按相关规范计算确定，且与选用的尾气处理设备安装尺寸一致；

3）应急医疗设施为一层时，可在排水出户管上沿外墙做通气管上屋顶排气，避免环形通气连续穿越箱体结构板造成的施工不便；

4）当应急医疗设施加装坡屋顶时，通气管应伸出屋顶，尾气处理设备可安装在屋顶夹层中；

5）病房区域室外汇合排水管应沿建筑外墙设置通气管上屋面，通气管间距不得大于50m；

6）通气管要远离室外正压送风和排风机组，以免影响通气管排气效果或风机吸入空气质量；

7）尾气消毒可选用紫外线消毒器、光氢离子消毒装置，当采用高效过滤器时，应保证出气口无压差阻力；

8）尾气消毒设施均应有产品合格证明以及检测报告，不得现场自制产品；

9）尾气消毒设施安装应预留电源，安装位置由产品要求决定；当安装在屋面时，要有防雨措施；

10）与紫外线消毒器相连接的塑料通气管应选用耐腐蚀性管材，或在接口处设置放照射保护措施。

（5）应急医疗设施以下部位的排水应采用间接排水：

1）水泵房断流水箱溢流管、排水管排水；

2）空调冷凝水排水，空调机组排水；

3）饮水设备、生活热水机组排水；

4）工艺制水制水设备、高温灭菌设备排水。

（6）应急医疗设施地面排水地漏的设置应符合下列要求：

1）淋浴和空调机房等经常有水流的房间应设置地漏；

2）卫生间有可能形成水流的位置宜设置地漏，病房卫生间地漏不应超过2个；

3）对于空调机房等的季节性地面排水，以及需要排放冲洗地面、冲洗废水的医疗用房等，应采用可开启式密封地漏；

4）地漏应采用带过滤网的无水封直通型地漏加存水弯，地漏的通水能力应满足地面排水的要求；

5）地漏附近有洗手盆时，宜优先采用洗手盆的排水给地漏水封补水。

（7）应急医疗设施以下区域排水管管径不应小于 $DN100mm$：

1）病房卫生间排水管；

2）污洗间、倒便器排水管；

3）医护集中更淋和手术集中淋浴排水管；

4）手术供应室洗消、高压蒸锅排水管；

5）水专业相关站房排水管以及工艺用水制水间排水管。

（8）排水管布置敷设时，卫生器具至排出管的距离应最短，管道转弯应最少，横干管或一层出户管长度不宜大于 10m。

（9）空调冷凝水应有组织收集排放，每个病房卫生间宜采用带 P 型存水弯的多通道地漏预留冷凝水排水插口，排水插口管径为 $DN32mm$，季节性变换不使用时，应有封闭措施。

（10）应急医疗设施排水管管材应选用内壁光滑、低噪声、耐腐蚀、耐高温、易安装的排水塑料管材。

（11）底层排水管设计时，为避免涌水问题，管道坡道应符合现行国家标准《建筑给水排水设计标准》GB 50015-2019 的规定，建议采用通用坡度。

3.3.4.4 污水提升

改造建筑应急医疗设施地下有相关医疗功能需要提升排水时，应满足以下技术要求：

（1）医疗功能区域内，所有污水排放均应采用密闭式一体化提升装置。

（2）地下区域医疗功能布局及用水点布置应提前根据集水坑位置及尺寸现状，经专业间进行沟通确定。

（3）一体化污水提升设备应设通气管，通气管管径不宜小于 $DN100mm$，并伸到建筑屋面进行通气，通气管合并以及尾气消毒均应遵守其设计、安装的相关要求。

（4）当一体化污水提升设备通气管伸出屋顶消毒排放有困难时，应在箱体内集成杀菌除臭装置。

（5）应根据集水坑现状尺寸选装体积较小的一体化提升设备。

（6）应选用双泵一体化提升装置，且箱体材料应坚固、轻便、耐腐蚀。

（7）一体化污水提升排水泵应有防缠绕和阻塞的功能。

（8）一体化污水提升设备应自动化程度高，具有液位控制及故障报警功能。

（9）排水管敷设较长时应设置环形通气管，环形通气管不得与一体化提升设备通气管合并，需单独伸到屋面通气。

（10）受改造建筑集水坑位置限制，现有集水坑无法满足功能排水需求时，宜采用真空排水系统。

（11）当有坡道入口时，需对坡道排水集水坑按 50 年重现期进行容积校核，并按计算雨水流量更换提升泵组。

（12）地下消防电梯集水坑及事故排水应按相关规范要求进行复核。

3.3.5　室外给排水

3.3.5.1　一般要求

（1）应急医疗设施新建、改建和扩建时，应对院区范围内的给水、排水、消防和污水处理工程进行统一规划。

（2）新建应急医疗设施应选择给排水条件设施完备且便于实现的地方，供水及排水能力均应满足应急医疗设施需求。

（3）应急医疗设施与市政给排水接驳设施应权属明确，并由相关主管部门负责施工预留到位。

（4）应急医疗设施建设周期短，院区室外给排水设计施工应与室内建筑给排水以及市政给排水施工设计在技术要求和时间节点上同步衔接，保证给排水设施顺利使用。

3.3.5.2　室外给水

（1）室外给水、热水、消防的配水干管、支管应设置检修阀门，阀门宜远离化粪池、负压机房、污水处理设施等构筑物。

（2）室外给水管线敷设尽量减少附件使用及管道接口，降低管道漏损率且降低污染风险。

（3）从室外给水管线接出的绿化及洗消用水设施均应采取防倒流污染措施。

3.3.5.3　室外排水

（1）应急医疗设施室外排水应符合现行国家标准《室外排水设计规范》GB 50014 的有关规定。

（2）室外排水应采用雨污分流制，当城市市政无雨水管道时，院区也应采用单独的雨水管道系统，不宜采用地面径流或明渠排放雨水。

（3）应急医疗设施的污废水应与非医疗区污废水分流排放，向环保行政部门申请批准后，应急医疗设施内单独收集的生活区域污水方可单独排放。

（4）应急医疗设施应设有救护车停放消毒区域，救护车停放处应设置冲洗设备和消毒设施。

（5）应急医疗设施室外污水排水系统应采用无检查井的管道进行连接，通气管的间距不应大于 50m，并应伸至高空处采取消毒措施。清扫口的间距应符合现行国家标准《室外排水设计规范》GB 50014 和《建筑给水排水设计标准》GB 50015 的有关规定。

（6）室外排水管道宜选用内壁光滑的塑料管材且减少管道连接接口，管道基础宜设计 180 度柔性砂基。

（7）污水管道和附属构筑物，如检查井，应保证其气密性，应进行闭水试验，防止污水外渗和地下水入渗。

（8）小型应急医疗设施排水宜优先考虑污废合流，污水统一收集进行预消毒。

（9）排水管道与其他地下管渠、建筑物、构筑物等相互间的位置应符合下列要求：

1）敷设和检修管道时，不应互相影响；

2）排水管道损坏时，不应影响附近建筑物、构筑物的基础，不应污染生活饮用水；

3）污水管道与生活给水管道交叉时，应敷设在生活给水管道的下面，与其他管线的间距应满足相关规范的要求。

3.3.6　污水处理

3.3.6.1　一般要求

（1）当改造项目污水处理无法满足现行国家标准《传染病医院建筑设计规范》GB 50849二级生化处理的有关规定时，污水处理应采用强化消毒处理工艺，并应符合下列规定：

1）污水处理应在化粪池前设置预消毒工艺，预消毒池的水力停留时间不宜小于 1h；污水处理站的二级消毒池水力停留时间不应小于 2h；

2）污水处理从预消毒池至二级消毒池的水力停留总时间不应小于 48h；

3）化粪池和污水处理后的污泥回流至化粪池后总的清掏周期不应小于 360 天；

4）消毒剂的投加应根据具体情况确定，但 pH 值不应大于 6.5；

5）污水处理池应密闭，尾气应统一收集消毒处理后排放。

（2）应急医疗设施污水处理设施建设应符合下列规定：

1）应急医疗设施污水处理单元的建设应和主体建筑及其他附属设施同步完工，应选用集成程度高、便于采购和安装的处理设备设施；

2）医院污水处理构筑物应采取防渗漏措施，化粪池、消毒池等构筑物宜加盖密闭，臭气处理消毒后应高空排放，排气筒高度不小于 15m；

3）污水处理工艺选择应减少危险废物产生，处理设施产生的污泥应按危险废物进行处置，当单独处置有困难时可回流化粪池，统一清掏。

（3）核酸检验、手术供应室高温废水等特殊性质污水应单独收集，经预处理后进入医院污水处理系统；不得将固体传染性废物、各种化学废液弃置和倾倒排入下水道。

（4）消毒剂建议选用成品的次氯酸钠，当后续有二级生化处理时，应选用对微生物影响小的消毒剂。

（5）采用含氯消毒剂消毒且排至地表水体时，应采取脱氯措施。

（6）当医疗应急设施长期使用时，污水处理设施在后期应实现二级生化处理单元设置，污水处水质达到现行国家标准《医疗机构水污染物排放标准》GB 18466、地方污染物排放标准以及环保部门的相关要求。

3.3.6.2　规模及构成

（1）规模：污水量按给水量计算，不考虑折减。

（2）构成：

1）应急医疗设施污水处理工程一般由主体工程、配套及辅助工程组成；

2）主体工程包括污水处理系统，污水处理过程中产生的污泥处理系统以及污水站运行过程中产生的废气处理系统等；包括污水处理的各种构筑物、设备间、控制室、值班室和各种设备等；

3）应急医疗设施污水处理系统包含化粪池、预消毒、二级处理（长期使用时加设）和二级消毒单元；

4）配套及辅助工程主要包括电气自控、给排水、消防、采暖、通风、道路、绿化、围挡等。

3.3.6.3　选址与总图布置

（1）选址：

1）处理站位置的选择应根据应急医疗设施总体规划、污水排放口位置、环境卫生要求、风向、工程地质及维护管理和运输等因素来确定，应根据总体规划，适当预留余地；

2）医院污水处理构筑物的位置宜设在医院建筑物当地夏季主导风向的下风向；

3）根据应急医疗设施工艺流程布置和院区交通规划，设置区域应独立且临近污物出口，污水处理单元应集中布置；

4）根据院区竖向标高，污水处理设施宜设置在较低处且院区市政或自然排水条件好的一侧，减少污水提升，降低动力消耗；

5）污水处理设施宜设置在医院排水路线居中的位置，减小管线和构筑物埋深；

6）传染病医院污水处理工程与生产管理建筑物和生活设施要统筹布局、严格隔离，污水处理设施周围应设围墙或封闭设施；

7）污水处理站要有便利的交通运输、水电条件。

（2）总图布置：

1）应根据各构筑物的功能和流程要求，结合地形和地质条件，确定污水处理设施平面布置；连接各处理构筑物的管、渠应便捷、直通，避免迂回曲折；

2）应符合投资少且运行方便的原则，不同构筑物之间距离应适宜，布局紧凑，以减少占地和便于管理；

3）办公建筑物与处理构筑物应保持一定距离，位于夏季主导风向的上风处；

4）附属构筑物和道路以及管线敷设应满足相关要求；

5）污水站总平面布置应考虑除臭、降噪的要求，防止有害气体和噪声等对周边环境的影响；

6）污水处理设施总平面布置应考虑人员进出通道和药剂、化粪池清掏等生产车辆的通行；

7）平面布置应考虑长期使用发展，留有二级生化处理单元建设的余地。

3.3.6.4　处理工艺、设备及控制

（1）处理工艺。

1）应急医疗设施污水处理工艺选择应根据污水危害成分及性质确定处理目标和工艺。应急医疗设施污水中含有病毒，应以杀灭病毒为第一目的，在此基础上再综合考虑其他的排放标准和要求综合确定；

2）处理工艺应该以预消毒＋化粪池＋二次消毒为基础框架，在保证足够消毒水力停留时间的基础上，如考虑长期使用，根据具体情况与二级生化处理工艺及深度处理工艺等进行结合；

3）应急医疗设施工艺流程：预消毒＋化粪池＋二级消毒，工艺流程图如图 3-3-2 所示；

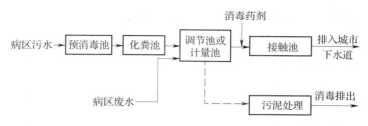

图 3-3-2　污水处理工艺流程

4）当应急医疗设施污水量较小且化粪池集中布置时，可在化粪池中直接投加药剂替代预消毒池；为保证二级消毒池的接触时间和消毒效果，宜设置调节池，保证二级消毒接触池进水量稳定，且便于药剂投加量的控制。

（2）设备及控制。

1）应急医疗设施污水处理工程供电宜按二级负荷设计，供电等级应与医院建筑相同。工艺装置中央控制室的仪表电源应配备在线式不间断供电电源设备（UPS）。应根据工艺流程、工程规模及管理水平确定自动控制水平，宜选用自动化程度高的控制仪表。

2）水泵的启停应根据液位来自动控制，机械格栅可采用定时启停，消毒剂的投加量应根据在线余氯测定仪的测定结果自动控制调整，鼓风机的启停可设成定时启停和自动切换。

3）控制方式分为就地控制方式、远程控制方式和计算机控制方式：①就地控制方式：在电控箱及现场按钮箱上控制，利用水位信号开关自动开 / 停水泵；②远程控制方式：水处理工程宜设独立的集中控制室，在总电控柜内设 PLC 控制器，PLC 控制器用于工艺设备的自动控制，各种设置在总电控柜上集中控制；③计算机监控方式：采用小型 PLC 控制器及微型计算机集中监控。

4）应急医疗设施污水处理的控制室应与处理装置现场分离，减少操作人员与现场的接触。

3.4　暖通空调

3.4.1　一般规定

（1）应急医疗设施各功能房间室内设计温度宜为：冬季 18 ~ 22℃，夏季 24 ~ 28℃。本书所指的清洁区为医护人员宿舍生活区，暖通按普通宿舍设置，不做特殊要求。

（2）应设置机械通风系统，并控制各区域空气压力梯度，使空气从半清洁区向半污染区、污染区单向流动。

（3）机械送风、排风系统应按半清洁区、半污染区、污染区分区设置独立系统。

（4）各区域排风机与送风机应设计联锁，半清洁区应先启动送风机，再启动排风机；半污染区、污染区应先启动排风机，再启动送风机；各区之间风机启动先后顺序为污染区、半污染区、半清洁区。

（5）送风机组出口及排风机组进口应设置与风机联动的电动密闭风阀。

（6）送风机组宜采用具有过滤、加热及冷却等功能段的新风处理机组，新风处理机组中效过滤器宜设置在机组正压段，亚高效过滤器应设置在机组的最末端，表冷器或蒸发器、加热装置、加湿器等宜设置在中效过滤器之后。新风处理机组的冷热源应根据应急救治设施现场条件确定。

（7）半清洁区送风至少应经过粗效、中效两级过滤，过滤器的设置应符合现行国家标准《综合医院建筑设计规范》GB 51039 的相关规定。送风宜加强对 $PM_{2.5}$ 等细颗粒物的去除处理。

半污染区、污染区的送风至少应经过粗效、中效、亚高效三级过滤，排风应经过高效过滤，排风机组的过滤器应设于机组负压段。

有条件时，宜在污染区总排风增设一道静电类、离子瀑类、光触媒、等离子或紫外线等空气消毒装置进行灭菌消毒，作为无害化排风辅助装置。

（8）半污染区、污染区排风采用的高效过滤器的效率不应低于现行国家标准《高效空气过滤器》GB/T 13554 规定的 B 类。静电类、离子瀑类、光触媒、等离子或紫外线等空气消毒装置对空气中的细菌病毒等微生物一次通过去除率不应小于 95%。

（9）送风机组、排风机组内的各级空气过滤器应设压差检测、报警装置。设置在排风口部的过滤器，每个排风系统最少应设置 1 个压差检测、报警装置。机组内各级过滤段应配以指针式压差表，压差计精度要求为 2%。过滤段应留有足够的检修空间和过滤袋更换操作空间，并应在积尘侧更换过滤器。过滤袋应能从检修门取出。

（10）半污染区、污染区的排风机应设置在室外，并应设在排风管路末端，使整个管路为负压。半污染区、污染区的排风机宜设置备用，可在库房备用或系统安装备用。

（11）半污染区、污染区排风系统的排出口不应临近人员活动区，排风口与送风系统取风口的水平距离不应小于 20m；当水平距离不足 20m 时，排风口应高出进风口，并不宜小于 6m。排风口应高于屋面不小于 3m，风口应设锥形风帽高空排放。

（12）半清洁区最小新风量为 3 次 /h，半污染区最小新风量为 6 次 /h。

（13）半清洁区、半污染区房间送风口、排风口宜上送下排，也可顶送顶排。送风口、排风口应保持一定距离，使清洁空气首先流经医护人员区域。

（14）负压隔离病房应采用全新风直流式空调系统；其他功能区域在设有送排风的基础上宜采用热泵型分体空调机、风机盘管等各室独立空调形式，各室独立空调机安装位置应注意减小其送风对室内气流的影响。

（15）接诊区、患者检查区、病房等患者可能进入的房间，以及卫生通过区的脱衣、医护人员长时间停留的房间宜设置消杀净化消毒机。

（16）半污染区、污染区空调的冷凝水应集中收集，并应采用间接排水的方式排入污水排水系统统一处理。污染区、半污染区、半清洁区的冷凝水不应跨区排放。

3.4.2　接诊区和医技区通风空调

（1）接诊区划分为两个区域：接诊工作区、医护辅助区。接诊工作区包括登记室、接诊室、诊室、检查室、抽血采样间、洗消间、患者卫生间等用房。医护辅助区包括医生办公室、护士办公室、休息室、会诊室、医护卫生间等用房。

医技区（医技检查和治疗区）分为两个区域：检查治疗工作区、医护辅助区。检查治疗工作区包括超声检查、心电图检查、DR 检查、CT 放射检查、纤支镜检查、检验室、手术部等用房以及控制室、库房、洗消间、污物处置间、设备机房相关配套功能用房。医护辅助区包括医生办公室、护士办公室、休息室、阅览室、会诊室、医护卫生间等用房。

接诊工作区（登记室、接诊室、诊室、检查室、抽血采样间、洗消间、患者卫生间等用房）和医技检查治疗区等患者进入的房间按污染区设计；医护辅助区（库房、医生办公室、护士办公室、休息室、阅览室、会诊室、医护卫生间等）按半清洁区设计；检查治疗工作区（超声检查、心电图检查、DR 检查、CT 放射检查、纤支镜检查、检验室、手术部等用房以及控制室、库房、洗消间、污物处置间、设备机房相关配套功能用房）按污染区设计。

（2）接诊区和医技区室内设计参数详见表 3-4-1。

表 3-4-1　接诊区和医技区室内设计参数

区　　域	冬季室内设计温度（℃）	夏季室内设计温度（℃）	相对室外最小房间压力（Pa）	最小换气次数（次 /h）
登记室、接诊室	18～20	26～28	-5	6
诊室、检查室、抽血采样间、洗消间	18～20	24～26	-5	6
患者卫生间	—	—	-5	10
医护辅助区	18～20	24～26	5	6
检查治疗工作区	18～20	24～26	-5	6

（3）机械送风、排风系统按半清洁区、污染区分区设置独立系统。送风机、排风机不跨区设置。

（4）接诊区和医技区送风机组设置粗效、中效、亚高效三级过滤；排风高效空气过滤器宜安装在排风口部，排风机组不设置过滤器；也可在排风机组设置粗效、中效、高效三级过滤，排风口不设过滤器。

（5）接诊工作区、医护辅助区、检查治疗工作区部分房间（控制室、库房、洗消间、污物处置间、设备机房相关配套功能用房）采用上送上排的气流组织方式，检查治疗工作区部分房间（超声检查、心电图检查、DR 检查、CT 放射检查、纤支镜检查、检验室、手术部等用房）采用上送下排的气流组织方式。送风口放置在医护人员主要活动区域，为双层百叶风口；排风口尽量远离送风口，为单层百叶风口。

（6）检查治疗工作区（超声检查、心电图检查、DR 检查、CT 放射检查、纤支镜检查、检验室、手术部等用房以及控制室、库房、洗消间、污物处置间、设备机房相关配套功能用房）可根据其对室内温湿度要求采用分体空调、多联机空调或机房专用空调等。检查治疗工作区通风空调平面图如图 3-4-1 所示。

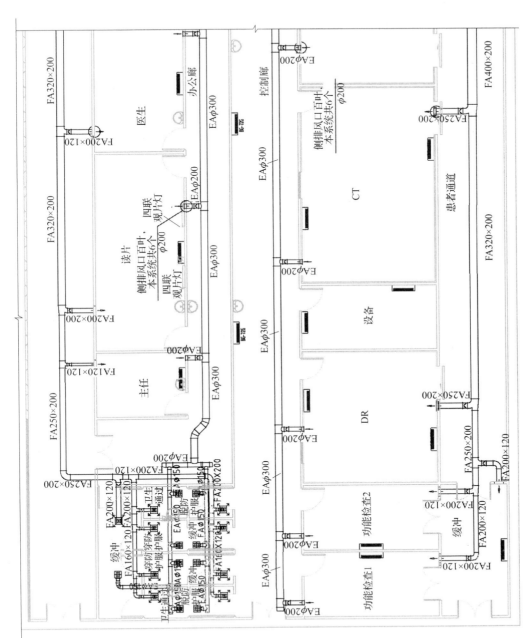

图 3-4-1 检查治疗工作区通风空调平面图

（7）管线在 CT、DR 等穿防辐射板处应设弯管措施，防止辐射在穿管处泄露。

（8）直排通风柜宜设一对一的排风机，A1/A2 级生物安全柜宜在柜体上方再设排风口。

（9）用于排放含有腐蚀性物质的排风管采用不燃耐腐风管。

（10）手术室通风空调：医技区的手术室按直流负压手术室设计，并应符合现行国家标准《医院洁净手术部建筑技术规范》GB 50333 的有关规定。

3.4.3　住院区通风空调

3.4.3.1　负压病房和负压隔离病房

现行国家标准《综合医院建筑设计规范》GB 51039-2014 中第 7.5.3 条规定，监护病房温度在冬季不宜低于 24℃，夏季不宜高于 27℃。负压隔离病房一般为重症监护病房，考虑到患者一般只穿病号服，且可能光着身子做各种检查，故冬季负压隔离病房设计温度不宜低于 24℃。负压病房一般为确诊非重症患者病房，出于节能运行考虑，室内设计温度冬季为 20～22℃，夏季为 24～26℃。标准负压病房、负压隔离病房通风空调平面图分别如图 3-4-2、图 3-4-3 所示。

（1）病房空气处理：

1）负压病房和负压隔离病房的新风机组设置粗效、中效、亚高效三级过滤，排风经过高效过滤；

2）负压病房及其卫生间排风的高效空气过滤器宜安装在排风口部，排风机组不设置过滤器；也可在排风机组设置粗效、中效、高效三级过滤，排风口不设过滤器。负压隔离病房及其卫生间排风的高效空气过滤器应安装在排风口部。

（2）病房通风量：

1）负压病房最小新风量应按 6 次 /h 或 60L/（s·床）计算，取两者中较大者；负压病房宜设置微压差显示装置；与其相邻相通的缓冲间、缓冲间与医护走廊宜保持不小于 5Pa 的负压差，确有困难时不应小于 2.5Pa；

2）负压隔离病房最小新风量应按 12 次 /h 或 160L/s 计算，取两者中较大者；每间负压隔离病房应在医护走廊门口视线高度安装微压差显示装置，并标示出安全压差范围；与其相邻相通的缓冲间、缓冲间与医护走廊应保持 5～15Pa 的负压差；

3）病房内卫生间不做更低负压要求，只设排风，保证病房向卫生间定向气流；

4）北京市地方标准《负压隔离病房建设配置基本要求》DB 11/663-2009 第 7.4 条规定："缓冲间送风口应安有高效过滤器，换气次数 ≥ 60 次 /h"，即在病房缓冲间设置带高效过滤器的空气自循环装置，净化缓冲间空气（换气次数为 60 次 /h）。理论分析及实验结果［详见许钟麟所著的《空气洁净技术原理》（第四版）（科学出版社，2014 年）］均表明该技术措施可大幅降低病原微生物从病房经缓冲间泄漏至医护走廊的风险。

（3）病房气流组织及风口布置：

1）负压双人间病房送风口应设于病房医护人员入口附近顶部，排风口应设于与送风口相对远侧患者床头附近下侧；单人间送风口宜设在床尾的顶部，排风口设在床头附近下侧；排风口下边沿应高于地面 0.15m，上边沿不应高于地面 0.70m；

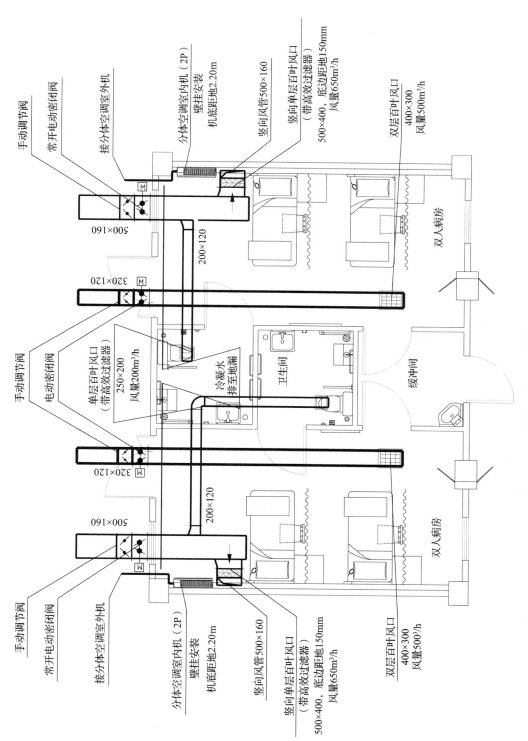

图 3-4-2　标准负压病房通风空调平面图

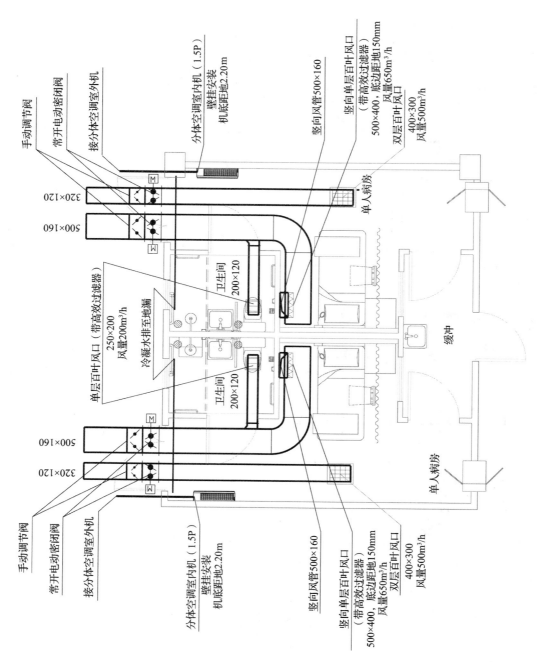

图 3-4-3　负压隔离病房通风空调平面图

2）病房送风口应采用双层百叶风口，排风口采用单层竖百叶风口；送风口、排风口风速均不宜大于 1.0m/s；

3）病房内卫生间不做更低负压要求，只设排风，保证病房向卫生间定向气流。

（4）阀门的设置：

1）每间病房及其卫生间的送风管、排风管上应安装电动密闭阀，可单独关断管路对房间进行消毒；电动密闭阀宜设置在病房外；

2）同时病房及其卫生间送风、排风支管上设置手动调节阀，在系统初期调试时进行风量平衡调节。

（5）接口预留：病房内预留加湿器和空气消毒机插座。

3.4.3.2　缓冲间、卫生通过区、更衣区和备餐间

（1）缓冲间室内设计温度宜为冬季 18 ~ 20℃，夏季 26 ~ 28℃。更衣区内设计温度宜为冬季 22 ~ 25℃，夏季 26 ~ 28℃。

（2）与病房相连的缓冲间换气次数不小于 6 次 /h。控制气流"医护走廊→病房缓冲间→病房"的流向。

（3）控制气流"半污染区→穿防护服→污染区缓冲间"的流向。穿防护服房间换气次数不小于 6 次 /h。

（4）控制气流"半污染区→缓冲间→淋浴→脱口罩→脱防护服→污染区缓冲间"的流向。脱防护服房间换气次数不小于 20 次 /h。

（5）控制气流"半清洁区→换鞋→一更→淋浴→二更→半污染区"的流向。更衣区换气次数不小于 6 次 /h，淋浴间换气次数不小于 10 次 /h。

（6）备餐间换气次数不小于 6 次 /h。与相通的走廊宜保持不小于 5Pa 的正压差。

（7）送风口采用双层百叶风口，排风口采用单层百叶风口，上送上排。

（8）脱防护服房间、脱口罩房间、淋浴间和缓冲间的排风在排风机组设置粗效、中效、高效三级过滤，排风口不设过滤器。

（9）脱防护服、脱口罩区设置独立的空气消毒设备。

3.4.3.3　医护走廊（污染区）

（1）室内设计温度为冬季 18 ~ 20℃，夏季 26 ~ 28℃。

（2）医护走廊最小新风量为 6 次 /h。

（3）送风口采用双层百叶风口，排风口采用单层百叶风口，上送上排。

（4）新风机组设置粗效、中效、亚高效三级过滤。在排风机组设置粗效、中效、高效三级过滤，排风口不设过滤器。

3.4.3.4　污洗间、垃圾暂存间

（1）污洗间、垃圾暂存间只设排风，不送风。房间内最小换气次数为 10 次 /h，与相通的走廊宜保持不小于 5Pa 的负压差。

（2）排风口采用单层百叶风口，设置在吊顶上。

（3）排风口设置高效过滤器并高空排放。

3.4.4 后勤保障区通风空调

（1）后勤保障区室内设计参数如表 3-4-2 所示。

表 3-4-2 后勤保障区室内设计参数表

区　域	设 计 参 数		
	冬季室内设计温度（℃）	夏季室内设计温度（℃）	最小房间压力（Pa）
消毒供应室污染区	18	25	−5
消毒供应室清洁区	18	25	0
消毒供应室无菌区	20	25	5
医疗废弃物暂存间	5	25	−5
洗消设施与污水处理间	5	25	−5
机电设备机房	5	25	−5
物资储备库	5	25	5

（2）消毒供应室污染区、清洁区最小换气次数为 6 次 /h，消毒供应室无菌区最小换气次数为 3 次 /h。医疗废弃物暂存间、洗消设施与污水处理间、机电设备机房等房间可不设送风，设 10 次 /h 以上的排风并满足设备排热量需求。

（3）医疗废弃物暂存间、洗消设施与污水处理间的排风系统不设送风时应设粗效、中效、高效三级过滤。

（4）设送风系统的后勤保障区应经过粗效、中效、亚高效三级过滤处理；排风系统的高效空气过滤器宜安装在排风口部，排风机组不设置过滤器；也可在排风机组设置粗效、中效、高效三级过滤，排风口不设过滤器。

（5）消毒供应室按照污染区、清洁区、无菌区三区布置分别设置送风、排风系统，并应保持气流流向为无菌区→清洁区→污染区，不得反向。消毒供应室区域通风空调平面图如图 3-4-4 所示。

（6）后勤保障区均采用上送上排的气流组织方式。送风口为双层百叶风口，排风口为单层百叶风口。

3.4.5 RICU 病区通风空调

3.4.5.1 室内设计参数
RICU 重症监护病区室内设计温度为冬季 22℃，夏季 25℃。

3.4.5.2 通风系统设置
（1）RICU 重症监护病区最小新风量不应小于 12 次 /h。病区与其相邻相通的缓冲间、缓冲间与医护走廊宜保持不小于 5 ~ 15Pa 的负压差。

（2）负压隔离单间最小新风量应按 15 次 /h 或 160L/s 计算，两者取大值。

（3）RICU 重症监护病区应采用全新风直流式空调系统。新风机组设置粗效、中效、亚高效三级空气过滤。排风应采用高效过滤器过滤处理后排放。

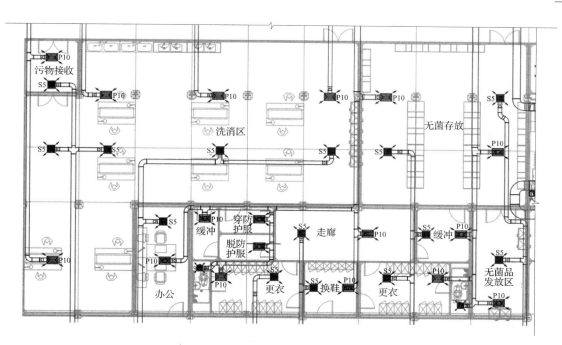

图 3-4-4　消毒供应室区域通风空调平面图

（4）RICU 病房内可根据需要设置房间加湿器，保证房间湿度。

3.4.5.3　气流组织与压差控制

RICU 重症监护病区通风空调平面图如图 3-4-5 所示。

（1）送风口、排风口位置：本着使空气从医护人员区向患者治疗区单向流动的原则，RICU 病房送风口应设于医护人员区附近顶部，排风口应设于患者的床头附近下侧。排风口下边沿应高于地面 0.15m，上边沿不应高于地面 0.70m。

（2）送风口应采用双层百叶风口，排风口采用单层竖百叶风口。送风口、排风口风速均不宜大于 1.0m/s。

（3）RICU 病区卫生间不做更低负压要求，只设排风系统，保证病区向卫生间定向气流。

3.4.5.4　过滤器的设置

排风系统应设置高效过滤器。排风的高效空气过滤器应安装在房间排风口部，将污染物尽量控制在房间内，防止污染物进入通风系统管道。

3.4.5.5　阀门的设置

（1）送风、排风干管主分支风道上设置手动调节阀，在系统初期投入使用时进行风量调节。

（2）送风口、排风口均设置手动调节阀。

（3）隔离单间送风、排风支管到送风、排风系统主干管之间的支风道上除设置手动调节阀外，还应设置电动密闭两通阀，对房间进行消毒时可单独关断。

3.4.5.6　负压保障措施

（1）RICU 重症监护病区门口安装可视化压差显示装置，随时监测室内压力。

（2）排风系统设置备用风机。

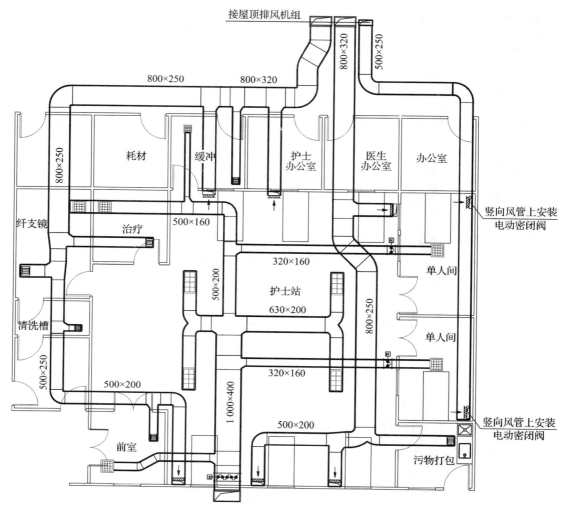

图 3-4-5 RICU 重症监护病区通风空调平面图

3.4.6 通风空调对设备及施工的要求

（1）施工前应仔细阅览图纸要求，对存疑问题及时和设计师沟通。

（2）订货时仔细核对性能参数，如果出现图纸选型设备、材料缺货等情况时，应及时协商设计更改方案并调整相关联的配电设施和接口条件；优先选择现货供应和施工周期短的产品。

（3）管材及保温材料等首选无毒、防火性能好的现货材料。管道及保温材料首选无毒、防火性能好的现货材料。

（4）施工组织时要重点考虑以下内容：

1）设备、材料及其进场顺序；

2）和其他专业的接口条件；

3）解决好风管、水管和冷媒配管与其他专业管道的交叉和碰撞，避免返工；

4）设备安装及管线支吊方案与现场结构专业密切配合，保证不影响结构安全；在海边城市，尚应做好设备支吊架防台风结构安装方案；

5）设备不得承受外接管道和风管的重量；

6）设备安装及管线支吊方案应与现场结构专业密切配合，保证不影响结构安全；

7）在沿海城市，受季节性台风影响的地区，应与结构专业配合，做好设备支吊架防台风安装。

（5）设备安装应考虑抗震动基础和接口软连接，确保设施安装牢靠，不影响结构安全。机组基础平整度误差不高于 ±3mm。焊接时要保证槽钢表面平直。

（6）管线防晃稳定设计，支架根部不应影响结构安全和人员安全。

（7）风管安装应力求连接严密，风管道咬口缝均应在正压面密封。

（8）室外新风口的设置应符合下列规定：

1）新风口的位置必须根据设计图纸确定，不得随意更改；

2）新风口应采取有效的防雨措施；

3）新风口处应安装防鸟、鼠、昆虫，阻挡绒毛、落叶等的保护网，且应易于拆装。

（9）空调净化机组及风机室内外安装时，基础对地面的高度不宜低于 200mm，避免发生雨季时机组泡水运行的事故。采用工字钢或槽钢架空设备时，需找平地面安装。空调室外机应有避免泡水的措施。

（10）由外墙穿入室内的风管应有坡向室外 3% 的坡度，避免雨水顺坡流入室内。

（11）通风设备、空调及净化机组安装时，应调平并做减振处理。各检查门应平整，密封条应严密。减震垫要垫满基座的整个承重面。

（12）污染区和半污染区空调机组表冷段的冷凝水排水管上应设水封和阀门。

（13）排风口处应安装防护网和防雨罩。

（14）污染区和半污染区排风管道的正压段不穿越其他房间。

（15）负压隔离病房应符合下列规定：

1）应具备现场检漏条件，否则应采用预检漏的专用排风高效过滤装置；

2）排风高效过滤器的位置按设计图纸确定；

3）排风高效过滤器应有安全的现场更换条件；

4）排风高效过滤器宜有采取原位消毒措施的条件；

5）排风机和送风机应按设计要求的连锁顺序调试。

（16）由外墙穿入室内的风管应有坡向室外 3% 的坡度，避免雨水顺坡流入室内。

（17）尽量避免屋面开洞，减少漏雨可能性。

（18）高效过滤器装置应最后安装，并在现场安装时打开包装。

（19）制冷剂管路的安装：

1）管道安装时铜管内应无尘埃、水分及其他任何杂质，穿墙时应防止污物进入。室外机组管道连接时，应防止水分和污物等进入配管系统；

2）设备安装前，配管储存在室内，且两端保持密封直到钎焊；

3）尽可能减少弯管的数量，弯管时尽可能用较大的弯曲半径；

4）在连接制冷剂管道时，室外机组的球阀应完全关闭，并且在室内机组和室外机组的制冷剂管道连接完毕，制冷剂泄漏测试结束，抽真空过程完成之后才可对其进行开机操作；

5）制冷剂配管长度不宜超过 75m：当室内外机组落差超过 6m 时，为保证压缩机能正常回油，应保证室内外机组连接管每隔 6m 高差设置一个回油弯；当室内机在上时，若室内外机组落差很大还需要设液体止回环；

6）使用 R410A 等混合工质制冷剂时应用液体制冷剂充注制冷设备，请勿使用曾经用于常用制冷剂（如 R22）系统的下列工具：管道压力测试装置、充注软管、漏气检测器、制冷剂回收装置等。制冷设备应加装电子止回阀，防止真空泵中的机油回流。

3.4.7 通风空调设计、运维中应注意的问题

3.4.7.1 设计应注意的问题

设计阶段需要考虑施工方便快捷且系统运行可靠、简单，注意以下问题：

（1）通风空调设计应结合当地具体情况，因地制宜、首选技术成熟、安全可靠的系统方案及设备、材料。

（2）选择运行、调试和安装可靠、简单、高效的设备和控制系统。风量调节选用带调节量指示刻度的密闭手动调节阀（见图 3-4-6），电动密闭开关阀门宜采用常开型阀门（失电时开启，给电时关闭）。

（3）负压隔离病房宜选择定排风量。

（4）预留加湿设施、室内空气消杀设施（静电类、离子瀑类、光触媒、等离子或紫外线）的条件。当采用管道紫外线杀菌照射（UVGI）技术时，应符合国家现行标准《医院消毒卫生标准》GB 15982–2012 和《医院空气净化管理规范》WS/T 368–2012 的相关

图 3-4-6 带调节量指示刻度的密闭手动调节阀

规定。净化消毒机出风口臭氧发生量不得大于 0.02mg/m³。

（5）充分考虑围护结构的气密性及现场条件的不确定性，适当合理增加清洁区送风、半污染区和污染区的排风的风量裕量。

（6）具备条件时，宜对病房内的温度、湿度及空气质量（颗粒物等）进行检测。

3.4.7.2 调试与运行

（1）清洁区和半清洁区优先整定新风（送风）风量，半污染区和污染区优先整定排风系统风量。

（2）病患者出院、转院或死亡后，病房、卫生间及负压隔离病房独立的空气处理系统应对环境整体消毒。

（3）负压病房和负压隔离病房消杀净化消毒机宜接近患者头部，且应避免扰乱污染气

流的排出。

（4）负压隔离病房排风量应保证恒定，送风量的调节应保证区域内压差梯度稳定，使整个区域的气流保持正确的流向，始终维持气流从洁净区域→潜在污染区域→污染区域，从办公区→工作区→走廊 / 缓冲→病房→卫生间。

（5）现场定期巡视压力或压差仪表，运行维护人员远程监视，密切关注设备和风口的过滤器阻力的堵塞情况，如自控系统报警或现场发现仪表异常，应及时处理，保持过滤器通畅。

（6）在排风口安装的高效过滤器应满足现行国家标准《传染病医院建筑施工及验收规范》GB 50686 的有关要求。

（7）所有设备运行前，应按设备使用说明进行调试前检查，确认设备安装符合安全和平稳要求后进行试运转。机组启动后应注意监测电机运行电流是否正常，机组是否有异常响声，检查机组风量、风压是否正常。空调设备冷量、热量等应按不同工况调节。

（8）失效的排风高效过滤器应有专人按病毒感染类垃圾采取以下方式收集及封装：

1）置于双层黄色垃圾袋内，并在标签上注明为病毒感染类垃圾。

2）过滤器垃圾不大于容器容量的 3/4，使用有效的封口方式，及时封闭包装过滤器。

3）不应取出已经放入容器内的过滤器垃圾。

4）病毒感染类垃圾应有与转运人员的交接登记并有双方签字，记录应保存 3 年。

3.5　电　　气

3.5.1　电气设计要点

（1）应急医疗设施的电气设计应符合供电可靠、用电安全、运行维护方便等要求。

（2）应急医疗设施的电气设计应满足建设周期短、快速投入使用等要求。

（3）应急医疗设施采用的电气系统或设备应符合技术成熟、普遍适用、模块化或装配式等要求。

（4）应急医疗设施的电气设计应满足控制传染源、切断传染链等要求。

（5）应急医疗设施的电气设计应符合国家现行有关强制性标准的规定。

3.5.2　供电电源设置

应急医疗设施分为两类：新建应急医疗设施、改建应急医疗设施。

3.5.2.1　新建应急医疗设施

新建的应急医疗设施项目应由城市电网提供双重电源供电，并设置柴油发电机组，其电源配置应满足现行国家标准《传染病医院建筑设计规范》GB 50849–2014 第 8.1.1 条的要求，即传染病医院的下列部门及设备除应设计双路电源外，还应自备应急电源：

（1）手术室、抢救室、急诊处置及观察室、产房、婴儿室；

（2）重症监护病房、呼吸性传染病房（区）、血液透析室；

（3）医用培养箱、恒温（冰）箱，重要的病理分析和检验化验设备；

（4）真空吸引、压缩机、制氧机；

（5）消防系统设备；

（6）其他必须持续供电的设备或场所。

3.5.2.2 改建应急医疗设施

对既有建筑改造的应急医疗设施项目，其电源设置在条件允许时可由院区变电所（配电室、电气竖井）提供不同的低压母线（配电箱），引两路电源供电，其中一路应为应急电源。

（1）既有建筑改造成的传染病房（区），电源设置应结合现有的条件。如果工程能单独从医院变电所引入双路电源，且其中一路与自备电源联络，则采取此做法可满足要求。

（2）若无条件（如施工难度太大或需要花太多时间进行电源改造等）单独从医院的变电所引入双路电源，可就近从低压配电室或竖井的不同低压母线（配电箱）引入双路电源。这时应强调其中一路电源与医院的自备电源联络，以确保供电电源在市政电源出现故障时的可靠性。

（3）既有建筑改造为应急医疗设施时，电源配置应有明确的要求，既要符合现行规范要求，也要切实可行。

3.5.3 自备应急电源的容量和供电范围

应急电源主要有两种形式：柴油发电机组、不间断电源（UPS）。

3.5.3.1 柴油发电机组

在正常电源故障停电时，柴油发电机组应自动启动且在 15s 内为重要负荷供电。

（1）供电范围：现行国家标准《传染病医院建筑设计规范》GB 50849–2014 第 8.1.1 条和第 8.1.3 条对自备发电机供电范围进行了明确：第 8.1.1 条明确了哪些重要负荷必须用自备发电机供电；第 8.1.3 条规定："污水处理设备、医用焚烧炉、太平间冰柜、中心供应等用电负荷，应采用双电源供电；有条件时，其中一路电源宜引自应急电源。"应将上述必要的辅助设施纳入自备发电机的供电范围。

（2）柴油发电机组的设置应满足项目快速建设、电气主接线简洁的要求，容量上留有一定余量。

（3）为了快速建成并及时收治患者，应急医疗设施工程的通行做法是：由当地供电局负责 10kV 高压柜、变压器、低压屏和柴油发电机等设备的供货、安装调试、相关报批报审程序等。供电局一般提供多组"箱式变电站 ×2+ 箱式柴油发电机组（或移动式发电机车）×1"来满足要求。如果主接线复杂则难以满足，经常采用图 3-5-1 所示的系统主接线。

（4）图 3-5-2 所示的系统主接线相比传统的主接线，少设置一段应急段母线及相应的低压屏，系统简单，所以建设速度大大加快。箱式变电站、箱式柴油发电机组等因其成套化、模块化，值得在应急工程中推广使用。

（5）图 3-5-3 为医疗区供电主接线系统图。对于项目的生活区和限制区，因重要负荷较少，采用双路电源供电已能满足要求，不必配置发电机组及应急母线段。

图 3-5-1 供电系统图（一）

1#箱变 箱式组合变电站 变配电系统图		高压室		变压器室	低压室				
箱式变间隔编号					市政进线				
回路编号									
设备容量									
计算容量									
用户名称	工作电源进线		变压器出线		进线柜 总表计				
智能数字仪表									
功率因数计算系数计算电流									
开关型号 开关额定电流 整定电流			MTZ16H1 1600~1600/4P			NSX100N~ 100A/3P	NSX160N~ 160A/3P	NSX250N~ 200A/3P	NSX250N~ 200A/3P
导线型号及规格									
套管规格									
备注									

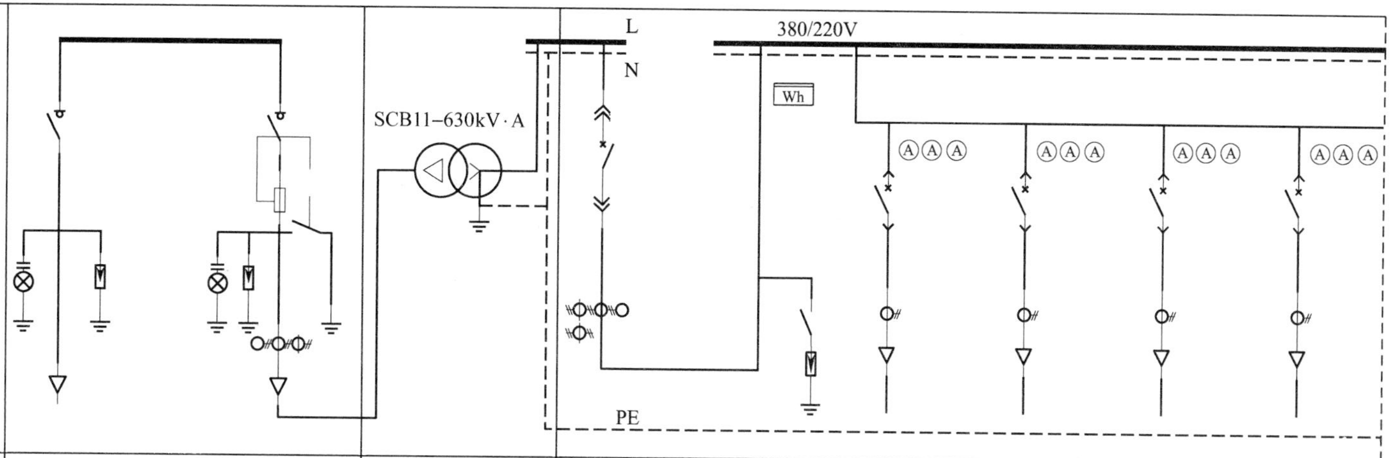

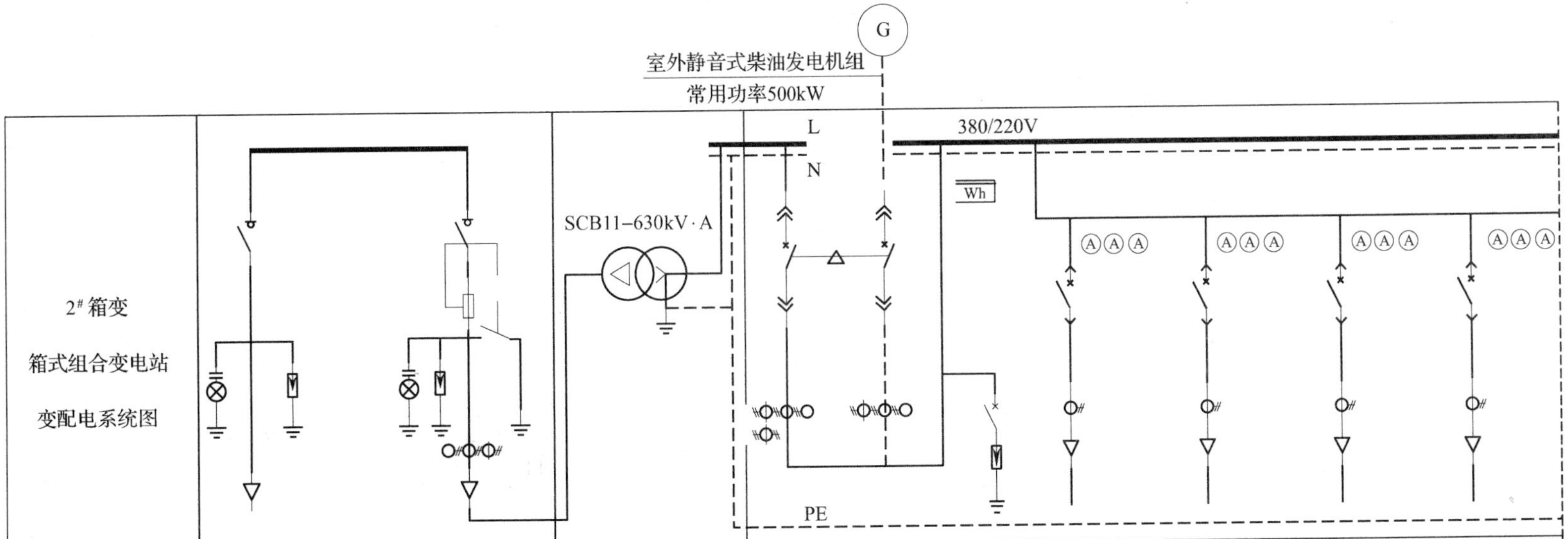

图 3-5-2 供电系统图 (二)

2# 箱变

箱式组合变电站

变配电系统图

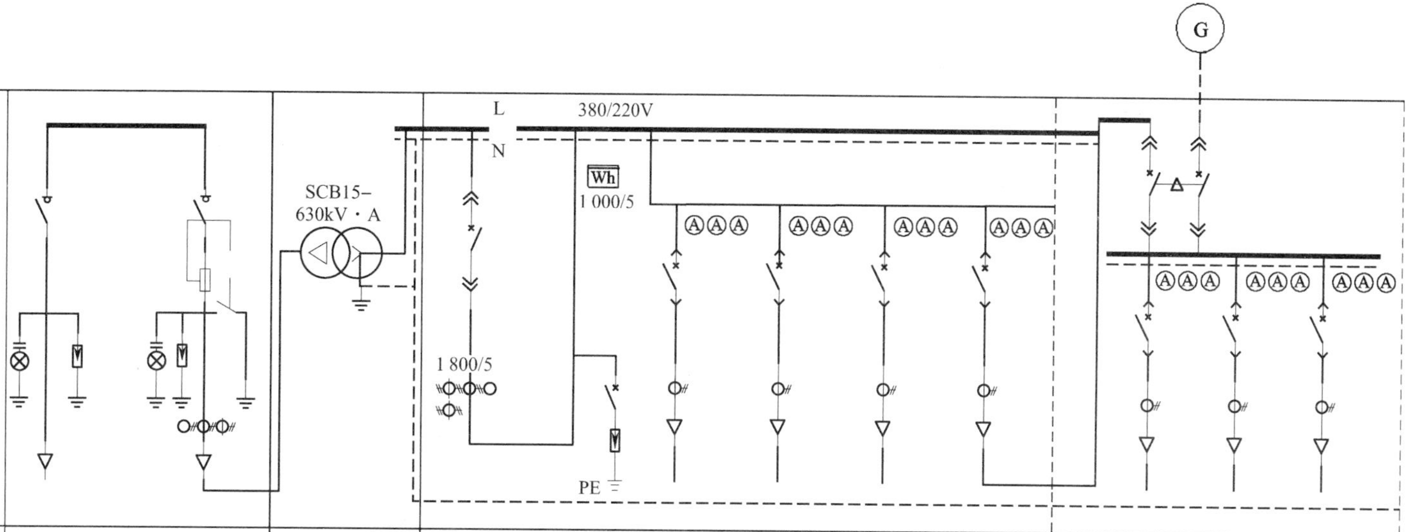

箱式变间隔编号	高压室		变压器室	低压室					应急母线段
回路编号				市政进线	CT2–W1	CT2–W2	CT2–W3	CT2–W4	
设备容量									
计算容量									
用户名称	工作电源进线	变压器出线	800kV·A	进线柜 总表计					
智能数字仪表									
功率因数 计算系数/计算电流									
开关型号 开关额定电流 整定电流				MTZ16H1 1600–1600/4P	NSX100N–100A/3P	NSX160N–160A/3P	NSX250N–200A/3P	NSX250N–200A/3P	
导线型号及规格									
套管规格									
备注									

图 3–5–3　供电系统图（三）

3.5.3.2 不间断电源（UPS）

对于恢复供电时间要求 0.5s 以下的设备还应设置不间断电源装置。不间断电源装置供电范围为：手术室、重症监护病房、抢救室、计算机系统及网络设备等。

（1）根据现行国家标准《综合医院建筑设计规范》GB 51039，用电负荷（场所）按停电后自动恢复供电的时间间隔分为三种级别，在该规范第 8.1.2 条有明确规定如表 3-5-1 所示，应急设施项目应对照执行。

表 3-5-1　医疗场所及设施的类别划分及要求自动恢复供电的时间

部门	医疗场所以及设备	场所类别			自动恢复供电时间（s）		
		0	1	2	$t \leqslant 0.5$	$0.5 < t \leqslant 15$	$t > 15$
门诊部	门诊诊室	●					
	门诊治疗室		●				●[b]
急诊部	急诊诊室	●				●[b]	
	急诊抢救室			●	●[a]	●[b]	
	急诊观察室、处置室		●			●[b]	
住院部	病房		●				●[b]
	血液病房的净化室、产房、烧伤病房		●		●[a]	●[b]	
	早产儿监护室			●	●[a]	●[b]	
	婴儿室		●			●[b]	
	重症监护室			●	●[a]	●[b]	
	血液透析室		●			●[b]	
手术部	手术室			●	●[a]	●[b]	
	术前准备室、术后复苏室、麻醉室		●		●[a]	●[b]	
	护士站、麻醉师办公室、石膏室、冰冻切片室、敷料制作室、消毒敷料室	●				●[b]	
功能检查室	肺功能检查室、电生理检查室、超声检查室		●			●[b]	
内窥镜检查室	内窥镜检查室		●[b]			●[b]	
泌尿科	泌尿科治疗室		●[b]			●[b]	

续表 3-5-1

部门	医疗场所以及设备	场所类别			自动恢复供电时间（s）		
		0	1	2	$t \leqslant 0.5$	$0.5 < t \leqslant 15$	$t > 15$
影像科	DR 室、CR 室、CT 室		●			●b	
	导管介入室		●			●	
	心血管造影检查室			●	●a	●	
	MRI 扫描室		●			●	
放射治疗室	后装、钴 60、直线加速器、γ 刀、深部 X 线治疗		●			●	
理疗科	物理治疗室		●			●	
	水疗室		●			●	
	按摩室	●					●
检验科	大型生化仪器	●			●		
	一般仪器	●				●	
核医学科	ECT 扫描间、PET 扫描间、γ 像机、服药、注射		●			●a	
	试剂培制、储源室、分装室、功能测试室、实验室、计量室	●				●	
高压氧舱	高压氧舱		●			●	
输血科	贮血	●				●	
	配血、发血	●					●
病理科	取材、制片、镜检	●				●	
	病理解剖	●					●
药剂科	贵重药品冷库	●					●c
保障系统	医用气体供应系统	●				●	
	消防电梯、排烟系统、中央监控系统、火灾警报以及灭火系统	●				●	
	中心（消毒）供应室、空气净化机组	●					●
	太平柜、焚烧炉、锅炉房	●					●c

注：a—照明及生命支持电气设备；b—不作为手术室；c—需持续 3 ~ 24h 提供电力。

（2）应急医疗设施中，对于自动恢复供电时间小于0.5s的应采用UPS供电；对于0.5s < t ≤ 15s的应采用配置自动启动装置的柴油发电机供电。

3.5.4 配电设计应关注的问题

（1）应急医疗设施的通风系统的电源应独立设置，且按一级负荷中特别重要负荷供电设置。

1）收治患者的负压病房和负压隔离病房必须确保负压特性，病房的负压是由通风系统的正常运行来保证的。

2）通风系统的正常工作取决于供电可靠、控制可靠。为减少其他负荷故障检修时的影响，应在变电所（配电室）处将通风与其他负荷分开供电。

3）通风系统的控制通常采用建筑设备监控系统（楼控系统）实现。因通风系统的受控及被监视的设备或器件较多、相互联动关系或控制逻辑比较复杂，实际在调试或运行中会有很多问题，推荐在风机之间采用简单的联动控制方式，用强电继电器来实现，更加可靠。由于应急医疗设施建设的时间非常短，楼控系统比较复杂，需要充裕时间来安装、接线、编程、调试等。

（2）应急医疗设施空调系统的电源应独立设置，按三级负荷的要求供电。

1）空调系统如病房的分体空调或相似功能设备，用电量较大，可按三级负荷供电。

2）宜供电回路独立设置，为减少与其他负荷的相互影响，宜在变电所（配电室）处将通风与其他负荷分开供电。

（3）应急医疗设施的生活热水系统按二级负荷的要求供电。

1）新建应急医疗设施的生活热水系统，一般设置电热水器，按二级负荷要求供电。

2）电开水器、饮水机等设备按二级负荷的要求供电。

3.5.5 照明设计

（1）照明设计应符合现行国家标准《建筑照明设计标准》GB 50034的有关规定，且应满足绿色照明要求。

（2）应急医疗设施应选择不易积尘、易于擦拭的带封闭外罩的洁净灯具。灯具采用吸顶安装，其安装缝隙应采取可靠密封措施。

照明光源宜选择LED光源。光源显色指数$Ra > 80$（手术室中$Ra > 90$），色温应为4 000K，灯具光源能效不宜小于100 lm/W。患者诊疗及活动区域应选用漫反射型灯具，门厅、挂号厅、候诊区、等候区、病房的统一眩光值（UGR）不应大于22，其他诊疗场所统一UGR不应大于19，并应减少眩光而且满足医疗环境的视觉要求。

（3）病房内与病房走道设置夜间照明宜在护士站统一控制。病房内的灯开关需兼顾老年人的使用，采用宽板按键式，离地高度宜为1.2m。

夜间照明灯具应合理选择位置，不宜设在病床正对面及侧面，以免影响患者休息。

（4）公共区域照明应采取智能照明或楼宇控制等集中控制措施，由护士站或值班室集中控制。

集中控制方式不但能够实现定时、分区等照明控制需求，还能起到避免医护人员与公共设施直接接触的作用。

（5）手术室、抢救室应设置安全照明，其照度值为正常照明的 100%。

（6）应急医疗设施备用照明、安全照明应满足国家现行标准《医疗建筑电气设计规范》JGJ 312 中第 8.4 节及国家现行标准《综合医院建筑设计规范》GB 51039 第 8.5 节的相关要求。

（7）X 线诊断室和手术室等用房，应设防止误入的红色信号灯，红色信号灯电源应与机组联通。

（8）隔离病房传递窗口、感应门、感应坐便器、感应龙头、电动密闭阀等设施需配合预留电源。电动密闭阀需要在病房外就近设置控制装置。

（9）应急照明系统配电应符合现行国家标准《消防应急照明和疏散指示系统技术标准》GB 51309 及《建筑设计防火规范》GB 50016 的有关规定。

3.5.6　环境消毒电气设施

应急医疗设施及其他需要灭菌消毒的场所需设置紫外杀菌灯或空气灭菌器插座。紫外杀菌灯应采用专用开关，并有专用标识，不应与普通灯开关并列设置，距地宜为 1.8m。

现行行业标准《医疗建筑电气设计规范》JGJ 312 中第 8.3 条条文说明，根据现行行业标准《医疗机构消毒技术规范》WS/T 367，对物品表面的消毒照射，最好使用便携式紫外线消毒器近距离移动照射，也可采取紫外灯悬吊式照射，对小件物品可放紫外线消毒箱内照射。对室内空气的消毒可以采取的方法有：

（1）间接照射法。

首选高强度紫外线空气消毒器，不仅消毒效果可靠，而且可在室内有人活动时使用，一般开机消毒 30min 即可达到消毒合格。

（2）直接照射法。

在室内无人条件下，可采取紫外线消毒灯悬吊式或移动式直接照射。采用室内悬吊式紫外线消毒时，室内安装紫外线消毒灯（30W 紫外线消毒灯，在 1.0m 处的强度大于 $70\mu W/cm^2$）的数值为平均每立方米不小于 1.5W，照射时间不少于 30min。

固定式紫外线消毒灯具有一定价格优势，但受到使用条件限制，即必须在无人条件下由专业的医护人员操作使用。在应急设施当中的隔离区内，以上条件极为苛刻，存在一定时间内无法消毒的情况。因此，在隔离区内已经设置紫外线消毒灯具的情况下，仍需设置供移动式紫外线空气消毒器所需的电源插座，以保障定时消毒的目的。

3.5.7　线路敷设及配电箱（柜）的设置

3.5.7.1　线路选型及敷设

（1）普通负荷的电线电缆应采用无卤低烟阻燃型。消防负荷的电线电缆应采用无卤低烟阻燃耐火型。消防配电线路与其他配电线路敷设在同一电缆井、沟内时，应分别布置在电缆井、沟的两侧，且消防配电线路应采用矿物绝缘类不燃性电缆。

由于应急设施人员密集，卧床治疗的患者较多，火灾逃生困难，耗时较长。无卤低烟阻燃电线电缆材料不含卤素，且在燃烧时释放的烟雾量很少，可减少电线电缆在火灾中造成的人身伤亡和财产损失。因此本类型建筑应采用无卤低烟阻燃交联聚乙烯绝缘电力电缆、电线或无烟无卤电力电缆、电线。

（2）室内公共区域的主干线路宜选择沿电缆桥架、线槽敷设。电缆桥架、线槽及穿线管应采用不燃型材料。

集装箱式、预装式临时应急医疗设施内采用明装线槽敷设，既能提高施工速度，又不会破坏成品围护结构。在与施工单位充分沟通且工期允许的情况下，宜考虑采用暗装方式敷设末端支路穿线管。

（3）电缆桥架、线槽及穿线管，在穿越不同洁净等级、气压等级区域时，隔墙缝隙及槽口、管口穿线后应采用无腐蚀、无机不燃防火堵料密封。

通风空调系统的运行按照严格的压差条件控制，不同气压等级区域穿墙孔洞必须严密封堵，否则将影响系统精准运行，且容易引起污染空气串流，造成交叉传染。

（4）室外电缆敷设宜采用排管方式。低压电缆较多且相对集中时可采用室外电缆沟的形式敷设，设计应提供电缆沟的防水、排水、穿越道路等措施。

3.5.7.2 配电箱、柜设备选择及设置

（1）配电箱、控制箱宜设置于污染区外，主配电柜、区域配电总箱、通风设备控制箱及其主干路由、配电间（井）宜设置在污染区外，主要是考虑运行维护人员的安全，不需要穿戴防护设备进行操作。同理，在病房缓冲间设置配电箱时，宜设置于病房缓冲区的墙面上，避免维护人员进入污染区进行操作，减小感染风险。

（2）应按卫生安全等级划分分区分别设置配电回路，减少跨区域配电可有效减少穿墙孔洞及相应的封堵措施，从而减少空气串流，且减少施工工作量。

（3）病房的配电宜分别按照明、医疗设备、空调、插座划分回路供电。

（4）宜采用成套定型电气设备，以便快速安装、调试和运行维护。为方便采购及订货，配电箱（柜）宜选用标准化、模块化产品，尽量减少配电箱的种类，2类医疗场所 IT 系统配电柜宜选用成套产品。

（5）UPS 宜集中设置。当采用 UPS 设备较多时，宜设置 UPS 在线监控系统，实时监控 UPS 工作状态。

3.5.8 防雷接地设计要则

（1）防雷接地系统设计应符合现行国家标准《建筑物防雷设计规范》GB 50057 相关要求，建筑物电子信息系统雷电防护应符合现行国家标准《建筑物电子信息系统防雷技术规范》GB 50343 相关规定。应急医疗设施多为单层或多层建筑，建筑高度较低，在建筑年雷击次数计算时应考虑建筑是否为人员密集场所和是否处于空旷地带等因素。

（2）接闪器与防雷引下线必须采用焊接或卡接器连接，防雷引下线与接地装置必须采用焊接或卡接器连接。

（3）接闪器应考虑以下要素：

1）应急医疗设施为金属集装箱式建筑时，应按集装箱材质确定接闪措施。当集装箱材质为钢质（钢板厚度不小于 0.50mm）或铝质（铝板厚度不小于 0.65mm）时，应优先利用金属屋面板（即集装箱顶棚）作为接闪器；当采用金属夹芯板组装时，其要求相同。

2）应急医疗设施为钢筋混凝土箱式建筑时，应按现行国家标准《建筑物防雷设计规范》GB 50057 中相关规定执行。

3）屋顶上的风机、空调机组等机电设备的金属外壳及金属构件就近与接闪器联通。

（4）引下线应考虑以下要素：

1）应急医疗设施为金属集装箱式或金属夹芯板组装的多层建筑时，应保证各金属集装箱或金属夹芯板之间的连接处电气贯通。

2）应急医疗设施为钢筋混凝土箱式建筑时，应按现行国家标准《建筑物防雷设计规范》GB 50057 中相关规定执行。

（5）接地装置应考虑以下要素：

可利用建筑基础内钢筋或沿建筑周围在基础垫层内敷设 40×4 热镀锌扁钢作为接地装置。接地装置的敷设不应破坏防渗膜，集装箱式医疗设施接地装置跨越防渗膜做法如图 3-5-4 所示。

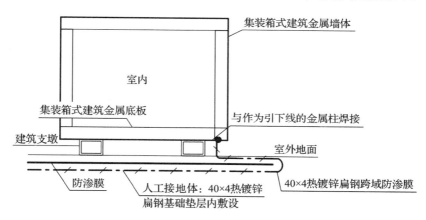

图 3-5-4 接地装置跨越防渗膜连接示意图

（6）应急医疗设施的防雷接地、保护性接地、功能性接地、屏蔽接地、电子信息系统接地应共用接地装置，共用接地装置的接地电阻值不大于 1Ω。

（7）大型医技设备接地应共用接地装置，每间大型医技设备间预留接地端子箱。

（8）配电系统严禁采用 TN-C 系统。

（9）2 类医疗场所应采用医用 IT 系统，设有隔离变压器及绝缘监测系统。绝缘监测信号宜传送至科室区域护士，便于监管。当发生第一次绝缘故障时，由绝缘监视装置发出报警信号，便于尽快排除故障；发生第二次绝缘故障时断路器动作。

（10）在 10kV 电源进线处装设避雷器，防止雷电波侵入。

（11）电话与信息设备、UPS、电梯、集中空调系统、重要医疗设备、屋顶等配电箱等处装设浪涌保护器。

（12）由室外引入建筑物的电力线路、信号线路、控制线路、信息线路等在其入口处的配电箱、控制箱、前端箱等的引入处装设浪涌保护器。

3.5.9　总等电位联结和辅助等电位联结的应用

（1）应急医疗设施做总等电位联结，将建筑物内的保护干线、设备干管、建筑物及构筑物等的金属构件以及进出建筑物的所有公共设施的金属管道、金属构件、接地干线等与附近预留的接地钢板，总等电位联结端子箱做总等电位联结。

（2）当室外箱式变压器低压侧采用放射式供电至建筑物内不同位置时，电源引入配电间均应做总等电位联结。

（3）1类和2类医疗场所的患者区域应做局部等电位联结。应急医疗设施典型1类和2类医疗场所包括：负压病房、负压隔离病房、重症监护病房、手术室、治疗室、病房、大型医技设备间等。

（4）各医疗房间内可能产生静电危害气体管道应采取防静电接地措施，其中有爆炸和火灾危险场所的设备、管道应符合现行国家标准《爆炸和火灾危险环境电力装置设计规范》GB 50058的有关规定。医疗气体（氧气、负压吸引、压缩空气、氮气、笑气及二氧化碳等）管道在始端、分支点、末端及医疗带上的末端用气点均应可靠接地。

（5）集装箱式应急医疗设施等电位联结示意见图3-5-5，手术室局部等电位联结示意见图3-5-6，负压病房局部等电位联结示意见图3-5-7。

3.5.10　预装式或成套电力装置的应用

3.5.10.1　预装式变电站应用

（1）变电所及市政电力接入应在应急医疗设施主体竣工前完成设备安装及调试工作。

（2）为便于变电所快速施工，应急医疗设施工程宜选用预装式变电站。预装式变电站中主要电力设备包含中压配电柜、变压器及低压配电柜。

（3）为缩短电力装置生产周期，设计可选用成品设备。

（4）预装式变电站中单台变压器容量不宜大于1 250kV·A。

（5）预装式变电站电力监控系统信号可由供电公司或院区安防控制中心监控。

（6）预装式变电站低压侧可馈出数回路电力干线，建筑主体内设置二级低压配电室。

3.5.10.2　预装式柴油发电机组应用

（1）柴油发电机组应在应急医疗设施主体竣工前完成设备安装及调试工作。

（2）为便于柴油机组快速施工，应急医疗设施工程宜选用预装式柴油发电机组。预装式柴油发电机组常用形式包括集装箱式发电机组和箱式静音型发电机组。

（3）集装箱式发电机组是将机组置于标准集装箱中安装。20英尺[①]集装箱外形尺寸为6 060×2 440×25 90（长×宽×高）mm，适合配置常载容量为500~1 000kV·A的机组；40英尺集装箱外形尺寸为12 200×2 440×2 590（长×宽×高）mm，适合配置常载功率为1 000~1 400kV·A的机组；

---

① 1英尺=0.304 8m。

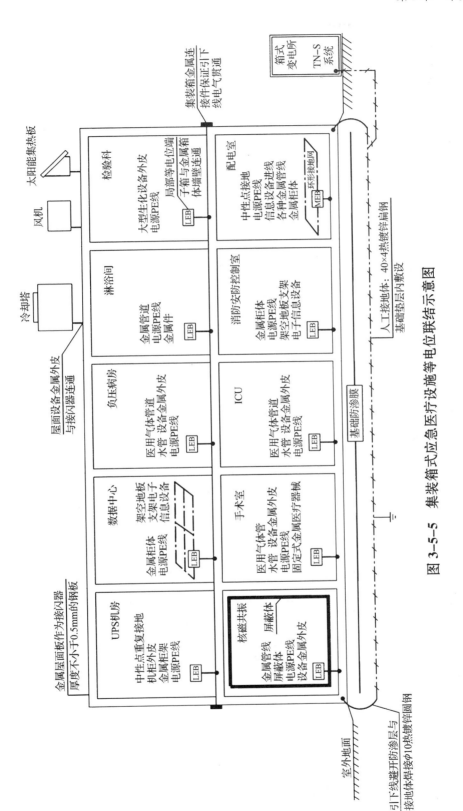

图 3-5-5　集装箱式应急医疗设施等电位联结示意图

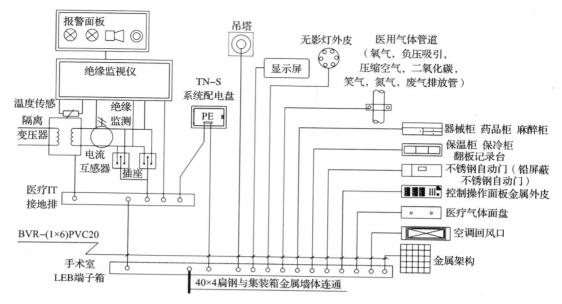

图 3-5-6　手术室局部等电位联结示意图

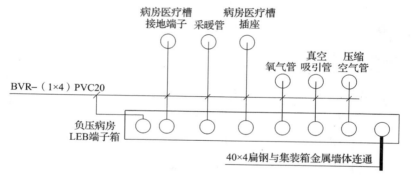

图 3-5-7　负压病房局部等电位联结示意图

（4）箱式静音型发电机组常见机组容量为 50～500kV·A。

（5）预装式柴油发电机组宜设置室外储油罐，保障机组运行时间。

（6）柴油发电机组应采取降噪及减震措施。根据现行国家标准《民用建筑隔声设计规范》GB 50118 中医院主要房间噪声级规定，病房及医护人员休息室允许噪声级高标准不大于 35dB。超静音型柴油机组 1m 测距噪声通常为 70～85dB，故预装式柴油机组设置位置宜尽量远离病房及医护休息区域。

3.5.11　工程案例

3.5.11.1　工程概况

珠海中大五院凤凰山病区项目位于珠海市中山大学附属第五医院院区内西侧。中大五院凤凰山病区项目包括以下子项：应急病区、辅助用房。总建筑面积 15 599m²（含应急病区和辅助用房），应急病区总建筑面积 15 509m²。主要功能包括：接诊、医技、病房等。

本项目为 2 层临建医院，总床位数 300 床（含 ICU 8 床），病房数 144 间，手术室 2 间，用作收治新冠肺炎已确诊患者使用。结构设计使用年限为 5 年，结构形式采用钢筋混凝土框架结构，抗震设防烈度 7 度，为国内首个永久结构形式的应急医院。

建筑功能分区：首层包括接诊区、CT 室、手术室、ICU 室、检验室、医护更衣室、医护工作区、病房；二层包括医护工作区、病房；屋顶层包括设备机房、出屋面楼梯间。

设计开始时间：2020 年 2 月 7 日。

设计完成时间：2020 年 2 月 10 日。

项目竣工时间：2020 年 3 月 5 日。

3.5.11.2　设计范围

10/0.4kV 配变电系统；低压配电系统；照明系统；建筑物防雷、接地系统；设备控制、电气消防系统。

3.5.11.3　应急医院项目用电设备特点

（1）因应急医院为应对突发事件而建，为保障工期，除净化区外，空调系统均采用分体空调。

（2）生活热水系统均采用电热水器。

（3）新风机组均采用直膨式机组，用电量比普通建筑大，本项目通风系统用电设备安装容量约 1 000kW。

3.5.11.4　电气设计内容

本节将重点从 10/0.4kV 配变电系统、低压配电系统、照明系统、建筑物防雷、接地系统、设备控制、电气消防等方面介绍本项目电气设计内容。

（1）10/0.4kV 配变电系统。

1）负荷分级及容量。

按照《新型冠状病毒肺炎应急救治设施设计导则（试行）》（国卫办规划函〔2020〕111 号）、《新型冠状病毒感染的肺炎传染病应急医疗设施设计标准》T/CECS 661—2020 的要求，本项目与医疗功能相关的用电负荷均按照一级负荷中特别重要负荷设计（主要包括照明、插座、医疗带、手术室、ICU、检验、CT、通风系统、真空吸引、空压机、生活水泵、电梯、消防设施、弱电系统、污水处理设备、液氧站等），生活热水按照二级负荷设计，分体空调按照三级负荷设计。

本项目电气综合技术指标如表 3-5-2 所示。

表 3-5-2　项目电气综合技术指标表

序号	名　称	技术指标	备注
1	建筑面积（m²）	15 599	
2	供电电源回路数	2	
3	供电电压（kV）	10	
4	配电电压（kV）	0.23/0.4	

续表 3-5-2

序号	名　称	技术指标	备注
5	电气设备安装总容量（kW）	3 070	
6	有功计算负荷（kW）	1 585	
7	无功计算负荷（kvar）	521	补偿后
8	视在计算负荷（kV·A）	1 668	
9	平均功率因数	0.85	补偿前
10	平均功率因数	0.95	补偿后
11	电容器补偿容量（kvar）	461	
12	变压器安装容量（kV·A）	2 520	
13	单位面积变压器安装容量（kV·A/m²）	161.5	
14	变压器平均负荷率（%）	66.2	
15	本项目总需要系数	0.5	
16	本项目一、二级负荷总安装容量（kW）及有功计算负荷（kW）	2 300，1 150	

2）供电电源。

从院区总变电所不同高压母线段引来两路 10kV 电源为本项目供电，设置柴油发电机组作为应急电源。

3）变压器及柴油发电机组选择。

根据负荷计算结果，选用 4 台 630kV·A 箱式变压器为本项目供电，编号为 1TM～4TM。经咨询当地电力施工单位，现有 630kV·A 箱式变压器中，每个变压器有 4 个 630A 出线开关。为保障两路市电都停电时一级负荷中特别重要负荷的供电，本项目设 2 台 630kW 的箱式柴油发电机组作为应急电源，室外箱式柴油发电机组自带 1m³ 油箱，并预留与油罐车的接口。本项目室外箱式变压器及柴油发电机组的布置位置如图 3-5-8 所示。

4）配变电系统。

本项目从设计完成至竣工验收的工期为 19 天，并且在竣工验收前要提前送电（最终于 2 月 16 日完成 4 台箱变送电），为保障工期，经与电力施工单位充分沟通，10kV 配电系统采用双侧供电环式的接线方式。由院区引来的 1# 高压电源为 1TM、2TM 供电，2# 高压电源为 3TM、4TM 供电，在 2TM、3TM 之间设开环点。配变电系统主接线图如图 3-5-9 所示。

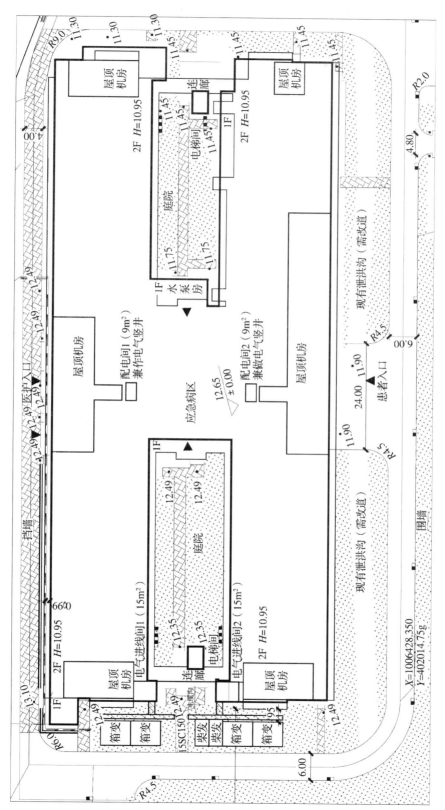

图 3-5-8 室外箱式变压器及柴油发电机布置图

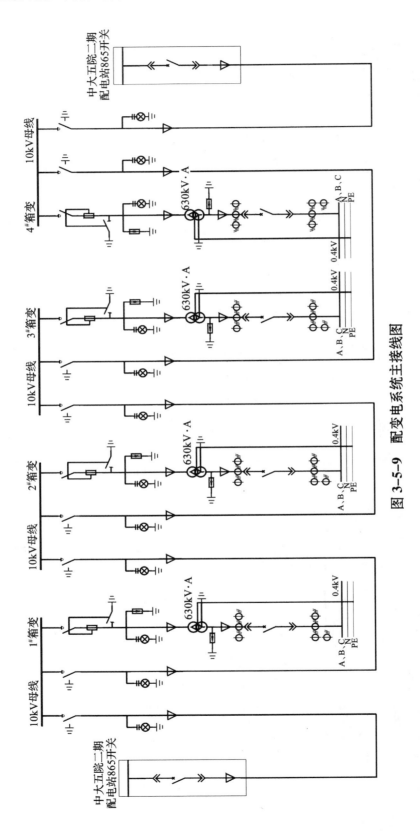

图 3-5-9 配变电系统主接线图

（2）低压配电系统。

1）一级负荷中特别重要的负荷及二级负荷（以下统称"重要负荷"）采用双重电源供电，在末端配电箱处设双电源转换开关，三级负荷采用单回路放射供电。所有双电源供电的配电箱，两回线路分别引自不同高压母线段所带的变压器的出线回路。本项目 1TM 与 4TM 的出线总配电箱互为备用、2TM 与 3TM 的出线总配电箱互为备用。

2）两台发电机组分别与 1TM、3TM 设市电与发电机转换开关。平时两路市电分列运行，当一路市电出现故障或检修停电时，重要负荷由另一路市电通过末端双电源转换开关完成供电，当两路市电都停电时，15s 内启动柴油发电机组，由柴油发电机组通过 1TM、3TM 为重要负荷供电。

3）对于停电时间要求小于 0.5s 的手术室、检验科、弱电汇聚机房等用电设备，采用不间断电源作为后备电源。

4）本项目室外箱式变压器及柴油发电机组设在病房楼西侧空地，在首层西侧靠外墙处设总配电间，兼作进线间。在每个护理单元设配电间，内设照明配电总箱、插座配电总箱、电热水器配电总箱、分体空调配电总箱、应急照明配电总箱。

5）各层的照明均由照明配电总箱供电，应急照明均由应急照明配电总箱供电，插座及医疗带回路均由插座配电总箱供电，卫生间及淋浴间电热水器、电开水器均由电热水器配电总箱供电，各房间内分体空调均由分体空调配电总箱供电，各配电箱出线电缆经桥架引至房间用电设备。因病区均为污染区，为便于检修，本项目不在污染区设配电分箱。

6）为保证一路市电断电时另一路市电能够承担起全部一、二级负荷，本项目在各变压器出线总配电箱的三级负荷出线回路设失压脱扣器，失压脱扣器和与该总配电箱互为备用的变压器总配电箱进线断路器设互锁，当与该变压器总配电箱互为备用的总配电箱断电时，通过失压脱扣器连锁该总配电箱三级负荷出线回路断电，以保证当一路市电断电时，所有三级负荷自动切除。后期可根据实际变压器运行情况调整三级负荷供电情况。

（3）照明系统。

1）本项目除净化区外不再分精装区，照明均一次设计到位。本项目照明按照一级负荷供电，照明配电箱采用双电源末端互投。所有场所均采用 LED 光源，要求色温为 3 300 ～ 5 300K，UGR ≤ 19，手术室、ICU 光源显色指数 $Ra \geq 90$，其他场所显色指数 $Ra \geq 80$。

2）经与医院确认，本项目所有场所均采用移动式消毒设备，不再设紫外线消毒灯（此项设计前应与使用方沟通，不同医院的使用习惯不一样，有的医院要求设紫外线消毒灯，紫外线消毒灯有效杀菌范围为 1.5m，灯具吊装，距地 2.0m，设固定式消毒设备可减轻医护人员工作量）。

（4）建筑物防雷、接地系统。

1）根据现行国家标准《建筑物防雷设计规范》GB 50057 中的分类标准及计算结果（年预计雷击次数为 0.103），本项目属于第二类防雷建筑物，按第二类防雷建筑物的防雷要求进行防雷设计。

2）在屋顶四周及屋脊处装设 ϕ 12 热镀锌圆钢接闪带和 10m × 10m 或 12m × 8m 接闪网格，构成接闪器。在建筑物外侧明敷防雷引下线，利用本构筑物的筏板基础作为接地极

（筏板基础下未作防水层）。将接闪器引下线及接地极采用土建施工的绑扎法、螺丝、对焊或搭焊连接，使构件之间必须连接成电气通路。

3）根据现行国家标准《建筑物防雷设计规范》BG 50057 中相关要求，设置电涌保护器。

（5）设备控制。

本项目病房区域为负压区域，通风系统排风机、新风机的启动顺序为：（病房排风→病房新风）→（患者走廊排风→患者走廊新风）→（医护走廊排风→医护走廊新风）。因项目工期紧张，在建筑投入使用时通风系统正常使用，本项目通风系统控制及连锁启动通过强电二次线实现。将每个护理单元的病房排风机在该护理单元护士站设远程启动按钮，并按设置好的启动顺序依次启动该病区的风机，每台风机启动与下一台风机启动之间设时间继电器，延时 1min。弱电建筑设备监控系统仅对风机的过滤段设压差报警。

（6）电气消防。

1）本项目属于临时建筑，暖通专业未设防排烟系统。消防用电设备有：消防报警设备、气体灭火设备、应急照明及疏散指示照明。

2）根据现行国家标准《建筑设计防火规范》GB 50016–2014（2018 版）中第 10.1.1 条规定，本项目消防用电按二级负荷供电。为加强消防系统的供电可靠性，本项目采用柴油发电机组、UPS 作为消防负荷的应急电源。

3）为防电气火灾，本项目设置电气火灾监控系统。在首层配电室放射回路出线端（不含消防及 IT 系统）设置剩余电流式电气火灾监控探测器。剩余电流式电气火灾监控探测器漏电流报警设定值应大于回路用电设备正常工作时的漏电流，并不应大于 300mA，当发生剩余电流式电气火灾报警时不断电，由专业人员及时排查处理。

3.5.11.5 施工要求

（1）电缆桥架、电气管线穿越有压力梯度的区域以及净化区域后应进行密闭封堵措施。

（2）凡是有压力梯度的地方，电气专业均已预留压差计电源，压差计应安装在压力高的一侧，以方便调试时不用开门即看到压差计读数（调试时由压力低的区域向压力高的区域依次调试）。

（3）卫生间、淋浴间电热水器插座定位时应装在 2 区以外（卫生淋浴区以外 0.6m 的区域）。

（4）所有用电设备确定厂家后需核实电量是否有变化，有变化的首先由相关专业负责人审核是否符合设计要求，专业负责人确认没问题后再给电气专业提供资料，所有风机配电箱应在设备确认后再加工生产。

（5）配电箱结构图确定后需先核实配电间是否够用，确认够用后再加工生产。

3.6 智 能 化

3.6.1 一般规定

应急设施智能化系统应适应医疗业务的信息化需求；应向患者提供就医环境技术保

障；应满足医疗建筑应用水平和规范化运营管理需求。应急设施智能化系统主要包括信息化应用系统、信息设施系统、建筑设备监控系统、公共安全系统、智能化集成系统和机房工程。

本节智能化系统主要针对应急设施建设的特点，突出安全、可靠、便捷和可实施性，主要包括病房医护对讲系统、病房视频监视系统、远程会诊系统、计算机网络系统和综合布线系统、建筑设备监控系统、出入口控制系统、视频安防监控系统等系统。其他系统参照现行标准规范的有关规定执行。

应急设施的火灾自动报警及消防联动系统设计应符合现行国家标准《火灾自动报警系统设计规范》GB 50116 的规定和消防主管部门发布的应对突发公共卫生事件的相关规定。

智能化系统的线槽及管口在穿越隔墙和顶板时应采取可靠封堵措施。

应充分利用互联网技术优势，结合应急医疗设施的定位和建设条件，采用 5G、远程 CT 扫描、人工智能、PACS 云存储、云诊断、物联网和大数据等新技术，建立管理与诊疗平台，提升应急医疗设施的建设水平，加强诊疗效果和提升管理效率。

应根据国家和当地卫生主管部门对突发公共卫生事件应急响应等级的防控要求，实现应急响应，设置与当地疾病预防控制中心、应急指挥中心等管理部门的专用通信接口。

3.6.2 信息化应用系统

3.6.2.1 病房医护对讲系统

（1）系统功能。

医护对讲系统是实现患者与医护人员及时沟通的工具，具有双向传呼、双向对讲、紧急呼叫优先等功能，由主机、对讲分机、卫生间紧急呼叫按钮、病房门灯和显示屏等组成。

医护对讲系统采用总线式或 IP 网络传输方式，接受患者呼叫，显示呼叫患者输液位置、床位号、房间号等。患者呼叫时，护士站有明显的声、光提示，病房门口宜设灯光警示，走道设置显示屏；特护患者有优先呼叫权；病房卫生间的呼叫，在主机处有紧急呼叫提示；具有护士随身携带的移动式呼叫显示处理装置。

（2）应急设施特点和基本要求。

1）应急医疗设施病区应按护理单元设置医护对讲系统。各护理单元主机应设置在护士站，病房应设置病床对讲分机并配呼叫终端，走廊应设置呼叫显示屏；病房卫生间应设置紧急呼叫按钮。为便于及时护理，宜设置无线呼叫终端。病房医护对讲系统示意图如图 3-6-1 所示。

2）安装要求：一是主机在护士站内工作台上安装，当需要在墙面上安装时，安装高度为底边距地 1.3～1.5m；二是对讲分机在病房的多功能医用线槽上安装；三是卫生间紧急呼叫按钮安装于卫生间便器旁易于操作的位置，底边距地 600mm；四是病房门灯在门外侧上方 100～200mm 居中安装；五是显示屏在护理单元护士站两侧走道居中吸顶安装；六是医护对讲设备应便于观察、操作，易于消毒。

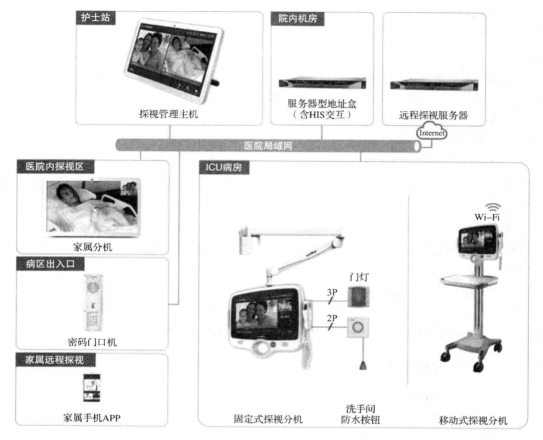

图 3-6-1 病房医护对讲系统示意图

3.6.2.2 负压隔离病房及重症监护室视频监视系统

（1）系统功能。

常规医院病房视频监视及探视系统是实现患者家属探访和护士站远程监控功能、实现语音与视频信号双向传输的可视对讲系统，由探视管理主机、可视探视分机和可视床头分机组成。病房视频监视探视系统示意图如图 3-6-2 所示。

（2）应急设施特点和基本要求。

1）依据现行国家标准《传染病医院建筑设计规范》GB 50849-2014，在负压隔离病房应建立患者的探视系统，并可兼顾护士站的远程视频监控功能。鉴于新冠肺炎的高度传染性，不宜采用医院内设置探视室的传统探视模式，具备条件的地方，应借助互联网，采用远程视频探视系统。

2）为便于护士站远程监控病房和重症监护室内患者情况，同时尽量减少医护人员被感染的风险，重症监护病房应设置患者视频监视系统。条件允许时，负压隔离病房应设置患者视频监视系统，实现语音或视频双向通信。

3）安装要求：系统主机应设置在护士站，病房内设置摄像机、病床显示屏（内置摄像头、麦克风）结合项目需求和条件配置。病房视频监视设备安装应便于观察和操作，易于消毒处理。

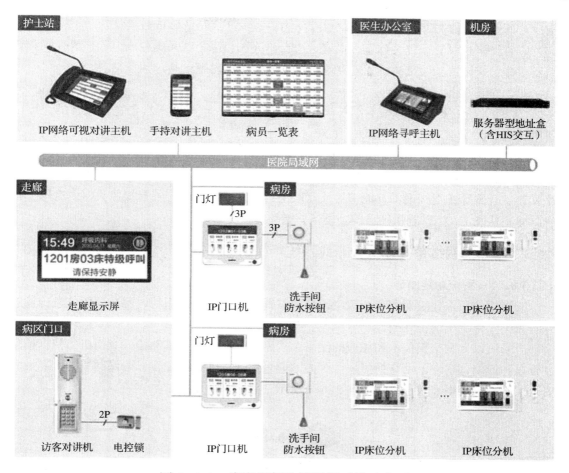

图 3-6-2　病房视频监视探视系统示意图

4）根据应急设施需求和条件，结合具体智能化产品功能，可采用将病房医护对讲系统和病房视频监视系统功能整合，实现双向传呼、双向对讲和联动视频监视功能。

3.6.2.3　远程会诊系统

（1）系统功能。

远程会诊系统是利用通信和信息技术实现异地疾病诊断、治疗和健康护理等多种医学功能的医疗模式。运用计算机、通信、医疗技术与设备，通过数据、文字、语音和图像资料的远距离传送，实现专家与患者、专家与医护人员之间异地"面对面"的会诊。

（2）应急设施特点和基本要求。

依据国家卫生健康委办公厅《关于在国家远程医疗与互联网医学中心开展新冠肺炎重症危重症患者国家级远程会诊工作的通知》（国卫办医函〔2020〕153号），应急设施应充分发挥远程会诊在提升新冠肺炎重症、危重症患者治疗效果中的作用，在条件允许时，应发挥互联网医疗的优势，设置远程会诊系统，实现医疗资源共享。

应充分发挥各省份远程医疗平台作用，鼓励包括省级定点救治医院在内的各大医院提供远程会诊、防治指导等服务，借助信息技术下沉专家资源，提高基层和社区医疗卫生机构应对处置疫情能力，缓解定点医院诊疗压力，减少人员跨区域传播风险。

应急设施宜设置远程会诊室，设置远程会诊终端，采用液晶电视或电脑作为视频和音频发布端，并设置会议摄像机，麦克风，扩音器等，实现视频及音频采集。

（3）安装要求。

1）网络环境要求。单点不小于 4Mps 的互联网接入带宽；不具备宽带条件的，可以使用笔记本选择 4G 或 5G 无线网络接入。

2）硬件终端要求。符合以下任意一条即可：①远程会诊终端，可兼容 SIP、H323 等标准编解码协议的音视频会议系统，已经接入互联网；②笔记本电脑，有内置摄像头、麦克风和扩音器等音视频设备，能够接入互联网；③台式电脑，有外置摄像头、麦克风（有回声抑制功能）、扩音器和显示器等设备，能够接入互联网。

3.6.3 计算机网络系统和综合布线系统

3.6.3.1 系统功能简述

应根据信息重要级别和安全程度，分别设置供医院内部使用的内网、公用信息传输的外网和医院智能化设备专网。

应采用以太网交换技术和相应的网络结构，配置核心交换机和接入交换机，依据信息点分布和规模，增设汇聚交换机。医院内网应采用网络的冗余配置，确保网络的可靠性和安全性。三层网络结构示意图如图 3-6-3 所示。

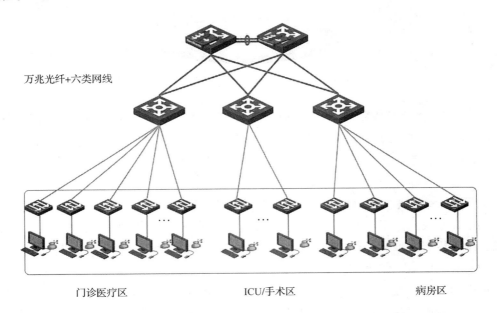

万兆光纤+六类网线

门诊医疗区　　　　ICU/手术区　　　　病房区

图 3-6-3　计算机网络系统三层网络结构示意图

综合布线系统是应急设施智能化的基础设施，是将所有语音、数据等系统进行统一的规划设计的结构化布线系统，为医院提供信息化、智能化的物质介质，支持语音、数据、图文、多媒体等综合应用。

综合布线系统设计应符合现行国家标准《综合布线系统工程设计规范》GB 50311 的有关规定。图 3-6-4 给出了综合布线系统示意图。

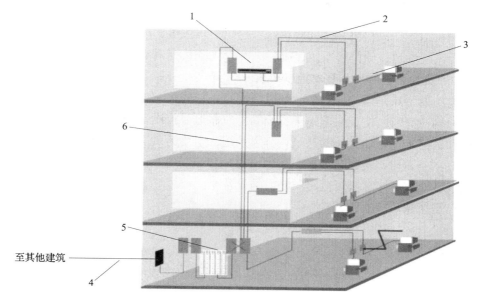

图 3-6-4 综合布线系统示意图

1—管理区子系统；2—水平区子系统；3—工作区子系统；4—建筑群子系统；
5—设备间子系统；6—垂直干线子系统

3.6.3.2 应急设施特点和基本要求

综合布线系统设计和配置应满足应急设施的需求，应设置有线网络和无线网络。为减少线路穿越污染区，宜采用无线通信，设置无线 AP 点，实现应急医疗设施全覆盖。医护办公区和病房区应分别设置内网和外网信息插座，满足数据和语音的需求。

信息点布置宜根据应急设施实际需求确定。信息插座的安装标高应满足功能使用要求。建议护士站、医护办公室不少于每个工位 1 个内网、1 个外网、1 个语音的信息点位标准；病房每床不少于 2 个内网信息插座，设置在医疗设备带上；重症监护室每床不少于4 个内网信息插座。

3.6.4 建筑设备监控系统

3.6.4.1 系统功能简述

建筑设备监控系统是一个涉及多学科、多门类的综合应用系统，主要内容为电子系统工程和自动化仪表工程。由于现代通信技术、信息技术、计算机网络技术和自动控制技术的快速发展，建筑物和建筑设备使用寿命也较长，这就要求建筑设备监控系统需具备可靠性、实时性、可维护性和可扩展性的特点。

建筑设备监控系统是智能建筑的一个重要组成部分，以建筑设备和建筑环境为对象进行测量、监视、控制、调节，对于保证室内的工作环境、设备的安全运行、合理利用资源，实现高效节能的管理要求，都有着十分重要的作用。由于建筑物的类别、使用功能、被监控设备的实际需求以及投资等因素的不同，很难对建筑设备监控系统的设计做出统一的要求，建筑设备监控系统应结合项目的实际情况，并根据给排水、暖通、电气等专业的工艺要求合理的确定。医疗项目中建筑设备监控系统主要监控对象包括：空调冷热源和水系统，空调机组，新风机组，热回收机组，送风、排风机，净化空调机组，室外照度及温湿度，电力系统参数，给排水系统，电梯，医疗气体系统，室内空气品质等。

3.6.4.2 应急设施特点和基本控制要求

应急设施的特点是设计、施工、调试周期很短，为了缩短施工及调试周期，建筑设备监控系统架构应简洁、便于快速施工，控制器应靠近受控设备安装；监控内容应精简，建议只监控和医疗工艺密切相关的送风、排风系统，主要为负压病区的送风、排风系统；手术室和ICU的空调机、排风系统控制柜由设备配套强弱电一体的配电控制柜；当条件允许时，建筑设备监控系统宜按规范对项目内的设备全面监控。

（1）负压区域监控内容：

1）送风、排风机的启停和故障状态；

2）送风、排风及的故障报警；

3）送风、排风系统各级过滤器压差超限时的堵塞报警；

4）排风口部过滤器压差超限时的堵塞报警（每个排风系统至少取1个排风口）；

5）应能实现风机启停的远程控制；

6）应能实现风机按时间表自动启停；

7）当采用电加热器时，应具有无风和超温报警及相应断电保护功能；

8）应监视负压病房与缓冲间、缓冲间和医护走廊的压差；

9）当采用电加热器时，应检测送风温度。

（2）负压区域暖通专业控制要求：

1）负压病区的送风、排风系统是按半清洁区、半污染区、污染区等分区独立设置；各区域的排风机与送风机应设计联动关系，半清洁区应先启动送风机，再启动排风机；半污染区、污染区应先启动排风机，再启动送风机；各区域之间的启动顺序为污染区、半污染区、半清洁区。

2）负压病房与缓冲间、缓冲间与医护走廊宜保持不小于5Pa的负压差，当负压差低于2.5Pa时系统应报警，并启动病房门口的灯光报警器。

3）负压隔离病房与缓冲间、缓冲间与医护走廊宜保持不小于5~15Pa的负压差，当负压差低于5Pa时系统应报警，并启动相应区域护士站的声光报警器以及病房门口的灯光报警器。

（3）建筑设备监控系统的构成。

建筑设备监控系统由监控主机、现场控制器、仪表和电动执行器、通信网络五个主要部分组成。框架图示意如图3-6-5所示。各主要部分的功能如下：

1）监控主机的功能：通过现场控制器，自动控制系统内的设备在最优化的状态下工作，自动监视系统中每台设备的运行状态和系统参数、自动记录、存储和查询历史运行数据，对设备的异常信息进行报警和自动记录。

2）现场控制器的功能：对现场仪表信号进行采集，进行基本的控制运算，输出控制信号至现场执行机构，与监控主机进行数据通信。

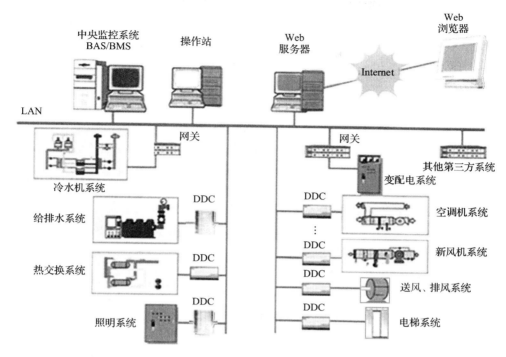

图 3-6-5 建筑设备监控系统框架示意图

3）仪表的功能：将被检测的数据可靠、准确地转换成现场控制器可以接受的电信号。

4）电动执行器的功能：接受现场控制器的信号，对受控设备进行自动调节控制。

5）通信网络的功能：连接监控主机、现场控制器、仪表和电动执行器，保证信息传输的准确性。

3.6.5 出入口控制系统

3.6.5.1 系统功能简述

为在保障医院安全的前提下营造一个安全、有序的医疗环境，为防止院内交叉感染提供优质的诊疗服务，出入口控制系统应能满足医院对出入口管理的自动化需求，能对各种门的出入人员进行控制，并具有防盗、报警等多种功能。

出入口控制系统已经成为智能建筑重要的一部分，结合智能一卡通，可以将停车场、出入口、考勤、消费等多个子系统融于一体进行统一的管理，节省医院的人力、物力，提高工作效率，提升管理的科学性。应急医疗设施出入口控制系统应结合项目的实际情况，与使用方充分沟通，确定切实可行的方案。

3.6.5.2 应急设施特点和基本控制要求

对于应急设施来说，出入口控制系统重要的功能在于根据医疗流程实现医护流线和患者流线的管理，保证医生、护士、患者只能出现在允许区域内，避免交叉感染。

（1）控制点位设置。

1）所有由室外进入室内的门。

2）医疗区内不同区域之间的分隔区划设置的门。

3）负压病区医护走廊、患者走廊通向其他公共区域的门。

4）负压病区医护走廊、患者走廊通向其他公共区域的缓冲间门。

5）进出手术部的走廊门及缓冲间门。

6）进出 ICU 区域的走廊门及缓冲间门。

7）进出放射科、检验科区域的走廊门及缓冲间门。

8）病房门可根据项目实际情况选择设置。

（2）控制要求。

出入口控制卡应采用非接触式，应根据员工的工作性质、职务等情况设置其通行权限和时间段，此员工只有在有权限进入且在有效时间段内才能读卡进入。

1）医护人员应由医护专用入口刷卡进入楼内，经卫生通过区后进入各自的工作区域。

2）患者应由接诊医护人员带领经患者入口进入相应病区或进入手术室、ICU、医学影像科等区域，平时只能在病区范围内活动。

3）后勤保洁人员应根据划定的工作区域及工作时间经专用入口进入相应区域。

4）其他管理人员应根据各医院的管理流程设置相应的权限。

5）当门打开或关闭，开门时间超时，系统应报警。

6）当发生火灾等需要紧急疏散的情况，系统应能解锁疏散通道上的门，使其处于可开启状态。

（3）出入口控制系统的构成。

出入口控制系统主要由控制管理主机、识读设备、执行设备和传输网络共四部分构成，图 3-6-6 给出了出入口控制系统框架示意图。

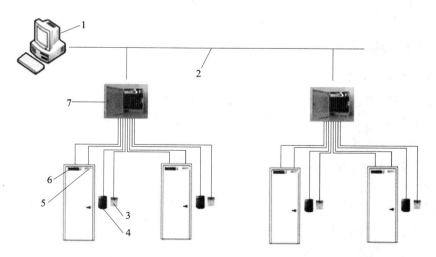

图 3-6-6　出入口控制系统框架示意图

1—主机；2—TCP/IP 网络；3—门释按钮；4—智能读卡机；5—门触点；6—门锁；7—门控制器

1）控制管理主机的主要功能：对钥匙的授权功能，根据不同级别的人员对不同的出入口设置不同的权限；对管理员的授权、登录、交接进行管理，并设定相应的权限，对不同级别的管理人员授权不同的管理能力。

2）识读设备的主要功能：对通行人员的身份进行识别和确认，能将信息传递给控制管理主机，能接受控制管理主机的指令；识别身份的方式有很多，包括密码类、卡证类、生物识别类、复合识别等方式。

3）执行设备的主要功能：在出入口关闭或拒绝放行时，其闭锁能力、阻挡范围的性能指标应满足使用和管理要求；出入口开启时出入目标通过的时限应满足使用和管理要求；执行设备主要为各种电子锁，主要有电插锁、电磁锁、阳极锁等，可根据项目的实际情况选用。

4）传输网络的功能：连接控制管理主机、识读设备、执行设备，保证信息传输的准确性。

3.6.6　视频安防监控系统

3.6.6.1　系统功能简述

视频安防监控系统是安全技术防范体系中的一个重要组成部分，也是智能建筑的重要组成部分，是一种先进的、防范能力极强的综合系统。该系统可以通过遥控摄像机及其辅助设备直接观看被监控场所的一切情况，使监控场所一目了然，结合智能分析系统，可以实现全景监控、违停管理、行为侦测、音频侦测、人数统计、人员的拥堵滞留检测、人脸识别等功能。这将大大提高对恶性事件的及时防御，过滤无效信息，提高安保工作效率；能及时发现并处置医院内发生的各类突发事件，大幅度降低类似事故的发生；贯彻"安全医院"战略，满足现代医院安保的需要，建立起以智能视频监控技术为核心的监控体系。同时，视频安防监控系统还可以与出入口控制系统等其他安全技术防范系统联动运行，使其防范能力更强大。

3.6.6.2　应急设施特点和基本控制要求

对于应急设施来说，视频安防监控系统除了常规作用外，其主要作用在于记录应急设施内所有人员的活动轨迹，严格监控污染区与清洁区的人员及物品的流动，方便流行病学的调查。

（1）监控区域。

1）院区入口重点监控。

2）院区内实现监控无死角。

3）所有由室外进入室内的门口。

4）室内门厅、走廊等公共区域实现监控无死角。

5）负压病房、负压隔离病房、重症监护室、手术室。

（2）监控要求。

1）负压病房、负压隔离病房、重症监护室、手术室这些房间内的监控应自成系统，监控主机设置在其相应区域的护士站，由护士进行管理，护士通过系统可以监视患者情况，降低护士的护理难度和工作量。

2）系统应能事前预警，能够分析异常状态并进行报警，如患者离开患者区域或出现在医护休息区时，系统应能报警。

3）系统应具有事件回溯功能，能够对监控图像进行存储并提供存储资源的按需调用。

（3）视频安防监控系统的构成。

视频安防监控系统主要由监控前端设备、传输网络、视频存储系统、视频解码拼控设备、视频管理平台、显示设备。图3-6-7是某视频安防监控系统框架示意图。

1）监控前端设备的主要功能：负责各种音视频信号的采集，通过网络摄像机等设备，将采集到的信息实时上传至管理平台。

2）传输网络的主要功能：连接视频存储系统、视频解码拼控设备、显示设备、视频管理平台，保证信息传输的准确性；包括传输线路、接入交换机、汇聚交换机、核心交换机。

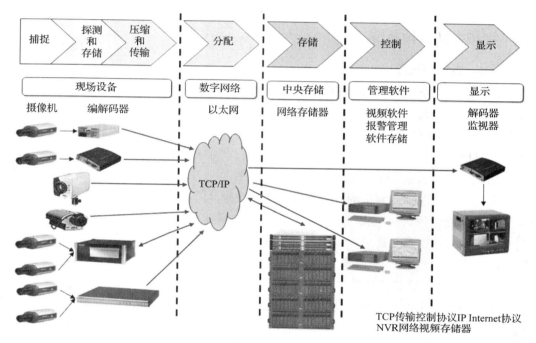

图3-6-7 视频安防监控系统框架示意图

3）视频存储系统的主要功能：实现音视频信息的记录、监视、回放功能，采用虚拟化的云存储方式，支持前端数据流直接存入，减少存储服务器和流媒体服务器的数量，确保系统的稳定性。

4）视频解码拼控设备、视频管理平台的主要功能：集视频智能分析、编码、解码、拼接、控制等功能于一体，简化控制中心设备的部署，提高整个系统的可靠性和稳定性。

5）显示设备的主要功能：实时显示回放前端设备及系统存储的图像，可采用LCD窄缝拼接屏。

3.6.7 应急设施智能化信息化技术应用案例

3.6.7.1 配送机器人

为应对新冠肺炎疫情，北京一些医院采用免接触配送机器人，完成隔离区配送药品、医疗器械、餐食等工作，进而减少医患间的接触。配送机器人在地坛医院、佑安医院、世纪坛医院、友谊医院等逐步落地应用。

在配送机器人进入医院工作前，需要对医院内部进行改造。需要提前到医院勘查现场、设计应用场景；再提前完成医院各楼层的设定，并做好线路规划。在医院走廊顶部贴上电子标识，以便机器人将物品准确送达。

配送机器人也可以将隔离区污染区内的物品收集并运送出该区域。隔离污染区内人员通过手机控制发出指令，由机器人将物品收集后，再返回回收点，降低了工作人员上门收集废弃物品带来的感染风险。

3.6.7.2　"5G ＋ VR"隔离探视系统

云南省首个"5G+VR"隔离探视系统在昆明医科大学第一附属医院上线，为隔离病房里的新冠肺炎疑似患者和亲属搭建了一条沟通互动的5G"生命线""亲情线"。

医生只需在隔离病房外带上VR眼镜，就可以与患者进行"会面"。此外，患者家属也可以在手机端随时探视，有效降低了医护人员、患者家属在治疗和探视期间的交叉感染风险。

该系统可在5G网络下实现语音和视频双向、实时传输，还可360°视野全景观测，随意转化视线范围。同时设有双向隐私保护功能，在双方不便时可随时关闭系统。该系统还支持多终端探视。

3.6.7.3　方舱云系统

武汉汉阳方舱医院采用应急救援信息化系统，可随时查看和调取患者体征和信息资料，下达床旁医嘱，实现医生、护士与检验、放射、药品各部门沟通协作，信息便捷共享，并跟踪患者出院后的隔离信息，对患者进行全过程信息化管理。

3.6.7.4　机器人云平台

深圳某医院在抗击新冠肺炎疫情中，采用机器人助力防疫方案，分期实现机器人测温、机器人消毒、机器人导引、机器人垃圾回收和机器人云平台及数据上报等工作。

3.6.7.5　智能语音电子病历系统

武汉方舱医院、北京小汤山医院等医院采用基于AI技术的"智能语音电子病历系统"，可快速完成病历录入。

在抗疫前线，身着防护装备的医护人员无须打字，可通过非接触性的口语录入方式，把门诊病历、住院病历和医技科室检查检验报告等内容实时录入病历系统，大幅提升了医护人员的工作效率。

3.7　医 用 气 体

3.7.1　设计

3.7.1.1　站房设计

设计原则：应急医疗设施（新建、改扩建）的医用气体站房根据需求可设置医用氧气站、医用真空汇站房、压缩空压站及其他医用气体站房。

医用真空汇站房应设在污染区内，医疗空气、医用氧气和其他医用气体站房应设在清洁区。改造或扩建项目除医用真空汇站房外，可以根据既有站房供应能力利用医院现有气源。

（1）医用氧气供应源。

1）应急医用氧气供应以液氧供应为主，同时宜考虑设置氧气汇流排作为应急和备用气源供应。

2）医用液氧储罐供应源由医用液氧储罐、汽化器、减压装置等组成。

①医用氧气储罐单罐容积不应大于 $5m^3$，总容积不宜大于 $20m^3$；相邻储罐之间的距离不应小于最大储罐直径的 75%。

②液氧储罐与汽化器之间的净距不宜小 1m，设备之间的净距不宜小于 1.5m，设备与墙之间的净距不宜小于 1m。

③液氧系统设置：液氧储罐→汽化器→减压装置→氧气分气缸→用户端。液氧储罐不宜少于 2 个，且应能自动切换，每支路应设置防回流措施；汽化器应设置 2 组，且应能相互切换，每组应能满足最大供氧流量；减压装置中均为双路型式。

④氧气输出端应设置氧气流量计，医用氧气计量仪表具有实时、累计计量功能，并具有数据远传接口，由弱电提供 ~24V 电源为其供电。

⑤氧气站的氧气排放管应引至室外安全处，放散管口距地面不得低于 4.5m。

（2）医疗空气供应源。

医疗空气供应源由空气压缩机、储气罐、空气干燥机、各级空气过滤器等组成。

1）医用空气供应源站房机组四周应留有不小于 1m 的维修通道。空压机组之间或空气压缩机与辅助设备之间的通道不宜低于 1m。

2）医疗空气系统设置：空气压缩机（宜采用无油润滑压缩机）→储气罐→空气干燥机（宜采用吸附式干燥机）→初级过滤器→中级过滤器→活性炭过滤器→细菌过滤器→用户端。医疗压缩机、空气干燥机、各级过滤器等均不应少于 2 台，应有备用；各个设备之间宜设置阀门。储气罐应设置备用或者安装旁通管，冷凝水排放设置自动和手动排水阀门；系统过滤器的精度不应低于 $1\mu m$，且过滤效率应大于 99.9%；机房系统应设置防倒流装置。

3）空气压缩机进气口应设在洁净区，远离污染物散发处；进气部分应通过耐腐蚀材料的风管并加装进气过滤器后，接入各个空气压缩机。

（3）医疗真空汇。

医疗真空汇由真空泵、真空罐、除菌过滤器、集污罐等组成。

1）医用真空汇站房泵组四周应留有不小于 1m 的维修通道。

2）医疗真空系统设置：用气端点→集污罐→真空罐→医疗用除菌过滤器→进气过滤器→旋片式真空泵（宜选用无油爪式真空泵）→气排空中，集污罐中的污液采取管道集中收集，用污水泵送至污水处理站。真空泵、细菌过滤器等均不应少于 2 台，应有备用；真空机组应设置防倒流装置；真空罐应设置自动和手动排污阀；真空泵与进气、排气管的连接采用柔性连接。

3）医用真空汇站中每台真空泵排气口应使用耐腐蚀材料；排气口应设置隔离网，防止鸟、虫、碎片、雨雪及金属等杂物进入排气管；排气管道的最低部位应设置排污阀，以便于清理管道杂质；排气口禁止排放至站房内，应排放至不受季风等因素影响的区域，避免对本区域及附近建筑人员的工作和生活造成影响。

（4）站房管道布置。

1）液氧站内低温管段采用无缝不锈钢管。除设计真空压力低于 27kPa 的真空管道外，医用气体管材均应采用无缝铜管或无缝不锈钢管。

2）室内医用气体管道应架空敷设。空压机、冷干机等排水管道应沿地面敷设。医用真空管道坡度不小于 0.002，坡向集污罐。

（5）站房对其他专业的要求。

1）医用液氧储罐站不应设置在地下空间或半地下空间，站房为单层建筑物，应设置防火围堰，围堰高度不应低于 0.9m。医用液氧储罐和输送设备的液体接口下方周围 5m 范围内的地面应为不燃材料，在机动输送设备下方的不燃材料地面不应小于车辆的全长。医用液氧站的监控室与其贴临的墙体应做防爆墙。

2）医疗空气供应源、医疗真空汇应设置应急备用电源，应设置独立的配电柜与电网连接。

3）医用气源站、医用气体储存库的防雷应符合现行国家标准《建筑物防雷设计规范》GB 50037 的有关规定。医用液氧储罐站应设置防雷接地，冲击接地电阻值不应大于 30Ω。站内医疗气体管道接地电阻小于 10Ω。

4）医用空气供应源站房、医用真空汇泵房设计等应采用通风或空调措施，站房内环境温度不应超过相关设备的允许温度。医用气体气源站、医用气体储存库的房间内宜设置相应气体浓度报警装置。房间换气次数不应小于 8 次 /h，或平时换气次数不应小于 3 次 /h，事故状况时不应小于 12 次 /h。

3.7.1.2　管道设计

管道布置、管道材质、管道压力监测报警装置、稳压设备、计量装置的合理设计，对安全运行非常重要。

（1）医用氧气管道设计：

1）区别对待新建和改扩建项目。新建项目院区新建氧气站，供生命支持系统的氧气管路宜从气源单独接出。改扩建项目的氧气管道宜从原有气源单独接出。如利用原有管道，可通过适当提高供气压力来加大管道气体流通量，满足终端用量及使用压力，同时要兼顾考虑其他现有病区的使用安全。

2）应急救治设施大量使用氧疗，氧气量大，为避免氧气管道管径过大、供气压力不均衡、超流速等隐患，对于大型应急设施，可从分气缸分出多个支路为不同病区供给氧气。

3）氧气管道的管径设计应保证使用麻醉机、呼吸机和其他医疗器械的终端处压力要求。

4）为保证治疗过程中多处呼吸机、高流量湿化氧疗仪等末端设备同时使用时维持各病区的医用氧气终端的压力稳定，二级稳压箱后压力宜稳定在 0.45 ~ 0.55MPa，实现高压输送低压使用目的，保证各区域氧气系统压力稳定。

5）接入建筑内氧气干管上应设置总阀门及手动紧急切断阀。每个病区供气干管上宜设置二级稳压箱，为保证连续供气，二级稳压箱内设置双减压阀。保证各病区氧气终端使用压力。

6）进入每个护理单元的医用氧气管道上应设置止回装置，止回装置应靠近护理单元区域。

7）氧气系统阀门应采用铜或不锈钢材质的等通径阀门，不得使用电动或气动阀门，大于 DN25 的阀门不得采用闸阀或球阀，应使用专用截止阀。

8）在建筑入口氧气入口间的氧气干管上宜设置氧气流量计，氧气流量计应具有实时和累计计量功能。设置流量计的目的在于：一是便于监测氧气用量，统计数据；二是及时发现管道阀门泄漏。如应急设施设有楼宇监控系统，可将数据传至楼宇监控系统。

（2）医用真空管道设计：

1）为降低风险，医用真空管道以及附件不应穿越医护人员的洁净区。

2）医用真空管道的坡度不得小于 0.002，坡向总管和中间集污罐。

3）应尽量减少病区内医用真空管道干管低处或立管末端小型中间集污罐的设置，如必须设置的部位，在集污罐维护时，设备维护人员应做好个人防护，集污罐内废液应按感染性废物处理。

4）对于面积较大、床位数较多，设多个病区的应急医疗设施，为满足上述管道敷设规定，可将医用真空管道沿集装箱房、板材活动房底部与室外地面之间的空间敷设。

医用真空管道现场安装示例图如图 3-7-1 所示。

（a）局部示例

（b）整体示例

图 3-7-1　医用真空管道现场安装示例图

5）医用真空系统上尽量选用球阀，减少污物堵塞阀门的风险，减少运行维护人员进入病区的概率。

6）管道容易结冻的区域，医用真空管道应采取有效的保温措施。

7）规模较大的应急医疗设施，各个医疗区域可从站房单独接管道供给，以减小各区域之间的影响，保障各区域的压力稳定，并避免管径过大而难以找到安装空间。

（3）医疗空气管道设计。

应急医疗设施中设置压缩空气系统，管道设计时需注意以下几点：

1）医疗空气管道管线较长时，在分区域设置的立管最低处设置集水器，一旦空压机房干燥机出现故障，输送的空气中出现冷凝水时，将冷凝水收集在集水器内，应对集水器定期检查并排水。

2）在每个护理单元的医用医疗空气管道上应设置止回装置，止回装置应设在靠近护理单元的区域。

3）在每个区域医疗空气干管上设置二级稳压箱，为保证连续供气，二级稳压箱内设置双减压阀，根据各病区使用需求设置二级稳压箱后的供气压力。

（4）其他医用气体管道设计。

应急医疗设施手术室根据医院需求设置笑气、氮气、二氧化碳等气体系统，这些系统的设置可遵循现行国家标准《医用气体工程技术规范》GB 50751 和《医院洁净手术部建筑技术规范》GB 50333 的相关规定。

（5）管道设计一般规定：

1）医用气体管道管材应采用无缝铜管或不锈钢无缝管。无缝铜管具有施工容易、焊接易于保证、焊接检验工作量小、材料抗腐蚀能力强特别是抗菌能力强等特点，在应急医疗设施设计和建设中可优先选用无缝铜管。

2）医用气体管道室内采用架空敷设，室外一般采用不通行地沟敷设或直埋敷设。为尽量缩短施工周期，使应急医疗设施尽早投入使用，室外可考虑采用直埋敷设。埋地敷设医用气体管道深度不应小于冻土层厚度且管顶距地面不宜小于 0.7m。埋地管道应采用焊接连接，并应做加强绝缘防腐处理。埋地管道穿越道路或其他情况时，应加设防护套管。埋地或地沟内的医用气体管道不应采用法兰或螺纹连接，当管路必须设置阀门时应设专用阀门井。

3）应急医疗项目中医用气体管道及附件的设计应能满足最大用气量的要求，医用气体的流速不应大于 10m/s。在满足使用流量条件下，医用气体管径应保证最远管道压力损失不超过 10%，房间支管道的管径应满足房间全部床位同时使用时计算流量的需求。

4）氧气管道穿墙、楼板以及建筑物各不同功能分区时应设穿套管，套管内气体管道不应有焊缝与接头，管道与套管之间应采用不燃材料填实，套管两端应有封盖。

5）为保障医疗工作，尽早发现医用气体系统异常，在护士站或有其他人员监视的区域设置区域报警器，显示该区域医用气体系统压力，同时设置声、光报警。手术室宜在每间手术室内设置医用气体压力报警器，报警器上应显示气体压力，并应声 / 光同时报警，并有复位功能。

6）如应急设施设有楼宇控制系统，医用气体系统压力监测及报警需接入该系统，如无楼宇控制系统，应加强气体压力报警装置的巡查工作，确保系统供气的可靠性。

7）医用氧气、医疗压缩空气管道均应进行10%的射线照相检测，其质量不低于Ⅲ级。

8）医用气体管道均应做100%压力试验和泄漏性试验。

3.7.1.3 医用气体终端设计

（1）医用气体终端设计原则：

1）医用气体末端组件的安全性能应符合国家现行标准的规定。

2）对于局部改造的病区，可视院区现有终端的使用情况，在设备材料供应允许的情况下尽量规范统一，以免由于终端接口不统一造成误插事故。

3）对于新建医院，医疗建筑内宜采用同一制式规格的医用气体终端。

4）医用气体终端设置数量应满足不间断使用需求。

5）在现行国家标准《医用气体工程技术规范》GB 50751中对一般性综合医院的各种医用气体终端处的参数做出了相应的规定，具体见表3-7-1。应对这次新冠疫情，应急医疗设施终端设计需要在原有规范规定的基础上，根据实际治疗方案调整各用气终端的使用流量等需求。

表 3-7-1　医用气体终端组件处的参数

医用气体种类	使 用 场 所	额定压力（kPa）	典型使用流量（L/min）	设计流量（L/min）
氮气/器械空气	骨科和神经外科手术室	800	350	350
氧化亚氮	手术、产科、所有病房用气点	400	6～10	15
氧化亚氮/氧气混合气	待产、分娩、恢复、产后、家庭化产房（LDRP）用气点	400（350）	10～20	275
	其他需要的病房床位用气点	400（350）	6～15	20
二氧化碳	手术室、造影室、腹腔检查用气点	400	6	20
二氧化碳/氧气混合气	重症病房、所有其他需要的床位	400（350）	6～15	20
氦/氧混合气	重症病房	400（350）	40	100
麻醉或呼吸废气排放	手术室、麻醉室、ICU用气点	15（真空压力）	50～80	50～80

（2）医用气体终端流量：

1）氧气终端流量。在2020年2月18日国家卫健委发布的《新型冠状病毒感染的肺炎诊疗方案（试行第六版）》中，氧疗的终端设备主要有普通鼻导管、高流量鼻导管、无创呼吸机、有创呼吸机。各终端设备对氧的需求不同：

普通鼻导管吸氧：氧流量一般为 1～6L/min；

高流量鼻导管：氧流量为 8～80L/min，通过与一线工作者的沟通了解，目前治疗过程中高流量鼻导管氧疗的氧流量一般为 40～50L/min；

无创呼吸机：氧流量为 15～30L/min；

有创呼吸机：氧流量为 15～30L/min。

床位数同时使用率按 100% 计算。

2）医用真空终端流量：轻型、普通型医用真空终端流量按 20～40L/min 计算，重型、危重型医用真空终端流量按 40～80L/min 计算。

3）医疗压缩空气终端流量：轻型、普通型医疗压缩空气终端流量可按 10～20L/min 计算，重型、危重型医疗压缩空气终端流量可按 60～80L/min 计算。床位数同时使用率按 100% 计算。

4）其他医用气体终端流量：应急医疗设施其他医用气体如氧化亚氮、氮气、二氧化碳、氦气、氩气、麻醉或呼吸废气以及医用混合气体，这些气体主要用于洁净手术部及功能房间，其终端处额定流量、计算平均流量及同时使用系数等根据现行国家标准《医用气体工程技术规范》GB 50751 取值。

（3）医用气体终端设置个数：

1）负压病房区域：单床间每床的医用氧气终端、医用真空终端应设置 2 个，如设医疗空气系统、终端应设置 2 个。双床间医用氧气终端宜设置 3 个，医用真空终端不宜少于 2 个，如设医疗空气系统、终端不宜少于 2 个。

2）ICU 病区：每床的医用氧气、医用真空、压缩空气终端应设置 2 个。

3）手术部：每间手术室医用气体终端的数不得少于现行国家标准《医用气体工程技术规范》GB 50751 中要求的最少设置方案。

4）医技区：根据医院使用需求设置相应数量和种类的气体终端，终端使用量参照现行国家标准《医用气体工程技术规范》GB 50751 中的相关要求。

（4）其他要求：

1）终端应满足使用设备最大流量要求。

2）吸引装置应有自封条件，瓶里液体吸满时应能自动切断气源。

3）根据应急医疗设施的设计使用寿命合理选择管道、阀门、附件。

3.7.2 施工验收

3.7.2.1 一般规定

（1）应急医疗设施的医用气体系统的验收应符合现行国家标准《医用气体工程技术规范》GB 50751–2012 第 11 章医用气体系统检验与验收的规定。

（2）施工单位质检人员应按现行国家标准《医用气体工程技术规范》GB 50751 的规定进行检验并记录，隐蔽工程应由相关方共同检验合格后再进行后续工作。

（3）所有验收发现的问题和处理结果均应详细记录并归档。验收方确认系统均符合现行国家标准《医用气体工程技术规范》GB 50751 的规定后应签署验收合格证书。

（4）检验与验收用气体应为干燥、无油的氮气或符合现行国家标准《医用气体工程技术规范》GB 50751 规定的医疗空气。

3.7.2.2　医用气源站房

（1）一般规定：

1）医用气源站施工：设备安装、检验应按设备说明书要求进行，并应符合现行国家标准《风机、压缩机、泵安装工程施工及验收规范》GB 50275 的有关规定。

2）医用气体气源站房的布置应在医疗卫生机构总体设计中统一规划，其噪声和排放的废气、废水不应对医疗卫生机构及周边环境造成污染。

3）压缩空气站、医用液氧储罐站、医用分子筛制氧站、医用气体汇流排间内所有气体连接管道，应符合医用气体管材洁净度要求，各管段应分别吹扫干净后再接入各附属设备。

（2）气源站房：

1）医用液氧储罐站安装及调试应符合下列规定：

①医用液氧储罐应使用地脚螺栓固定在基础上，不得采用焊接固定；立式医用液氧储罐罐体倾斜度应小于 1/1 000；

②医用液氧储罐、汽化器与医用液氧管道的法兰连接，应采用低温密封垫、铜或奥氏体不锈钢连接螺栓，应在常温预紧后在低温下拧紧；

③在医用液氧储罐周围 7m 范围内的所有导线、电缆应设置金属套管，不应裸露；

④首次加注医用液氧前，应确认已经过氮气吹扫并使用医用液氧进行置换和预冷。初次加注完毕应缓慢增压在 48h 内监视储罐压力的变化。

2）压缩空气站房设备施工、检验及验收应符合下列规定：

①压缩空气站房内空气压缩机、吸附式干燥机、气液分离器、储气罐、排水阀、减压装置、电源控制柜等辅助设备就位前，应检查管口方位、地脚螺栓和基础的位置，并应与施工图相符；各管路应清洁畅通；

②附属设备中的压力容器在规定的质量保证期内安装时，可不做强度试验，但应做气密性试验；当发现压力容器有损伤或在现场做过局部改装时，应做强度试验；

③卧式设备的安装水平偏差不应大于 1/1 000，排管立面的铅垂度偏差不应大于 1/1 000；

④检验压缩机的安装水平，其偏差水平不应大于 0.20/1 000，检测部位应符合下列要求：

一是卧式压缩机、对称平衡型压缩机应在机身滑道面或其他基准面上检测；二是立式压缩机应拆去气缸盖，并应在气缸顶平面上检测；三是其他型式的压缩机应在主轴外露部分或其他基准面上检测。

3）医用真空站房设备的施工、检验及验收应符合下列规定：

①医用真空泵站房内真空泵、污物收集罐、细菌过滤器、真空储罐、排气消毒装置等设备的开箱验收工作，按装箱单清点装箱设备的零部件、附件和专用工具，应无缺件，防潮防锈包装应完好，管口保护物和堵盖应完好；

②整体安装的真空泵的安装水平，应在泵的进、出口法兰面和其他水平面进行检测，纵向水平偏差不应大于 0.1/1 000，横向水平偏差不应大于 0.2/1 000。由联轴器的真空泵应进行手工盘车检查，电机和泵的转动应轻便灵活、无异常声音；

③应检查真空管道及阀门等附件，并应保证管道等通径，真空泵排气管道宜短直，管道口径应无局部减小；

④真空站房试运行时，真空泵应在规定的转速下和工作范围内进行运转，连续试运转时间不应小于 30min；

⑤真空泵轴承温升不应超过环境温度 35℃，轴承温度不应超过 75℃；

⑥各连接部位应严密、无泄漏，运转中应无声响和振动。

（3）医用气体汇流排间：医用气体汇流排间应按设备说明书安装，并应进行汇流排减压、切换、报警等装置的调试。焊接绝热气瓶汇流排气源还应进行配套的汽化器性能的测试。

3.7.2.3　医用气体管道

（1）管道施工：

1）管材、管件脱脂、清洗等预处理工作：

所有医用气体采用紫铜管材质的管材、管件进入工地前均应脱脂，不锈钢管材、管件应经酸洗液钝化、清洗干净后并在工厂封装完成，出厂前管道外壁表面应详细标注材质、型号、长度及单位等信息，提供详细的检测报告。

2）管道安装前应进行以下准备工作：

①配管下料时应采用"等离子切割"或专用切割锯、割管刀等工具，不应采用氧 – 乙炔焰切割，不得涂抹油脂或润滑剂；

②管道切口应与管轴线垂直，断面倾斜偏差不得大于管道外径的 1%，且不应超过 1mm；切口表面应平整、无裂纹、毛刺、凹凸、缩口等缺陷；

③在主管道上连接支管或部件时，应用成品连接件，不得采用钻孔直插方式固定连接焊接；

④管材的坡口加工宜采用机械方法。坡口及其内外表面应进行清理。

3）医用气体管材现场弯曲加工应符合如下规定：

①应在冷状态下采用机械方法加工，不应采用加热方式制作；

②弯管不得有裂纹、折皱、分层等缺陷；弯管任一截面上的最大外径与最小外径差与管材名义外径相比较时，用于高压的弯管不应超过 5%，用于中低压的弯管不应超过 8%；

③高压管材弯曲半径不应小于管外径的 5 倍，其余管材弯曲半径不应小于管外径的 3 倍。

4）医用气体管道的焊接应符合如下规定：

①采用紫铜管施工前应经过焊接质量工艺评定及人员培训，同时做好操作人员进场的安全教育工作，要求所有操作和安全人员持证上岗；

②直管段、分支管道焊接均应采用管件承插焊接，承插深度与间隙应符合现行国家标准《铜管接头　第 1 部分：钎焊式管件》GB 11618.1 的有关规定；

③现场焊接时应采用充氮焊接，氮气由氮气钢瓶或现场小型制氮机提供，保证管道内

壁不氧化；

④铜波纹软管安装时，其直管长度不得小于 100mm，波纹软管两端应采用活结或承口焊接连接，采用活结时，密封垫圈应采用有色金属、聚四氟乙烯等材质，填料应采用经脱脂处理的聚四氟乙烯；

⑤不锈钢管道及附件的现场焊接应采用氩弧焊或等离子焊接；

⑥医用气体管道焊接完成后应采取成品保护措施，防止被污染，并且做好醒目标示；

⑦医用气体管道现场焊接后应进行抽检，抽检率为 10%，各系统焊缝抽检数量不少于10 条；

⑧管道系统支架间距应小于普通气体管道的支架间距，并应采用吊架、弹簧支架、柔性支撑等固定方式。应按现行国家标准《工业金属管道工程施工及验收规范》GB 50235 的要求，在不锈钢管与碳钢支架之间垫入不锈钢或氯离子含量不超过 50×10^{-6} 的非金属垫层；

⑨楼层设计的二级减压装置应进行减压性能检查，减压装置不得采用现场制成品，须采用工厂制成品，出口压力均不得超过设定压力的 20%，且不得高于额定压力上限；

⑩管道应与离管道进入建筑物处尽可能近的接地端子连接。管道本身不得用作电气设备的接地（注：可能存在适用于同一建筑物内所有接头之间接地的连续性及不同建筑物相互电气隔离的地区或国家规定）；

⑪管道应受到保护，防止物理损害，例如可能是由走廊中以及在其他地点的手推车、担架和卡车的移动而遭受的损害；

⑫未加保护的管道不得安装在特别危险的地区，如存放易燃物品的地区，当管道安装在这类场所是不可避免时，管道应安装在管套内，防止发生泄漏时医用气体在该区域释放（注：可能存在适用于建筑物要求和防火的地区或国家规定）；

⑬在安装时，医用气体管道与其他管道、部件有接触时，应加以保护，防止受到污染和腐蚀。

5）在改扩建过程中，医用气体管道安装应遵守如下规定：

①改建区域内所有的终端组件应暂时贴上标签，表明其不能被使用；

②当对使用中的现有系统进行连接时，只能在一个单一的焊接连接点上进行连接，在该点上可使用检漏液及以标称配气压力进行泄漏测试；

③在安装和压力测试时，现有系统的扩建应该与现有管道系统分离；两个系统之间的单一截止阀不应被认为是一种安全隔离；

④医用气体管道安装后应加色标。不同气体管道的接口应专用，不得通用。

（2）管道检验及验收。

医用气体管道验收需要先进行隐藏工程前的检查，检查标记和管道支架是否符合设计和规范要求（如管道尺寸、终端设备位置、管路压力调节器、截止阀）。

1）医用气体管道应分段、分区及全系统做压力试验及泄漏性试验。医用气体管道压力试验应符合下列规定：

①高压、中压医用气体管道应做液压试验，试验压力应为管道设计压力的 1.5 倍，实

验结束后应立即吹除管道残余液体；

②液压试验介质可采用洁净水，不锈钢管道或设备试验用水的氯离子含量不得超过 25×10^{-6}；

③低压医用气体管道、医用真空管道应做气压试验，试验介质应采用洁净的空气或干燥、无油的氮气；

④真空管道系统机械完整性测试可以在隐蔽工程之前或隐蔽工程之后，但在使用系统之前进行；最好单独对系统的各个管道进行测试，以免遗漏，施加 500kPa 的压力 5min；初始加压后应断开测试气源；检查管道分配系统及其组件的完整性；

⑤医用压缩气体管道系统的机械完整性测试在隐蔽工程前进行；对管道分配系统的每一段施加 5min，且不超过单一故障下可能发生的最大压力的 1.2 倍的压力；对于二级分配系统，管路压力调节器不应该安装在装置的这一级上，可以用合适的连接器代替；如果是这样，应确定整个管道的测试压力，同时考虑在单一故障条件下可施加到供气系统下游管道的最大压力；检查管道分配系统及其组件的完整性。

2）医用气体管道应进行 24h 泄漏性试验，并应符合下列规定：

①压缩医用气体管道试验压力应为管道的设计压力，医疗压缩气体管道系统的泄漏测试应在隐蔽工程之后和系统使用之前进行。对于单级管道分配系统，医用气体管道系统的泄漏应从每个区域截止阀下游和上游的系统的所有部分，并在气源断开的情况下测量。对于二级管道分配系统，医用气体管道系统的泄漏应从每个区域截止阀下游和上游的系统的所有部分，并在气源断开的情况下测量。除真空系统外，允许对检修做实际隔离措施，且这些措施在展开应用时，应清晰可见。允许物理隔离中描述的服务的装置（区域医用气体阀门箱）应用于隔离每个区域截止阀（或每个管路压力调节器）的上游和下游部分。

a. 在每个区域截止阀（或每个管路压力调节器）的下游部分：在标称分配压力下测试 2 ~ 24h 后，在不包括医疗供气设备中的柔性软管的部分中，每小时压降不应超过试验压力的 0.4%；在标称分配压力下测试 2 ~ 24h 后，在医疗供气设备中包括柔性软管的部分中，每小时压降不应超过测试压力的 0.6%。

b. 在每个区域截止阀（或每个管路压力调节器）的上游部分：在单级管道分配系统的标称分配压力下或在双级管道分配系统的标称供气系统压力下测试 2 ~ 24h 后，每小时压降不得超过初始测试压力的 0.025%。

②真空管道系统的泄漏测试应在隐藏之后和系统使用之前进行，在整个系统处于标称分配压力，供应源被隔离且所有其他阀门打开的情况下，管道中的压力增加在 1h 后不应超过 20kPa。

3）医用压缩气体的管道系统应进行颗粒污染测试。试验应使用图 3-7-2 所示的装置，以 150 L/min 的流速，测试至少 15s。在光线充足的情况下观察，过滤器应无颗粒物质。为满足此要求，可能需要清洗。

3.7.2.4　医用气体终端

（1）医用气体终端施工。

应急医疗设施内宜采用同一制式规格的医用气体终端组件。医用气体的终端组件、低压软管组件和供应装置的安全性能应符合现行行业标准《医用气体管道系统终端 第1部分：用于压缩医用气体和真空的终端》YY 0801.1、《医用气体管道系统终端 第2部分：用于麻醉气体净化系统的终端》YY 0801.2、《医用气体低压软管组件》YY/T 0799 的规定。

医用气体终端的安装应符合下列规定：

1）医用气体终端本体安装需在工厂内组装完成，并做好每个终端的气密性测试。

2）医用气体终端组件的安装高度距离地面应为900～1 600mm，终端组件中心与侧墙或隔断的距离不应小于200mm。横排布置得终端组件，宜按相邻的中心距为80～150mm等距离布置。

3）医用气体终端如果嵌入墙体式安装，气体终端须自带防尘底盒，暗埋入墙体的气体管道不能有焊接口，气体管道外应加装防护套管。

（2）医用气体终端检验及验收。

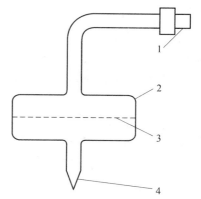

图3-7-2 用于定性测定管道系统颗粒污染的测试装置

1—气体专用探头（可互换）；
2—过滤器支架，可承受1 000 kPa；
3—直径（50±5）mm、孔径10μm的过滤器；4—校准喷射（可互换），在标称分配压力下提供150L/min 的流量

1）医用气体终端设备和 NIST、DISS 或 SIS 连接器的机械功能的检查。

①该测试要求每个终端单元都需配有面板。

②如果提供 NIST、DISS 或 SIS 连接器，则应证明适当的螺纹接头可以插入相匹配的终端单元内并通过螺母固定。如果提供了防旋转装置，则应证明这样可使探头保持正确的方向。

③对于每个 NIST、DISS 或 SIS 连接器，应证明适当的接头可插入其内并由螺母固定。

2）应证明每个终端设备只有在插入和捕获正确的二次插头时释放气体（或真空），并且在同一医疗机构中没有使用的其他类型的二次插头被同一医疗机构中使用的任何其他类型的探针插入或捕获时，没有气体（或真空）被释放出来。

3）应证明每个维护供应组件的入口连接器是气体专用的。

4）应检查所有终端设备的正确标识和标签。

3.7.2.5 医用气体系统

（1）一般规定。

新建医用气体系统安装完成后，制造商必须对各系统进行全面检验与验收，系统改建、扩建或维修后应对相应部分进行检验与验收。所有测试应由制造商在医疗机构的授权人员的监督下进行。

所有管道系统应处于大气压力下并且所有截止阀都打开。测试气源一次只能连接到一个管道系统。在此测试期间，一次只能对一个系统的管道加压。在整个测试过程中，管道系统应保持在标称分配压力下。如果是真空管道系统，应使用真空供气系统。如果是环形管道，必须在测试前检查所有的环形阀，以确保它们是打开的。该测试应适用于所有

终端设备。

　　所有验收发现的问题和处理结果均应详细记录并归档。验收方确认系统均符合现行国家标准《医用气体工程技术规范》GB 50751 的规定后应签署验收合格证书。

　　（2）施工方的检验。

　　1）医用气体系统中的各个部分应分别检验合格后再接入系统，并应进行系统的整体检验。

　　2）医用气体管道施工中应按现行国家标准《医用气体工程技术规范》GB 50751 的有关规定进行管道焊接缝洁净度检验、封闭或暗装部分的外观和标识检验、管道系统吹扫、压力试验和泄漏性试验、管道颗粒物检验、医用气体减压装置性能检验、防止管道交叉错接的检验及标识检查、阀门标识与其控制区域正确性检验。

　　3）医用气体各系统应分别进行防止管道交叉错节的检验及标识检查，并应符合下列规定：

　　①压缩医用气体管道检验压力为 0.4MPa，真空应为 0.2MPa。除被检验的气体管道外，其余管道压力应为常压；

　　②用各专用气体插头逐一检验终端组件，应是仅被检验的气体终端组件内有气体供应，同时应确认终端组件的标识与所检验气体管道介质一致。

　　（3）医用气体系统的验收。

　　医用气体系统应进行独立验收。验收时应确认设计图纸与修改核定文件、竣工图、施工单位文件与检验记录、监理报告、气源设备与末端设施原理图、使用说明与维护手册、材料证明报告等记录，且所有压力容器、压力管道应已获准使用，压力表、安全阀等应已按要求进行检验并取得合格证。

　　应对医用气体系统中的压缩空气系统产生的医用压缩空气的质量进行检测，检测机构应具备国家相关的资质。

　　1）医用空气在填充管道前应按下列要求进行测试：

　　①医用空气应符合下列要求：

　　a. 氧浓度：$\geqslant 20.4\%$（体积比）和 $\leqslant 21.4\%$（体积比）；

　　b. 水蒸气含量：$\leqslant 67mL/m^3$；

　　c. 总的油浓度：$\leqslant 0.1mg/m^3$（在常压中测量）；

　　d. 一氧化碳浓度：$\leqslant 5mL/m^3$；

　　e. 二氧化碳浓度：$\leqslant 500mL/m^3$；

　　f. 二氧化硫浓度：$\leqslant 1mL/m^3$；

　　g. 氮氧化合物（一氧化氮/二氧化氮）浓度：$\leqslant 2\ mL/m^3$。

　　②外科器械驱动空气应符合下列要求：

　　a. 水蒸气含量：$\leqslant 67mL/m^3$；

　　b. 总的油浓度：$\leqslant 0.1mg/m^3$（在常压中测量）。

　　③牙科空气应符合下列要求：

　　a. 氧浓度：$\geqslant 20.4\%$（体积比）和 $\leqslant 21.4\%$（体积比）；

    b. 水蒸气含量：≤ 67mL/m³；

    c. 总的油浓度：≤ 0.1mg/m³（在常压中测量）；

    d. 一氧化碳浓度：≤ 5mL/m³；

    e. 二氧化碳浓度：≤ 500mL/m³；

    f. 二氧化硫浓度：≤ 1mL/m³；

    g. 氮氧化合物（一氧化氮/二氧化氮）浓度：≤ 2mL/m³；

④由制氧机供气系统产生的 93 富态氧的质量测试，在填充管道之前，应测试 93 富态氧是否符合如下标准：

    a. 一般氧浓度：93% ± 3%；

    b. 一氧化碳浓度：≤ 5mL/m³；

    c. 二氧化碳浓度：≤ 300mL/m³；

    d. 在环境温度校正到 0℃和标准大气压下，油的浓度含量：≤ 0.1mg/m³；

    e. 水蒸气含量：≤ 67mL/m³；

    f. 氮氧化合物（一氧化氮/二氧化氮）浓度：≤ 2mL/m³；

    g. 二氧化硫浓度：≤ 1mL/m³。

注：根据欧洲和美国药典，93 富态氧是介于 90%～96% 之间的氧气，剩余其他气体主要是氩气和氮气。

2）医用空气在填充管道后应按下列要求进行测试：

用于压缩医疗气体的每个管道分配系统应填充并清空其特定气体足够次数以置换测试气体。每个终端设备应依次打开，以允许特定的气体填充管道系统。

在填充其特定气体后，应在每个终端设备上进行气体识别检查。应使用适当的气体分析仪测试每个气体终端设备的流出量，以确认是否存在所需的气体。应测量并记录标称气体浓度。

医用气体系统验收应在子系统功能连接完成、除医用氧气源外使用各气源设备供应气体时，进行气体管道运行压力与流量的检测，并应符合下列规定：

①所有气体终端组件处输出气体流量为零时的压力应在额定压力允许范围内；

②所有额定压力为：350～400kPa 的气体终端组件处，在输出气体流量为 100L/min，压力损失不得超过 35kPa；

③器械空气或氮气终端组件处的流量为 140L/min 时，压力损失不得超过 35kPa。

（4）电源故障后重新启动验证。

连接到应急电气系统的供电系统应能在基本电源稳定后（主电源或应急电源）自动启动，并在恢复正常电源时自动重启。

应通过适当的测试检查是否合格。这些测试应在医疗机构的合作下进行。

3.7.3　医用气体系统运行管理

3.7.3.1　基础管理

（1）机构设置。

应急机构应针对疫情特点，建立健全满足医用气体系统管理需要的管理机构。管理机构至少应包括分管后勤的院领导（组长）、医用气体系统运行管理负责人（副组长）、系统运行维护管理人员、辅助人员和临床医护人员。

组长主要负责医用气体系统管理的资源配置与统筹协调工作，副组长主要负责医用气体系统运行管理的现场指挥、工作安排与监督检查工作，系统运行维护管理人员、辅助人员和临床医护人员各自承担相应的工作。

（2）人员管理。

人员管理主要包括人员要求和人员培训两方面。

1）人员要求：人员应遵循持证上岗、健康上岗的原则：

①从事特种设备管理的人员应具备特种设备安全管理人员证；

②从事压力容器操作的人员应具备特种设备作业人员证；

③无与患者的直接接触史，且无咳嗽、发热等症状。

2）人员培训内容：

①运行管理人员培训：针对新冠肺炎疫情特点，对所有从业人员进行岗前培训。培训内容除包括医用气体系统工作原理、设备安全操作要求、特种设备使用安全管理、消防安全管理要求以及突发事件应急处置预案外，还应进行新冠肺炎防控、防护知识的培训，培训完毕经考核合格后方能进行实际操作；

②临床使用培训：除对临床医护人员进行操作（气体终端使用、医用气瓶使用等）及相关注意事项的培训外，还需对隔离区内一定数量的医护人员进行医用气体系统应急处置能力培训，遇医用气体系统突发故障时，能自行解决一些简单的问题，既可减少医用气体运行管理人员在隔离区的穿插频次，又能为抢修工作争取更快的应急响应时间。

（3）制度、流程管理。

根据现行行业标准《医院医用气体系统运行管理》WS 435–2013，结合新冠肺炎患者救治工作所设置的医用气体种类、设备类型、数量及气源布置情况等，建立相应的管理制度，并制定相应的操作流程。主要包括：

1）医用气体系统管理工作制度：制度应包含值班管理、机房作业管理、设备运行管理等内容。疫情期间，医用气体系统应采取 24h 值班制度；隔离区内的医用气体系统运行管理可采用专人专职的方式，至少保证一名运维人员在隔离区内当班负责，另备两名人员进行轮换。

2）医用气体系统安全管理制度：应包含消防安全管理和压力容器安全管理等内容。

3）医用气瓶安全管理制度：应包含医用气瓶的运送、储存和使用等安全管理内容。

4）特种设备定期检验制度：应包含医用气体系统中压力容器及相关安全附件定期校验的要求。

5）医用液氧充装管理制度：应包含液氧槽车运输路线的规定、产品质量的审核、充装过程的严格把控等内容。

（4）资料管理。

将疫情期间医用气体系统运行管理工作中所涉及的资料和文件进行分类整理并交由专人管理；资料的查阅和使用应设置权限，无权限人员若因工作需要，应经授权批准后方可借阅；疫情结束后，资料应进行归档保存。

3.7.3.2 站房主要设备管理

医用气体系统站房设备主要包括：医用液氧储罐、医用真空机组及医疗空气机组。其运行管理主要工作应包含设备日常巡检和维护保养两方面内容。疫情期间，设备日常管理中应加强各站房的环境管理，每天至少应进行一次清洁和消毒，并需加强站房的通风。

（1）医用液氧储罐运行管理

液氧储罐作为救治新冠肺炎患者的主要供氧源，其运行管理内容应包含制订液氧站房巡检制度和巡视作业规范，规定巡检周期，明确巡检内容，制订液氧储罐维护保养计划等。

1）医用液氧储罐巡检：

①检查容器、汽化器、管路及附件是否有异常结霜、泄漏或振动等情况，各阀门的开闭状态是否正确；消防器材是否完整就位，消防通道及安全出口是否畅通，各种安全标识是否完整有效，区域内是否有油污及可燃物；

②检查上进液阀、下进液阀、残液阀均属液氧充装时使用的阀门，如有异常或泄漏时由压力容器操作工按规定操作，其他任何人员不得操作；

③检查增压阀、气体通过阀、排液阀、回气阀启闭状况以及安全阀是否正常；

④记录储罐液位指示读数，当显示罐内液氧量剩余30%时，应立即打开备用液氧储罐，进行预冷，然后进行供氧；必要时，可多组同时进行使用，保证氧气输出压力的稳定，确保新冠肺炎患者救治工作的正常开展。

2）医用液氧储罐的维护保养：

①罐体、分气缸、安全阀和压力表等相关安全附件的检测（委托政府质检部门完成）；

②液氧储罐真空度检查（委托专业厂家完成）；

③液氧站房的环境保养（包括汽化器的除霜处理，站房地面的除冰处理等）；

④易损件、易耗件的更换等。

（2）医用真空机组运行管理。

在新冠肺炎疫情下，医用真空系统的安全运行与管理对于医院有效防控新冠肺炎病毒的传播意义重大。管理的内容包括巡检和维护保养两方面：

1）医用真空机组巡检：

①检查填料密封的漏损情况，如填料因磨损而不能保证所需要的密封时，应换新填料；

②检查运行中的滚动轴承温度是否正常，滚动轴承是否保持良好的润滑；

③检查泵体的振动情况和监听运转有无杂音；

④检查细菌过滤装置阻塞指示是否在正常范围，滤芯是否需要更换；

⑤检查电机、电控柜、电磁阀及盘根运行情况是否正常；

⑥检查供水情况，保持足够的水量；

⑦检查联轴器及垫片是否损坏和松动，地脚螺丝是否松动，发现松动及时处理；

⑧真空泵机房保持清洁、干燥，并通风良好等。

2）医用真空机组维护保养：

①根据机组维护保养周期要求，定期对机组进行维护保养，发现异常及时处理；

②定期由专业人员对机组整体性能进行检测；

③根据每台真空泵的使用情况，及时更换相关易损、易耗件，定期对轴承进行清洗，并更换润滑油；

④定期对真空泵的真空度进行检测（真空度应以真空泵的抽气率来衡量，而不能以压力值作为依照，同时在维护保养过程中不得采用关小阀门的方法来控制抽气率）；

⑤根据对真空泵的使用情况，定期对真空泵进行排污处理（常规情况每年至少一次，新冠肺炎疫情期间，需根据实际情况增加频次）；

⑥疫情期间，应设置消毒人员每天负责对真空泵房进行严格消毒处理，并由监督人员进行监督检查，完成后做好相关消毒记录（见表3-7-2）。

表 3-7-2　真空泵房消毒记录表

日期	消毒时间	1# 真空机房	消毒时间	2# 真空机房	消毒时间	3# 真空机房	消毒人员签字	监督人员签字	备注
									消毒完成后请在对应机房栏中打"√"

3）注意事项。疫情期间，除需加强医用真空机组运行管理外，还需注意以下几点：

①如果隔离区域的医用真空系统需进行整改，应在整改前关闭该区域的医用真空系统，阻断传染源后再整改；

②医用真空系统排气口应设置明显的有害气体警示标识，并划出安全区域，禁止非工作人员入内；

③若使用水环式真空泵，进入真空泵房内的人员应配备隔离防护服和护目镜，并应配戴口罩和手套。

（3）医疗空气机组运行管理。

医疗空气机组的主要设备为空气压缩机，空气压缩机因其类型、结构、工作原理等差异，对其巡视、维护保养的内容也有所不同，此处以螺杆式空压机为例，介绍其巡检内容和维护保养要求。

1）螺杆式医疗空气机组巡检：

①检查空气压缩机各管路接头，确保紧固；

②查看空气压缩机运行温度、管线压力、排气压力是否正常；

③检查冷干机露点温度指示是否在正常范围内，排水是否正常；

④查压缩空气管道是否漏气，过滤器阻塞指示是否处于可使用范围；

⑤检查空气罐的压力值是否处于正常范围，安全阀是否泄漏；

⑥查看空气输出压力是否正常，并进行记录；

⑦查看监测报警系统界面和功能是否异常等。

2）螺杆式医疗空气机组维护保养。为了保证螺杆式医疗空气机组在疫情期间能长时间地正常运转，应制订和完善维护保养制度及计划，并严格对机房设备进行维护保养或更换。维护保养计划应以设备供应商提供的产品使用说明书为参考依据进行制订，明确其中的易损件、易耗件的检查或更换周期。其主要内容参见表3-7-3。

表3-7-3　螺杆式空压机维护保养记录

项目	内容	检查或更换周期（h）						备　注
		8	500	1 000	2 000	2 500	4 000	
空气过滤器滤芯	清除表面灰尘杂质		●					可视含尘量工况情况延长或缩短
	更换新滤芯					●		
压缩机润滑油	是否足够		●					使用专用润滑油
	更换新油				●			
油过滤器	更换新件				●			
油气分离器	更换新件				●			
温度传感器	检查	●						
压力表	检查	●						
压力开关	检查	●						
电磁阀	检查	●						
最小压力阀	检查开启压力						●	清洗
冷却器	清除散热表面灰尘				●			视工况延长或缩短
安全阀	检查动作是否灵敏						●	
电动机	绝缘及轴承检查						●	或根据电动机使用说明书维护
压缩机主机	振动、异响检查	●						可视情况延长时间

3.7.3.3　管道系统与末端设施管理及气瓶管理

（1）管道系统与末端设施管理。

1）巡检。医用气体管道系统及末端设施主要包含二级稳压箱、设备带、吊塔、气体终端等，以上设施均处于隔离区域内，为防止院内交叉感染，疫情期间应尽可能减少人员在隔离区内流动和停留，因此在疫情期间，末端设施的巡视工作宜适当降低频次，并可交由隔离区的临床医护人员进行。

2）维护保养与维修。医用气体管道系统及末端设施其具有分布广、数量大、管路复杂等特点，在疫情期间，为减少人员在隔离区域内的流动和停留时间，可准备一定数量的备品备件，加强与临床使用人员的沟通联系，采用"不坏不修、坏了即修"的方式，以临床的故障保修为依据，及时进行维护维修，保障管道系统及末端设施的完好率和终端用气的安全性。此外，当维修人员需在隔离区域开展相关工作时，应做好个人防护。

（2）医用气瓶管理。

因救治新冠肺炎患者的用氧需求较大，医用氧气瓶作为应急备用气源使用不可或缺。医用气瓶管理的主要内容应包括：

1）制订医用气瓶安全管理制度、使用操作流程和应急处理措施，并设有专人负责气瓶安全管理工作。

2）气瓶运送人员应熟练掌握气瓶运转、存储、使用操作流程和应急处理措施，并对临床医护人员进行现场培训；若气瓶配送人员需进入到隔离区域时，应采取防护措施。

3）每批次气瓶出入库时，应对气瓶整体进行消毒处理并登记；从临床使用科室收回的氧气空瓶，入库前应单个进行消毒和记录；将库房内的氧气空瓶交由气瓶供应商前，应集中进行消毒和记录；瓶装供应商供货前，应对每批次供应的气瓶进行消毒和记录。

4）气瓶库房应为专用空间，储存区域应通风良好，有防盗措施；疫情期间，在满足气瓶存放要求的前提下，可在隔离区内设立单独区域，存放一定数量的气瓶，以应急需。

5）气瓶储存区域应尽可能靠近运输点；应在气瓶储存区域明显的位置设置安全警示标识牌和通告；除上下气瓶外，运送车辆不应停靠在气瓶存储区域内。

6）气瓶库房储备的备用气量宜大于或等于 3 天，有条件时宜适当增大气瓶的储备量；气瓶应按照先进先出的原则管理，进行满瓶区和空瓶区分区储存。

7）储存瓶装气体实瓶时，存放空间内温度不得超过 40℃，否则应当采用喷淋等冷却措施；气瓶库房内应足额配备相适应的灭火器等消防设施、器材。

8）库房门应保持锁闭，钥匙应由专人负责保管。

3.7.3.4　医用气体供应商管理

医用气体系统运行管理中涉及的供应商主要包括医用液氧及瓶装氧气生产供应商和医用气体设备维保单位。为保证疫情期间供应商提供的产品和服务满足新冠肺炎患者救治需求，应对其进行严格的管理。

（1）医用液氧及瓶装氧气生产供应商管理：

1）至少选定两家液氧及瓶装氧气生产供应单位，以提高供应的保障率。

2）对气体供应商的各项资质进行严格审核，审核通过后，方可允许其进行供应。

3）医院医用气体管理部门和气体供应商均应设置紧急联系人，保证气体供应的持续性；疫情期间，医用气体管理人员应为液氧及瓶装氧气供应商创造必要的工作条件，包括提供交通管理部门要求的应急工作证明函件等，以确保运输车辆在供货途中的交通顺畅性。

4）供应商供货车辆进入院区后，监督其按照指定的路线行驶，不得擅自更改。

5）检查气体供应商提供该批次产品的产品合格证、检验报告等相关证件，并留存。

6）对液氧供应商提供的每批次产品进行查验、审核，确定产品无误后，方可充灌，并签收和登记。

7）对瓶装氧气供应商提供的每批次产品进行查验、审核，确定产品无误后，方可卸货，并签收和登记。

8）应定期对气体供应商进行考核并督促供应单位对存在的问题进行整改等。

（2）医用气体设备维保单位管理：

1）疫情期间，可协调设备维保单位安排专人常驻医院，遇紧急情况时，维保人员可立即到达现场进行处理，以保障设备安全运行。

2）对设备维保单位的各项资质进行严格审核，审核通过后，方可接受其服务。

3）督促维保单位按照规定的期限对医用气体设备进行维护保养；若遇设备故障，应督促维保人员在指定时间到达现场进行维修。

4）定期对维保单位进行考核，并督促维保单位对存在的问题进行整改等。

3.8　消　防

3.8.1　总平面布局

3.8.1.1　选址及布局

新建应急医疗设施选址应符合当地城市规划和医疗卫生网点的布局要求（详见本书第二章）。

应急医疗设施根据规模设置至少2个出入口，主要出入口应避免安排在交通主要干道上。大型应急医疗设施可分设接诊出入口、出院、后勤保障、污物等出入口。主要出入口附近应设置救护车洗消设施。

3.8.1.2　防火间距

应急医疗设施在新建、改建和扩建时，医疗用建筑物与院外周边建筑应设置大于或等于20m的绿化隔离防火及卫生间距。设施内建筑之间的防火间距应满足现行国家标准《建筑设计防火规范》GB 50016–2014（2018年版）表5.2.2的规定。

3.8.1.3　消防车道

（1）进入应急医疗设施的消防车道出入口不应少于2个，且应设置在不同方向。

（2）应急医疗设施建筑的周围，宜设环形消防车道。如确有困难时，应沿两个长边设置消防车道。单层、多层建筑的某一长边超过150m或总长度超过220m时，应在适中位置设置穿过建筑的消防车道。

（3）应急医疗设施内消防车道的中心线间距不宜大于160m，应急医疗设施的封闭内院，如其短边长度超过24m时，宜设进入内院的消防车道。

（4）消防车道的净宽度和净空高均不应小于4.0m。转弯半径满足消防车转弯要求；消防车道与建筑之间不应有影响火灾扑救的障碍物。

3.8.2　建筑防火

3.8.2.1　平面布置、允许层数及耐火等级

（1）应急医疗设施不得设置在建筑的地下或半地下。

（2）应急医疗设施建筑应根据使用要求、功能流程和节约用地原则，结合具体条件择优确定允许层数，尽可能选择单层或多层。

（3）新建的多层应急医疗设施建筑耐火等级不应低于二级。

3.8.2.2　防火分区、分隔及建筑构件

（1）应急医疗设施应按现行国家标准《建筑设计防火规范》GB 50016（2018 年版）中表 5.3.1 的规定设置防火分区。

（2）应急医疗设施不同使用功能场所之间应采取防火分隔，住院病房之间建议采取防火分隔。

（3）病房区与诊疗区之间及病房区相邻护理单元之间应采用耐火极限不低于 2.00h 的防火隔墙分隔，隔墙上的门应采用乙级防火门，设置在走道上的防火门应采用常开防火门。

（4）手术室、影像室、ICU、贵重精密医疗装备、储藏间、实验室等，应采用耐火极限不低于 2.00h 的防火隔墙和 1.00h 的楼板与其他场所或部位分隔，墙上必须设置的门、窗应采用乙级防火门、窗，防火门关闭后应具有防烟性能。

（5）建筑外墙上下层开口之间建筑构件的设置应满足现行国家标准《建筑设计防火规范》GB 50016（2018 年版）中第 6.2.5 条的相关规定。

3.8.2.3　安全疏散与避难

（1）安全出口。

1）通常情况下，应急医疗设施出入口不应少于 2 个，人员出入口不应兼作尸体和废弃物出口。一般应考虑设 3 个出入口，可将污物出口与废弃物出口合用。

2）病房区每个护理单元应有 2 个不同方向的安全出口。

3）房间的疏散门数量不得少于 2 个，建筑面积不大于 75m² 时可设置 1 个疏散门。相邻 2 个出口或疏散出口最近边缘之间的水平距离不应小于 5m。

4）疏散门不应设置门槛，且紧靠门口内外各 1.40m 范围内不应设置踏步，如有高差应设坡道。

（2）疏散楼梯。

1）多层应急医疗设施的病房楼除与敞开式外廊直接相连的楼梯间外，应设置封闭楼梯间（包括首层扩大封闭楼梯间）或室外疏散楼梯。

2）除有特殊规定外，疏散楼梯间在各层的平面位置不应改变。

3）楼梯间应在首层直通室外，当层数不超过 4 层且未采用扩大的封闭楼梯间时，可将直通室外的门设置在离楼梯间不大于 15m 处。

（3）安全疏散距离。

应急医疗设施直通疏散走道的房间疏散门至最近安全出口的直线距离不应大于 35m。当房间位于袋形走道两侧或尽头时不应大于 20m，其他安全疏散距离要求应满足现行国家标准《建筑设计防火规范》GB 50016–2014（2018 年版）中第 5.5.17 条的相关规定。

（4）疏散宽度。

1）多层应急医疗设施安全出口、房间疏散门的净宽度不应小于 1.2m，疏散走道和楼梯的最小净宽度不应小于 1.65m。

2）新建或改造的应急医疗设施，楼梯间的首层疏散门宽度不应小于 1.3m，疏散走道最小净宽度不应小于 1.4m。

3）每层的房间疏散门、安全出口、疏散走道和疏散楼梯的各自总净宽度，应满足现行国家标准《建筑设计防火规范》GB 50016–2014（2018 年版）中第 5.5.21 条的相关规定。

（5）避难间。

新建或改造的应急医疗设施，应在二层及以上的病房楼层和手术部设置避难间。避难间应符合下列规定：

1）避难间服务的护理单元不应超过 2 个，其净面积应按每个护理单元不小于 25m²确定。

2）避难间兼作其他用途时，应保证人员的避难安全，且不得减少可供避难的净面积。

3）应靠近楼梯间，并应采用防火隔墙和甲级防火门与其他部位分隔。

4）应设置消防专线电话和消防应急广播。

5）避难间的入口处应设置明显的指示标志。

6）应设置直接对外的可开启窗口，外窗应采用乙级防火窗。

3.8.2.4 自然排烟

（1）具备自然排烟条件的场所应设置自然排烟窗，且自然排烟窗在竖向宜错位设置。

（2）自然排烟窗应具有消防联动功能和手动开启功能以保证在开窗系统失效的状态下远程集中开启且每个排烟窗应设置手动开启装置。

（3）自然排烟窗日常通风角度不得大于 30°，火灾状态下自然开启或远程手动开启（或消控中心控制）开启至 70°。

（4）自然排烟窗宜设置为上悬外开或下悬外开形式。

3.8.2.5 内部装修

应急医疗设施的内部装修的总体原则是采用不燃和难燃性材料，避免采用在燃烧时产生大量浓烟或有毒气体的材料。

（1）房间装修。

1）影像室、心电图等检查用房的地面应防潮、绝缘。

2）生化检验室和中心实验室化验台台面、通风柜台面、血库的配血室及洗涤室的操作台台面和病理科的染色台台面，均应采用耐腐蚀、易冲洗的不燃性面层材料。

3）应急医疗设施的信息中心、远程会诊室、行政办公及其他辅助用房的装修材料，应按其使用性质和是否自成一个防火分区等具体条件来确定。

（2）安全疏散通道。

1）无自然采光的楼梯间、封闭楼梯间、防烟楼梯间及其前室的顶棚、墙面和地面均应采用燃烧等级为 A 级的装修材料。

2）地上水平疏散走道和安全出口的门厅，其顶棚装饰材料应采用燃烧等级为 A 级的装修材料，其他部位应采用燃烧等级为不低于 B₁ 级的装修材料。

3.8.3　消防设施设备

3.8.3.1　消火栓系统

除有特殊规定外，应急医疗设施必须设置室内、室外消火栓系统。系统的设计应满足相关标准规定。手术部的室内消火栓宜设置在清洁区域的楼梯口附近或走廊。护士站宜设置消防软管卷盘。

3.8.3.2　自动灭火系统

除不宜用水扑救的部位外，任一楼层建筑面积大于 1 500m² 或总建筑面积大于 3 000m² 的病房楼、门诊楼和手术部都应设置自动喷水灭火系统。对于应急医疗设施内手术部的自动喷水灭火系统设置，根据现行国家标准《应急医疗设施洁净手术部建筑技术规范》GB 50333 的规定，不在手术室内设置洒水喷头。

3.8.3.3　灭火器配置

应急医疗设施应按严重危险级场所配置灭火器，其中手术部应配置气体灭火器。在同一灭火器配置场所，当选用两种或两种以上类型的灭火器时，应采用灭火剂相容的灭火器。

3.8.3.4　火灾自动报警系统及联动控制系统

（1）火灾自动报警系统的设置。

满足下列要求的建筑或场所应设置火灾自动报警系统：

1）任一层建筑面积大于 1 500m² 或总建筑面积大于 3 000m² 的应急医疗设施或病房楼；

2）多层应急医疗设施的特殊贵重的医疗设备、仪器室，大于或等于 200 床位的多层应急医疗设施的门诊楼、病房楼和手术部；

3）其他有消防联动控制要求的场所；

4）远程会诊室、信息中心、药品库和其他公共走道等场所。

（2）消防控制室的设置。设有带消防联动功能的火灾自动报警系统的单层、多层应急医疗设施，应按相关规定设置消防控制室。

（3）火灾自动报警系统和消防控制室的设置。火灾自动报警系统和消防控制室的设置应同时满足现行国家标准《建筑设计防火规范》GB 50016-2014（2018 年版）及《火灾自动报警系统设计规范》GB 50116-2013 的要求。

3.8.3.5　应急照明和疏散指示标志

（1）应急医疗设施应设置应急照明和疏散指示标志。

（2）应急照明和疏散指示标志的蓄电池电源连续供电时间不应少于 1.0h。

（3）楼梯间、前室或合用前室、避难走道、避难间等场所疏散照明的地面最低水平照度不应低于 10.0 lx，其余公共走道、门厅等公共场所不应低于 1.0 lx。

（4）消防应急照明和疏散指示系统应同时满足现行国家标准《建筑设计防火规范》GB 50016-2014（2018 年版）和《应急照明和疏散指示系统》GB 51309-2018 的要求。

3.8.3.6　电气火灾监控系统、消防电源监控系统及防火门监控系统

（1）电气火灾监控系统。

1）应急医疗设施的非消防用电负荷应设置电气火灾监控系统。

2）电气火灾监控探测器宜设置在末端配电箱内，系统报警仅作用于信号，但应具有声光报警功能。

3）电气火灾监控系统应同时满足现行国家标准《建筑设计防火规范》GB 50016—2014（2018 年版）和《火灾自动报警系统设计规范统》GB 50016-2013 的要求。

（2）消防电源监控系统。

1）应急照明、消防分机、消防水泵等消防用电负荷应设置电气火灾监控系统。

2）消防电源监控系统应满足现行国家标准《消防设备电源监控系统》GB 28184-2011 的要求。

（3）防火门监控系统。

1）应急医疗设施位于疏散通道上的防火门应设置防火门监控系统。

2）防火门监控器应设置在消防控制室内，没有消防控制室时，应设置在有人值班的场所。

3）防火门监控器的设置应符合火灾报警控制器的安装设置要求。

4）疏散通道上各防火门的开启、关闭及故障状态信号应反馈至防火门监控器，敞开防火门应具有消防联动控制器或防火门监控器联动控制防火门关闭的功能。

5）防火门监控系统应满足现行国家标准《火灾自动报警系统设计规范》GB 50016-2013 的要求。

3.8.3.7 防烟和排烟设施

（1）防烟设施的设置。

1）建筑的下列场所或部位应设置防烟设施：

①防烟楼梯间及其前室；

②消防电梯间前室或合用前室；

③避难走道的前室、避难层（间）。

2）建筑高度不大于 50m 时，当其防烟楼梯间的前室或合用前室符合下列条件之一时，楼梯间可不设置防烟系统：

①前室或合用前室采用敞开的阳台、凹廊；

②前室或合用前室具有不同朝向的可开启外窗，且可开启外窗的面积满足自然排烟口的面积要求；

③设置自然通风场所的可开启外窗应方便直接开启，设置在高处不方便于直接开启的可开启外窗应在距地面为 1.3～1.5m 的位置设置手动开启装置。

（2）排烟设施的设置。

1）建筑的下列场所或部位应设置排烟设施：

①中庭；

②建筑面积大于 100m² 且经常有人停留的地上房间；

③建筑内建筑面积大于 300m² 且可燃物较多的地上房间；

④建筑内长度大于 20m 的疏散走道。

2）设置自然排烟场所的自然排烟窗（口）应设置手动开启装置，设置在高处不方便于直接开启的自然排烟窗（口），应在距地面为 1.3 ~ 1.5 m 的位置设置手动开启装置。净高高度大于 9m 的中庭等场所，尚应设置集中手动开启和自动开启装置。

3）建筑防烟和排烟设施应同时满足《建筑设计防火规范》GB 50016–2014（2018 年版）及《建筑防烟排烟系统技术标准》GB 51251–2017 的要求。

3.8.3.8 供暖、通风与空气调节

（1）一般规定。

1）供暖、通风和空气调节系统应采取防火措施。

2）建筑内空气中含有容易起火或爆炸危险物质的房间，应设置自然通风或独立的机械通风设施，且其空气不应循环使用。

3）当空气中含有比空气轻的可燃气体时，水平排风管全长应顺气流方向向上坡度敷设。

4）可燃气体管道和甲、乙、丙类液体管道不应穿过通风机房和通风管道，且不应紧贴通风管道的外壁敷设。

（2）供暖。

1）供暖管道不应穿过存在与供暖管道接触能引起燃烧或爆炸的气体、蒸气或粉尘的房间，确需穿过时，应采用不燃材料隔热。

2）供暖管道与可燃物之间应保持一定距离，并应符合下列规定：

①当供暖管道的表面温度大于 100℃时，不应小于 100mm 或采用不燃材料隔热；

②当供暖管道的表面温度不大于 100℃时，不应小于 50mm 或采用不燃材料隔热。

3）建筑内供暖管道和设备的绝热材料宜采用不燃材料，不得采用可燃材料。

（3）供暖通风和空气调节。

1）通风和空气调节系统，横向宜按防火分区设置，竖向不宜超过 5 层。当管道设置防止回流设施或防火阀时，管道布置可不受此限制。竖向风管应设置在管井内。

2）空气中含有易燃、易爆危险物质的房间，其送风、排风系统应采用防爆型的通风设备。当送风机布置在单独分隔的通风机房内且送风干管上设置防止回流设施时，可采用普通型的通风设备。

3）排除有燃烧或爆炸危险气体、蒸气和粉尘的排风系统，应符合下列规定：

①排风系统应设置导除静电的接地装置；

②排风设备不应布置在地下或半地下建筑（室）内；

③排风管应采用金属管道，并应直接通向室外安全地点，不应暗设。

4）排除和输送温度超过 80℃的空气或其他气体以及易燃碎屑的管道，与可燃或难燃物体之间的间隙不应小于 150mm，或采用厚度不小于 50mm 的不燃材料隔热；当管道上下布置时，表面温度较高者应布置在上面。

5）通风、空气调节系统的风管在下列部位应设置公称动作温度为 70℃的防火阀：

①穿越防火分区处；

②穿越通风、空气调节机房的房间隔墙和楼板处；

③穿越重要或火灾危险性大的场所的房间隔墙和楼板处；

④穿越防火分隔处的变形缝两侧；

⑤竖向风管与每层水平风管交接处的水平管段上。

注：当建筑内每个防火分区的通风、空气调节系统均独立设置时，水平风管与竖向总管的交接处可不设置防火阀。

6）建筑的浴室、卫生间和厨房的竖向排风管，应采取防止回流措施并宜在支管上设置公称动作温度为70℃的防火阀。建筑内厨房的排油烟管道宜按防火分区设置，且在与竖向排风管连接的支管处应设置公称动作温度为150℃的防火阀。

7）防火阀的设置应符合下列规定：

①防火阀宜靠近防火分隔处设置；

②防火阀暗装时，应在安装部位设置方便维护的检修口；

③在防火阀两侧各2.0m范围内的风管及其绝热材料应采用不燃材料；

④防火阀应符合现行国家标准《建筑通风和排烟系统用防火阀门》GB 15930的规定。

8）除接触腐蚀性介质的风管和柔性接头可采用难燃材料外，通风、空气调节系统的风管应采用不燃材料；

9）设备和风管的绝热材料、用于加湿器的加湿材料、消声材料及其黏结剂，宜采用不燃材料，确有困难时，可采用难燃材料。风管内设置电加热器时，电加热器的开关应与风机的启停联锁控制。电加热器前后各0.8m范围内的风管和穿过有高温、火源等容易起火房间的风管，均应采用不燃材料。

10）燃油或燃气锅炉房应设置自然通风或机械通风设施。燃气锅炉房应选用防爆型的事故排风机。当采取机械通风时，机械通风设施应设置导除静电的接地装置，通风量应符合下列规定：

①燃油锅炉房的正常通风量应按换气次数不少于3次/h确定，事故排风量应按换气次数不少于6次/h确定；

②燃气锅炉房的正常通风量应按换气次数不少于6次/h确定，事故排风量应按换气次数不少于12次/h确定。

3.8.3.9 自救设备

应急医疗设施内应为每名当班医护人员配备一具过滤式消防自救呼吸器，自救呼吸器应放置在院内醒目且便于取用的位置。

3.8.4 特殊区域防火

3.8.4.1 供氧系统和氧气瓶防火

（1）供氧系统。

应急医疗设施供氧系统一般由中心供氧站、管道、阀门及终端送氧插头等组成。该系统的氧气气源集中于中心供氧站，氧气通过减压装置和管道输送到手术室、抢救室、治疗室和各个病房的终端处。终端装有快速接头插座，可插入（或连接）氧气湿化器、麻醉机和呼吸机等医疗器械的气体插头。通常情况下，现行行业标准《医用中心供氧系统通用技术条件》YY/T 0187对医用中心供氧系统的防火要求要严于现行国家标准《建筑设计防火规范》GB 50016—2014（2018 年版）的相关规定。医用中心供氧系统一般应满足以下防火要求：

1）采用氧气瓶组供氧的系统应由高压氧气瓶、汇流排、减压装置、管道及报警装置等组成。氧气瓶间应通风良好，室内氧气浓度应小于 23%。气瓶间及控制间室温应控制在 10～38℃。

2）由适当数量的氧气瓶、管道、阀门和仪表等器件组成的汇流排，气瓶总数不得超过 20 瓶，使用后的空瓶，必须留有 0.1MPa 以上的余压。

3）如采用液氧供氧方式，系统应由液氧罐、汽化器、减压装置、管道及报警装置等组成。

一般情况下容量不大于 500L 的液氧罐可设置在专用房间内。当条件受限，必须在室内设置容积更大的液氧罐时，容积不应超过 3m³。设置液氧储罐的库房，耐火等级不应低于二级。容积不超过 3m³ 的液氧储罐，与所属使用的单层、多层建筑的防火间距不应小于 10m，面向使用建筑物一侧采用无门窗洞口的防火墙隔开时，防火间距不限。液氧储罐周围 5m 范围内不应有可燃物，不应设置沥青路面；室内必须通风良好，氧气浓度应小于 23%；加注、排气等管口应直通室外。室内禁止有可燃或易燃气体、放液、液体管线和裸露供电导线穿过。

容积大于 500L 的液氧罐一般应放在室外。室外液氧罐与办公室、病房、公共场所及道路的距离应大于 7.5m，液氧罐周围 5m 范围内不得有通往地下室、地沟等低洼处的开口，液氧罐周围 6m 内禁止堆放易燃、可燃物及有明火，必要时应采用高度不低于 2.4m 的不燃墙体隔离。

4）氧气管道严禁与导电线路、电缆共架敷设，严禁与导电线路、电缆交叉接触，以防漏电火花击穿管道造成事故。

5）氧气管道禁止与燃气、燃油管共架敷设，必须共架时应保持大于 0.5m 的管距，共架部分不得有阀门及连接接头。

6）氧气管道禁止暗埋在建筑结构内或敷设在不设检查门（检查口）的管井内，禁止与供电线路敷设在同一管井内。

7）氧气管道穿过墙壁或地板时，应敷设在套管内，在套管内的管段不得有焊缝及连接接头。

8）氧气管道应单独接地，不得和其他设备共用接地装置；接地电阻应小于 100Ω；接地装置每年雨季之前应检查一次。

9）减压器后应设安全阀。安全阀开启压力为管道系统最高工作压力的 1.1～1.25 倍，回座压力应小于管道系统最高工作压力。

10）供氧欠压报警装置必须采用本质安全型电路。

11）制氧中心应实行 24h 值班制度，由专业工程师按操作规程运转系统设备，由专业公司实施系统设备的维修保养。

（2）氧气瓶。

氧气瓶应符合避热、禁油、防撞击等规定。应注意查看瓶体有无油污。仪表应注有"禁油"或"氧气"标识。输氧结束后应关好阀门，撤出病房存放在专用氧气瓶库内。氧气瓶库内不得存放任何可燃杂物，并应及时扫除灰尘，保持清洁。

检查时应查看总控制阀和分路阀门是否灵活严密，整个输氧系统应严密不漏气。擦除氧气钢瓶油污应采用四氯化碳，输氧管道消毒不得使用酒精等有机溶剂，可选用0.1%的洁尔灭消毒剂水溶液。

3.8.4.2　影像室防火

影像科防火的重点是X线机室、胶片室和CT/MR室。

（1）X线机室。

1）X线机室建筑的耐火等级不宜低于二级。除保证安装机器所需面积外，还必须有足够余地，做到宽敞、通风良好，以保证正常操作和散热。安装中型以上的X线机的机房，其面积一般以每台不小于30m²计算。X线机房应有一定的高度，带天轨立柱的X线机与顶棚之间应留有符合规定的间距。

2）中型以上X线机，应设置专用的电源变压器，变压器容量应根据X线在照射前负载电流与照射时最大负载电流之和计算。同时应根据最大负载电流配置电源线和开关，以防负载过大发热起火。

3）X线机的电缆应敷设在封闭电缆沟内，防止老鼠等小动物进入咬坏电缆；移动的电缆，要防止弯曲过大，否则易被高压电击穿；铺在地面的部分应加盖保护，防止机械损伤；高压插头与插座之间的空隙，应采取防止高压放电的措施。

4）X线机及其设备部件应有良好的接地装置。X线机各部分金属外壳以及同外壳相连的金属部件都要与地线相连。接地电阻值应满足相关规定，不得用水气管道等作为X线机的接地装置。

5）X线机常见电路故障有断路、短路、零件损坏等，可能由此引发电气火灾。检查时可目测审视X线管、高压整流管有无损坏；可以检听组合机头、X线管管套高压发生器内有无放电或异常声响。

6）X线机室必须制订完善的安全规章制度。设备必须由专职工程师进行日常维护保养，由专业设备公司负责维护。室内严禁烟火，严禁存放易燃、可燃物品。下班时必须切断电源。消毒和清洗所用易燃液体应由专人负责专柜保管，储存量不得超过500mL。用乙醚清洗机器和电器设备时，必须打开门窗通风并禁止使用明火，同时应防止产生其他火花引发事故。

（2）CT/MR室。

CT/MR室的火灾危险性主要来自用电。放射科设置的CT、MR等精密医疗仪器，功耗相对较大，一般需配置三相380V电源，每台的峰值功率为80～100kV·A，尤其是多台设备同时运行时，耗电量相对较大。因此，应根据其用电量校定每供电回路的配线截面，保证每一供电回路的安全系数正常。平时应定期测试各回路的电流值是否超标、温升是否异常，应经常性地对配电系统进行感观检查，如发现绝缘层老化、炭化及其他异常现象时应及时处置。机房的温度应控制在20℃±2℃以内，相对湿度应控制在50%±10%以内。设备运行时，有一定的射线污染。

3.8.4.3　病房防火

病房是患者在应急医疗设施接受医疗服务和康复起居的主要场所，也是患者、医护人员密集的场所，是最容易造成群死群伤的地点，是消防安全的重点部位。病房应注意以下防火要点：

（1）保障疏散通道畅通。

疏散通道内不得堆放可燃物品及其他杂物、不得加设病床。防火防烟分区设在走道上的防火门，如需要保持常开状态，发生火灾时则必须自动关闭。按相关规定设置的封闭楼梯间、防烟楼梯间和消防电梯前室内一律不得堆放杂物，防火门必须保持常关状态。疏散门应采用向疏散方向开启的平开门，不应采用推拉门、卷帘门、吊门、转门。除医疗有特殊要求外，疏散门不得上锁；疏散通道上应按规定设置事故照明、疏散指示标志和火灾事故广播并保持完整好用。

（2）正确使用氧气。

无论是使用医用中心供氧系统供氧还是采用氧气瓶供氧，都应遵循相关操作规程。给患者输氧时应由医护人员操作。采用氧气瓶供氧，氧气瓶要竖立固定，远离热源，使用时应轻搬轻放，避免碰撞。氧气瓶的开关、仪表、管道均不得漏气，医护人员要经常检查，保持氧气瓶的洁净和安全输氧。同时，应提醒患者及其陪护、探视人员不得用有油污的手和抹布触摸氧气瓶和制氧设备。

（3）安全用火、用电。

医护人员要随时检查病房用火、用电的安全情况。病房内的电气设备和线路不得擅自改动，严禁使用电炉、液化气炉、煤气炉、电水壶、酒精炉等非医疗器具，不得超负荷用电。病房内禁止使用明火与吸烟，禁止患者和家属携带煤油炉、电炉等加热食品。应在病房区以外的专门场所设置加热食品的炉灶，并由专人管理。

3.8.4.4 药（库）房防火

应急医疗设施药品大都是可燃物，其中不乏易燃易爆化学物品。药品一经烟熏火烤便不能再用，防火措施非常重要。药（库）房应注意以下防火要点：

（1）药库防火。

药库宜在应急医疗设施一隔独立设置，易爆危险性药品应另设危险品库，并与其他建筑物保持符合规定的安全间距，危险性药品应按化学危险物品的分类原则分类隔离存放。

药库内禁止烟火。库内电气设备的安装、使用应符合防火要求。药库内不得使用 60W 以上白炽灯、碘钨灯、高压汞灯及电热器具。灯具周围 0.5m 内及垂直下方不得有可燃物；药库用电应在库房外或值班室内设置电源总闸，库内无人时应将总闸断开。

（2）药房防火。

药房宜设在门诊部或住院部的底层。对易燃危险药品应限量存放，一般不得超过 1 天用量，以氧化剂配方时应用玻璃、瓷质器皿盛装，不得采用纸质包装。药房内化学性能相互抵触或相互产生强烈反应的药品，要分开存放。盛放易燃液体的玻璃器皿应放在专用药架底部，以免破碎、脱底引起火灾。

药房内的废弃纸盒、纸箱、塑料制品等，不应随地乱丢，应集中在专用筒篓内，集中按时清除。

药房内严禁烟火。照明灯具、开关、线路的安装、敷设和使用应符合相关防火规定。

3.8.4.5 手术室防火

手术部的室内消火栓宜设置在清洁区域的楼梯口附近或走廊。护士站宜设置消防软管卷盘。手术室应注意以下防火要点：

（1）预防各种气源漏气。

经常性地检查各种气源的接头，杜绝高压漏气现象。手术室供氧系统使用麻醉机、呼吸机和其他医疗器械的终端处压力一般不低于0.4MPa，其快速接头插座和氧气湿化器、麻醉机、呼吸机等医疗器械的气体插头之间应插拔灵活、气密性良好。为保证系统正常供氧设置的供氧欠压报警装置必须采用本质安全型电路。使用高压气瓶时，如果氧气瓶的压力在1min后下降5 000kPa以上，表明有严重的漏气现象；其他类气瓶如在1min后下降960kPa以上，则表明有严重的漏气现象，须立即处置。

（2）保持良好的通风。

手术室应有良好的通风。负压手术室采用机械排风时，空气不得循环使用。由于大多数麻醉剂蒸气比空气重，因此排风口应设在手术室靠近地板的下部，进风口应设于手术室靠近顶棚的上部。手术室内（中央）麻醉剂污染的许可阈值应控制在氟烷15×10^{-6}、氧化亚氮170×10^{-6}、甲氧氟烷5×10^{-6}以内。

（3）按规定使用电气设备。

1）手术室的各种医用电气设备必须使用原设备配置的电源插头，严禁随意更换插头。对电子压力消毒设备等功率较大的设备，要根据设备的功率配置独立的电源插座。由于手术室内产生的可燃气体密度一般都比空气重，所以手术室电气开关和插座距地板的高度不应小于1.5m；吸引器的足踏开关应采用橡胶密封型。

2）手术室配置的吸引器、电灼器等医疗设备应经常检修，防止产生漏电等故障。应尽可能避免在使用可燃性麻醉剂的情况下操作使用电灼器、内窥镜。若必须在应用可燃性麻醉剂条件下使用电灼器，则应暂停吸入麻醉剂，一般需等待3min以上，使呼出气中的麻醉剂浓度降至可燃临界值以下，再使用电灼器。

（4）防静电。

手术室宜铺设导电性能良好的传导性地板。室内设备和医疗器械，如手术台用垫、麻醉用呼吸囊、螺纹管及面罩等均应配置传导性物质，保证静电的泄放通路。室内温度应保持在24℃左右，相对湿度应保持在50%~60%。手术室内所用布类及工作人员、病员服装宜采用全棉制品，鞋袜亦应采用传导性良好的材料制作。所有医疗器械位置固定后，应尽量减少移动。

（5）严禁使用电炉、火炉或酒精灯。

在有高压氧或使用可燃性麻醉剂时，严禁使用电炉或火炉，严禁使用酒精灯消毒器械。

（6）不得储存可燃、易燃药品。

手术中需用的易燃易爆药品，应随用随领。

麻醉设备要完好、操作要谨慎，要最大限度降低易燃易爆气体的漏逸。用过的易燃易爆药品要封口后放入有盖的容器内。

3.8.4.6　重症监护室防火

重症监护区的室内消火栓宜设置在清洁区域的楼梯口附近或走廊。护士站宜设置消防软管卷盘。重症监护区应注意以下防火要点：

（1）预防各种气源漏气。

重症监护供氧系统使用麻醉机、呼吸机和其他医疗器械的终端处压力一般不低于0.4MPa，其快速接头插座和氧气湿化器、麻醉机、呼吸机等医疗器械的气体插头之间应插拔灵活、气密性良好。

（2）保持良好的通风。

重症监护室采用机械排风，空气不得循环使用。

（3）按规定使用电气设备。

1）重症监护室的各种医用电气设备必须使用原设备配置的电源插头，严禁随意更换插头。对电子压力消毒设备等功率较大的设备，要根据设备的功率配置独立的电源插座。

2）重症监护室配置的吸引器、电灼器等医疗设备应经常检修，防止产生漏电等故障。

（4）防静电。

重症监护室宜铺设导电性能良好的传导性地板。室内设备和医疗器械，均应配置传导性物质，保证静电的泄放通路。室内温度应保持在 24℃左右，相对湿度应保持在50%～60%。

（5）严禁使用电炉、火炉或酒精灯。

重症监护室严禁使用电炉或火炉，严禁使用酒精灯消毒器械。

（6）不得储存可燃、易燃药品。

重症监护室内中需用的易燃、易爆药品，应随用随领。用过的易燃、易爆药品要封口后放入有盖的容器内。

3.8.5　消防安全管理

3.8.5.1　落实消防安全责任制

根据《机关、团体、企业、事业单位消防安全管理规定》，应急医疗设施建立各级、各岗位消防安全责任制，其法定代表人或主要负责人是本单位的消防安全责任人，全面负责本单位的消防安全工作。应急医疗设施应明确逐级消防安全责任制和岗位消防安全责任制，明确逐级和岗位消防安全职责，确定各级、各岗位的消防安全责任人和消防安全管理人，结合本院实际建立适合本院特点的消防安全管理制度和消防组织，实行消防安全责任目标管理，经常检查，定期考评，确保制度贯彻落实。

3.8.5.2　确定消防安全重点单位和部位

所有应急医疗设施都应按照国家有关消防法规要求，切实履行自身的消防安全职责。住院床位在 50 张以上的应急医疗设施，应按规定向当地消防救援机构申报消防安全重点单位，按照《中华人民共和国消防法》的要求，实行严格管理。同时，应急医疗设施应根据本单位实际情况，确定本单位的消防安全重点部位。一般应将住院楼、医用中心供氧系统、氧气瓶库、放射科、手术室、变配电间、药库和高压氧舱等场所确定为本单位的消防安全重点部位，要设立防火永久标志，建立消防安全档案，实行严格管理。

3.8.5.3 加强用火、用电和用气管理

（1）按相关规定做好电气线路、设备的设计、安装和使用管理，严禁乱拉乱接电线。严禁在病房内擅自使用电炉、电热毯等电气设备。使用其他电热、取暖设备应符合相关安全规定。

（2）病房内严禁烟火。严禁在病房内使用明火烘烤衣物。为方便患者设置的加热食品的炉灶，必须统设在固定的安全地点，并安排专人管理。当受条件所限，病房内必须采用明火取暖时，要选择安全地点，指定专人负责看管，事后及时熄灭余火。

（3）燃气热水器应指定责任人负责管理，用完后必须关闭进气闸阀。使用燃气或电热的无压开水锅炉应远离病房并指定责任人负责管理。

（4）严禁在病房楼、门诊楼内设置中、西药制剂室。中、西药制剂室频繁用气、用电，一旦发生事故，可能殃及其他场所。

3.8.5.4 实施防火检查和巡查

应急医疗设施应根据相关规定实施防火检查和巡查，做好检查记录，发现火灾隐患，及时整改。安全疏散系统是检查和巡查的重点，必须满足以下要求：

（1）要确保疏散通道、安全出口畅通，确保每一防火分区的任意地点具备 2 个以上符合规定的疏散出口；严禁占用疏散通道；严禁在安全出口或者疏散通道上安装栅栏等影响疏散的障碍物；除医疗有特殊要求外，严禁将安全出口上锁。

（2）疏散用门应采用向疏散方向开启的平开门，不应采用推拉门、卷帘门、吊门、转门；人员密集场所平时需要控制人员随意出入的疏散用门，应保证火灾时不需使用钥匙等任何工具就能从内部易于打开，并应在显著位置设置标识和使用提示。

（3）为划分防火防烟分区设在走道上的防火门，如平时需要保持常开状态，发生火灾时则必须自动关闭。

（4）按相关规定设置的封闭楼间、防烟楼梯间和消防电梯前室内一律不得堆放杂物，楼梯间和前室的防火门必须保持常关状态。

（5）不宜在窗口、阳台等部位设置金属栅栏，当必须设置时，应有从内部易于开启的装置。窗口、阳台等部位宜设置辅助疏散逃生设施。

（6）不得遮挡、覆盖疏散指示标志。

（7）保持防火门、防火卷帘、疏散指示标志、应急照明、机械排烟送风、火灾自动报警系统、各类灭火系统等设施处于正常状态。

3.8.5.5 进行消防安全宣传教育

（1）明确消防教育机构和专（兼）职人员，落实消防宣传经费，制定消防宣传教育计划并组织实施。

（2）根据不同层次和岗位消防安全工作需要，有针对性地开展消防宣传教育。单位消防宣传教育的内容应包括：

1）有关消防法规、消防安全制度和保障消防安全的操作规程；

2）本单位、本岗位的火灾危险性和防火措施；

3）有关消防设施的性能、灭火器材的使用方法；

4）扑救初起火灾以及自救逃生的知识和技能。

（3）设置消防宣传栏等消防宣传教育阵地，配备消防安全宣传教育资料，经常开展消防安全宣传教育活动；单位广播、闭路电视、电子屏幕、局域网等经常宣传消防安全知识。

（4）在人员密集区域通过海报、消防刊物、视频、网络、消防文化活动等形式宣传防火、灭火和应急逃生等常识。

3.8.5.6　开展消防安全培训

（1）对全体员工进行消防安全培训，单位新上岗和进入新岗位的员工上岗前应进行消防安全培训。

（2）将本单位的火灾危险性、防火灭火措施、消防设施及灭火器材的操作使用方法、人员疏散逃生知识等作为培训的重点。

（3）员工要懂基本消防常识，掌握消防设施器材使用方法和逃生自救技能，学会查找火灾隐患、扑救初起火灾和组织人员疏散逃生。特定区域或者岗位的员工应掌握组织、引导在场群众疏散的知识和技能。

（4）单位的消防安全责任人、消防安全管理人、专（兼）职消防管理人员、消防控制室的值班和操作人员等要按照有关规定接受消防安全专门培训。

（5）从事电、气焊等具有火灾危险作业的人员应持证上岗。消防控制室值班、操作人员要取得相应等级的消防行业特有工种职业证书，掌握消防控制室管理及应急处置程序，能正确操作使用消防控制设备。

3.8.5.7　制订灭火和应急疏散预案，并定期组织演练

（1）制订灭火和应急疏散预案。要根据应急医疗设施应根据患者疏散难度大、人员高度密集等特点，预案设置的程序和措施要科学、合理，具有可操作性。灭火和应急疏散预案的主要内容包括：

1）明确火灾现场通信联络、灭火、疏散、救护、保卫等负责人，规模较大的人员密集场所应由专门机构负责，组建各职能小组，包括灭火行动组、通信组、疏散引导组、安全防护救护组，并明确各小组负责人、组成人员及其职责；

2）报警和接警处置程序；

3）应急疏散的组织程序和措施；

4）扑救初起火灾的程序和措施；

5）通信联络、安全防护、人员救护的组织程序与保障措施。

（2）灭火和应急疏散演练。主要内容包括：

1）单位至少每半年组织一次灭火和应急疏散预案演练；

2）演练的组织、程序和措施等要与预案相吻合，适用单位实际情况；

3）根据演练情况及存在的问题，进一步修订完善预案；

4）对演练情况如实记录并连同有关资料存档。

3.8.5.8 消防控制室管理及应急程序

（1）消防控制室管理。

消防控制室的管理应符合下列规定：

1）应实行每日24h专人值班制度，每班不应少于2人，值班人员应持有消防控制室操作职业资格证书；

2）消防设施日常维护管理应符合现行国家标准《建筑消防设施的维护管理》GB 25201的相关规定；

3）应确保火灾自动报警系统、灭火系统和其他联动控制设备处于正常工作状态，不得将应处于自动状态的设在手动状态；

4）应确保高位消防水箱、消防水池、气压水罐等消防储水设施水量充足，确保消防泵出水管阀门、自动喷水灭火系统管道上的阀门常开；确保消防水泵、防排烟风机、防火卷帘等消防用电设备的配电柜启动开关处于自动位置（通电状态）。

（2）消防控制室的值班应急程序。

消防控制室的值班应急程序应符合下列规定：

1）接到火灾警报后，值班人员应立即以最快方式确认；

2）火灾确认后，值班人员应立即确认火灾报警联动控制开关处于自动状态，同时拨打"119"报警，报警时应说明着火单位地点、起火部位、着火物种类、火势大小、报警人姓名和联系电话；

3）值班人员应立即启动单位内部应急疏散和灭火预案，并同时报告单位负责人。

3.8.5.9 设立微型消防站

（1）建设原则。

以救早、灭小和"3分钟到场"扑救初起火灾为目标，划定最小灭火单元，依托消防安全网格化管理平台和体系，发挥治安联防、保安巡防等群防群治队伍作用，建立单位微型消防站，积极开展初起火灾扑救等火灾防控工作。

（2）人员配备和岗位职责。

单位微型消防站应确定1名人员担任站长，确定5名以上经过基本灭火技能培训的保安员、治安联防队员、单位工作人员等兼职或志愿人员担任队员。站长负责单位微型消防站的日常管理，掌握人员和装备情况，组织制订各项管理制度和灭火应急预案，组织开展业务训练，组织指挥扑救初起火灾。其他成员按照职责承担扑救初起火灾等工作。

（3）站房器材。

微型消防站应充分利用单位现有的场地、设施，设置在便于人员出动、器材取用的位置；房间和场地应满足日常值守、放置消防器材的基本要求，应设置外线电话。微型消防站应根据扑救本社区初起火灾的需要，配备消防摩托车和灭火器、水枪、水带等基本的灭火器材和个人防护装备。具备条件的，可选配小型消防车。

（4）值守制度。

微型消防站应建立24h值守制度，分班组值守，每班不少于3人。

（5）管理训练。

单位是微型消防站的建设管理主体，微型消防站建成后，应向社区消防救援部门备案。微型消防站应建立日常管理、排班值守、训练和灭火工作制度，定期开展基本能训练，熟悉本社区情况，提高扑救初起火灾的能力。

3.8.5.10　建立健全消防档案

应急医疗设施要建立包括消防安全基本情况和消防安全管理情况在内的消防档案，坚持做好动态管理，并同意保管、备查。

3.9　环　　保

3.9.1　自然环境的保护

新冠肺炎应急医疗设施的建设应结合当地实际情况合理选址，选址时应规避对场地周边有价值的自然和人文环境的影响，尽可能避免选址在受污染褐地。充分重视医院内外环境的卫生安全，有效防控污染物排放。采取必要的生态补偿措施，并建议在场址内建造身心舒缓场所，为患者和医护工作人员提供有益健康的自然环境。

3.9.1.1　合理选址，避让环境敏感区域

（1）选址时应避让生态敏感区域。

充分利用现有资源，优先选择在开发过的土地上，不应选址在基本农田、湿地、森林、水源地、自然保护区、栖息地等生态敏感地，应符合各类保护区的建设控制要求。用地宜选择地形规整、地质构造稳定、地势较高且不受洪涝、滑坡、泥石流等自然灾害威胁的地段，不应选址在未对地震断裂带进行避让的范围。

（2）选址时应避让生活生产活动密集的敏感区域。

选址时应尽可能在城市区域常年主导下风向，不应设置在人口密集的居住与活动区域，尽量避开对幼儿园、学校、住宅、水源等有可能造成危害的重要设施；应符合文物古迹保护的建设控制要求。不应临近食品和饲料生产、加工、储存，家禽、家畜饲养、产品加工等企业。应远离易燃易爆产品及有害气体生产存储区域和存在卫生污染风险的加工区域。当病区考虑设置医疗废弃物焚烧炉时，应优先考虑选址在区域常年主导下风向的远郊区。

3.9.1.2　环境诊断，避免在受污染区域选址

对场地空气、水、土壤、声环境等进行现状诊断，确定场地内是否有污染物存在，考虑应急医疗设施建设的特殊性，不应选址在土壤或地下水受到污染区域，以保护患者等脆弱人群的健康。避免选址在受电磁辐射、含氡土壤等有毒有害物质的危害范围，场地应符合医疗用房的噪声环境要求。

3.9.1.3　设施同步建设，有效防控污染物排放

防渗膜、医院污水处理系统、污泥处理系统、废气处理系统、固体废弃物处理等应急医疗设施需要配套的环境保护措施，必须与主体工程同时设计、同时施工、同时投入

使用。

（1）防渗漏措施全覆盖。

严格按照现行行业标准《传染病医院建设标准》建标173-2016进行建设，地面应采取铺设防水材料和防渗膜等防止污水和废弃物渗漏的措施，实现全覆盖。

（2）污废水与废弃物有效处理。

为防止医院污废水及废弃物输送过程中的污染与危害，其处理应遵循全收集全处理、全过程控制、分类指导、就地处理及生态安全等原则，确保场地内无排放超标污染物，且院区内污染物排放处置符合国家现行有关标准的要求，保护生态环境安全。

室外排水应采用雨、污分流制。室外雨水应采用管道系统，不宜采用地面径流或明沟排放，雨水系统不得设置雨水收集回用系统。传染病区室外雨水排水应单独收集至雨水蓄水池进行消毒处理，达标后宜排入污水系统。当市政污水管无法全部接纳院区雨水量时，应设置雨水储存调节设施。

参照现行行业标准《医院污水处理工程技术规范》HJ 2029-2013及《医院污水处理技术指南》，因地制宜建设临时性污水处理罐（箱），采取加氯、过氧乙酸等措施进行杀菌消毒。切实加强对医疗污水消毒情况的监督检查，严禁未经消毒处理或处理未达标的医疗污水排放。对隔离区要指导其对外排粪便和污水进行必要的杀菌消毒。污水处理设施处理后的医疗污水符合现行国家标准《医疗机构水污染物排放标准》GB 18466-2005的有关规定，才可排入市政管网。

固体医疗废弃物需用专门容器装载密封，由专人通过污染通道收集运送至医疗废弃物暂存间集中，再转运至垃圾焚烧炉或专门处置场集中处理。医疗废弃物暂存间应设置围墙与其他区域相对分隔，位置应位于病区下风向处。医疗废弃物应采用环氧乙烷消毒灭菌后再进行焚烧。新冠肺炎相关的医疗废弃物危险性较高，必须注意转运过程的生物安全，当医疗废弃物数量较大时，设焚烧炉就地处理，应采用垃圾气化焚烧炉等先进技术，将焚烧处理产生的二噁英等废气污染降到最低。

3.9.1.4 生态补偿，降低对自然环境影响

充分利用原有场地条件，采取生态恢复或补偿措施，降低建设对场地自然环境的影响。

（1）保护场地完整性与连续性。

场地内生态保护结合现状地形、地貌、植被、水系等进行场地设计与建筑布局，保护场地内原有的自然水域、湿地和植被，保持历史文化与景观的连续性，保护场地的完整性，尽量减少暴雨时场地的水土流失及因其他建设行为而造成的灾害。尽量利用原有建筑，充分利用表层土，采取措施恢复被破坏的环境。

（2）优化绿化规划，有效隔离。

应急医疗设施应有完整的绿化规划，绿化规划应结合用地条件进行。合理选择绿化方式，注意采用垂直绿化、屋顶绿化方式，并科学配置绿化植物。种植适应当地气候和土壤条件的植物，并采用乔、灌、草结合的复层绿化，且种植区域覆土深度和排水能力满足植物生长需求。

与周边建筑之间应有不小于 20m 的绿化隔离间距。当不具备绿化隔离卫生条件时，其与周边建筑物之间的卫生隔离间距不应小于 30m。扩建时应清理传染楼周边 20m 范围内与传染楼无关的设施；对于安全隔离距离不满足要求的附近建筑，应采取必要的隔离措施或暂停使用，并在明显位置标识为隔离区。

（3）减少建造过程的环境影响。

采用标准化设计、模块化施工，既能满足长期使用需要，使用后可快速拆除，有关部件经消毒处理即能再次周转使用。建议采用以下任何一种资源消耗和环境影响小的建筑结构体系或建造方式：主体部位采用工业化建造方式，经过结构体系节材优化及环境影响分析过的钢筋混凝土结构体系、钢框架结构体系。

3.9.1.5 引入自然，提供身心舒缓场所

优化设计，提供良好的自然光线、通风及自然景观，使大部分的室内空间能够直接看到不受阻碍的自然场景，为患者提供健康疗愈环境、为医护人员提供身心舒缓场所。建议在应急医疗设施提供患者可进入的身心舒缓场所，面积不应低于建筑净可用功能空间面积的 5%；为医护人员另外提供专用的身心舒缓场所，面积不应低于建筑净可用功能空间面积的 2%。

3.9.2 废气的处理与排放

3.9.2.1 废气的来源

应急医疗设施中的废气主要来源于医学应用的药剂液挥发、手术室的麻醉废气、医疗过程中气体的释放和污染区的机械排风系统。

（1）药剂液的挥发。

在医学实验过程中，如溶液配制，需要加热来加快反应速度；实验室存放的无机液体，如氨水、浓盐酸、浓硝酸等，以及乙醚、乙醇、甲酸、汞等易溶性液体，在操作和使用过程中都容易挥发形成医疗废气。

（2）手术室麻醉废气。

在手术期间，麻醉废气会通过多种途径释放到空气中，如气源管道系统漏气，特别是管道的老化破裂、管道接头松动及麻醉机活瓣失灵等。麻醉方式对手术室麻醉废气的污染程度也有直接的影响。另外还有如蒸发罐加药时麻醉药洒落、排污设备故障等其他因素造成麻醉废气的污染扩散。

（3）医疗过程气体释放。

医用气体是指在医疗卫生机构中用于医疗用途的空气，包括医疗空气、器械空气、医用合成空气和牙科空气等。其中医疗空气中的负压吸引系统在患者的治疗、手术等过程中，为排出患者的体液、污物和治疗用液体而设置，其产生的废气必须经过处理才能排放。

（4）污染区的机械排风。

应急医疗设施中的污染区和半污染区，特别是呼吸道传染病的负压隔离病房，其机械排风系统排出的气体也会对周边的环境造成影响。

3.9.2.2　废气的处理方式

医疗废气的主要成分包括灰尘、二氧化碳、甲醛、苯、甲苯、TVOC 等有机废气，硫化氢、氨等臭味气体，冠状病毒、乙型溶血性链球菌、金黄色葡萄球菌及其他治病微生物等和大量微小的生物性气溶胶颗粒。

目前简单的医疗废气处理设备主要包括专用通风柜和机械通风。专用通风柜是利用排风机组和活性炭吸附的原理，主要用于实验室。机械通风是传染病医院应用最普遍的处理方式，在传染病区必须要设置机械通风系统。负压隔离病房的排风需要经过高效过滤器处理才能排放。

负压吸引系统的排气一般要设置细菌过滤器、高效过滤器或其他灭菌消毒措施。其中细菌过滤器过滤精度应为 0.01 ~ 0.2μm，效率应达到 99.995%；应配置备用细菌过滤器，每组细菌过滤器均应能满足设计流量要求；应有能够监视滤芯性能的措施。

3.9.2.3　废气 VOC 处理设备

随着技术的发展，目前市场上出现了新型的空气处理设备，并得到了较多的应用，如填埋式复合光催化废气净化设备，其工作原理为采用过滤器、紫外杀菌灯管和涂敷有复合纳米二氧化钛薄膜的微型玻璃管填充，其独特的填埋式结构设计提高了光催化和杀菌效率，能够清除 VOC 气体（包括垃圾臭气），具有广谱的杀菌效果。光催化废气净化设备示意图如图 3-9-1 所示，主要规格参数如表 3-9-1 所示。

图 3-9-1　光催化废气净化设备示意图

表 3-9-1　光催化废气净化设备的主要规格参数

产品规格	运行噪声（dB）	空气流量（m³/h）	风阻（Pa）	紫外波段	VOC 去除率（%）	功率（kW）	防护等级
DW-PAC5 000	43	5 000	≤ 250	185 ~ 254nm 双波段	≥ 98	2.4	IP44
DW-PAC10 000	45	10 000				4.8	
DW-PAC20 000	46	20 000				9.6	

3.9.3　营造健康的室内环境

营造健康的室内环境包括对室内热环境、声环境和光环境的营造，以及对室内环境质量的监测和控制。应急医疗设施的室内环境质量目标在满足其功能性要求的前提下，也应该满足舒适和环保的要求。在这方面主要遵循的国家标准有《传染病医院建筑设计规范》GB 50849、《综合医院建筑设计规范》GB 51039、《民用建筑隔声设计规范》GB 50118、《建筑照明设计标准》GB 50034、《建筑采光设计标准》GB 50033、《室内空气质量标准》GB/T 18883、《民用建筑工程室内环境污染控制标准》GB 50325 和《环境空气质量标准》GB 3095。

3.9.3.1　空调与通风系统

应急医疗设施室内热环境需要空调和通风系统调节。应急医疗设施为避免传染病的传播，需要对各区域的静压进行控制，因此必须设置机械通风系统；空调系统应根据应急医疗设施实际需求进行设置；空调系统的设置要结合机械通风系统，同时也要满足相应的风量和压力控制要求。

室内热舒适性指标的评价采用的是 PMV–PPD 指标。热舒适度的等级可参考现行国家标准《民用建筑供暖通风与空气调节设计规范》GB 50736，具体如表 3–9–2 所示。

表 3–9–2　室内热舒适性指标评价等级

热舒适度等级	预计平均热感指数（PMV）	预计不满意率（PPD）（%）
Ⅰ 级	–0.5 ≤ PMV ≤ 0.5	≤ 10
Ⅱ 级	–1 ≤ PMV ≤ –0.5，0.5 ≤ PMV ≤ 1	≤ 27

空调形式一般要与通风系统形式相结合。空调形式可选择风机盘管系统、分体式空调（热本）机组、多联式空调（热泵）机组，并结合独立的新风系统。新风机组宜采用具有过滤、加热及冷却等功能段的空气处理机组，其冷热源应根据应急救治设施现场条件确定。应急医疗设施主要用房空调的设计温度和湿度如表 3–9–3 所示，这里需要注意的是表 3–9–3 中的病房为普通负压病房，对于负压隔离病房（一般是 ICU），考虑到患者一般只穿病号服，且可能光着身子做各种检查，建议冬季负压隔离病房设计温度不宜低于 24℃。现行国家标准《综合医院建筑设计规范》GB 51039–2014 第 7.5.3 条规定"监护病房温度在冬季不宜低于 24℃，夏季不宜高于 27℃"。

表 3–9–3　主要用房空调的设计温度和湿度

房间名称	夏　季		冬　季	
	干球温度（℃）	相对湿度（%）	干球温度（℃）	相对湿度（%）
病房	26 ~ 27	50 ~ 60	20 ~ 22	40 ~ 45
诊室	26 ~ 27	50 ~ 60	18 ~ 20	40 ~ 45
候诊室	26 ~ 27	50 ~ 60	18 ~ 20	40 ~ 45
各种试验室	26 ~ 27	45 ~ 60	20 ~ 22	45 ~ 50
药房	26 ~ 27	45 ~ 50	18 ~ 20	40 ~ 45
药品储藏室	22	≤ 60 以下	16	≤ 60 以下
放射线室	26 ~ 27	50 ~ 60	23 ~ 24	40 ~ 45
管理室	26 ~ 27	50 ~ 60	18 ~ 20	40 ~ 45

（1）通风和新风系统。

应急医疗设施的通风和新风系统的首要任务是控制室内的压力梯度，避免传染性疾病的扩散和传播，同时提供舒适的室内环境、不影响室外环境。通风和新风系统的各项参数需满足现行国家标准《传染病医院建筑设计规范》GB 50849 和《综合医院建筑设计规范》GB 51039 的规定，系统的调试除满足设计工况外，还需要考虑非呼吸道传染病流行时期的利用回风工况和系统过滤器终阻力工况下的调试。

应急医疗设施根据总体布局，一般分为清洁区、半污染区和污染区，各区域的机械送风、排风系统均应独立设置，并应满足风量、压差和换气次数等参数要求。当空调系统或新风系统单独设置时，也应按压力分布要求单独调试。各种运行模式下，各区域送风机与排风机应联锁控制。半污染区和污染区，启动通风系统时，应先启动系统排风机，后启动送风机；关停时顺序相反。清洁区通风系统启动时，应先启动系统送风机，后启动排风机；关停时，顺序相反。清洁区、半污染区、污染区通风系统启动顺序应为先启动清洁区通风系统，后启动半污染区通风系统，最后启动污染区通风系统。送风、排风管和不同压力控制区，应设置风量、风压参数测试孔，并做好密封。

（2）送风、排风系统的过滤。

应急医疗设施为控制污染的传播需要加强对送风、排风系统的过滤。过滤器的级别应满足相应的要求，以确保生物安全。负压隔离病房（一般是ICU）的送风应经过粗效、中效、亚高效过滤器三级处理。负压隔离病房的送风、排风管上应设置密闭阀，有条件时还可设置定风量装置；系统的过滤器应设压差检测和报警装置。负压隔离病房应设置压差传感器，不同压力要求的房间应保证5Pa的压差。排风应经过亚高效或高效过滤器处理后排放，过滤器应安装在房间的排风口处。排风高效空气过滤器更换操作人员应做好自我防护，拆除的排风高效过滤器应随医疗废弃物一起处理。

（3）空气的净化和消毒。

负压病房或负压隔离病房为提高室内空气的净化效果，可采用空气净化器，但应注意不能影响室内气流和压力的分布。根据冠状病毒理化特性，病毒对紫外线和热敏感，通常在紫外线下或处于56℃并持续30min可有效灭活病毒。因此室内的净化消毒可采用紫外线净化消毒和远红外线热力净化消毒装置联合的方式，达到去除和杀灭新冠病毒的效果。

3.9.3.2 绿色装饰装修及家具

（1）应急医疗设施的室内空气质量指标。

患者的免疫系统相比较健康人群更脆弱、更容易受到外部环境的影响，若应急医疗设施存在室内空气污染，将影响患者的治疗、恢复，且不利于医护人员的健康。因此，应急医疗设施的室内装修污染物浓度应严格控制，在通风系统正常运行条件下，各污染物指标限值如表3-9-4所示。

表 3-9-4 各污染物指标限值

污 染 物	浓 度
甲醛（mg/m^3）	≤ 0.03
苯（mg/m^3）	≤ 0.02
甲苯（mg/m^3）	≤ 0.10
二甲苯（mg/m^3）	≤ 0.10
TVOC（mg/m^3）	≤ 0.20
氨（mg/m^3）	≤ 0.10
氡（Bq/m^3）	≤ 100

（2）应急医疗设施的建筑围护结构、装饰装修材料、家具污染物环保性能控制方法和措施。

为保障室内空气质量，除通风系统外，应从源头控制因围护结构、装饰装修材料、家具部品、施工辅助材料等引起的污染。以室内空气质量控制目标为导向，采用预评价的方法对室内装修污染进行定量的预评估和源头解析，降低结构、系统、部品、材料、家具的污染释放；在安装过程中采取环保工艺，降低施工辅助材料引起的污染；运营过程选用材料经医院清洗消毒液喷洒浸泡 1h 后不得产生污染物，避免引起二次污染。

1）应急医疗设施的室内装修严禁使用可持续挥发有机物质的材料，主要装修材料的污染物释放率（168h）应满足表 3-9-5 的要求。

表 3-9-5　主要装修材料污染物释放率要求 [mg/（m²·h）]

序号	材料类型	污染物释放率要求				
		甲醛	TVOC	苯	甲苯	二甲苯
1	涂料	≤ 0.01	≤ 0.04	≤ 0.01	≤ 0.01	≤ 0.01
2	饰面板	≤ 0.02	≤ 0.10	≤ 0.01	≤ 0.01	≤ 0.01
3	PVC（地板、墙面）	—	≤ 0.10	—	—	—
4	橡胶地板	—	≤ 0.10	—	—	—
5	木制品	≤ 0.03	≤ 0.04	—	—	—

2）室内装修及暖通、消防、给排水、电气等其他专业工程，表面处理（防水、防腐、防火、防锈等）所用涂料应选用水性涂料，不得使用溶剂型涂料；材料粘贴宜优先选用干式材料，如地胶选用自粘型或免胶型的铺设方法，通风空调管道保温材料采用自粘型或贴片式的固定方法，或选用水性胶粘剂，不得使用溶剂型胶粘剂。施工辅助用涂料、胶粘剂有害物限量满足表 3-9-6 的要求。

表 3-9-6　施工辅助材料有害物限量

材料类型	指　标	限　值
施工辅助用涂料	甲醛	≤ 100mg/kg
	TVOC	≤ 120g/L
	苯、甲苯、乙苯、二甲苯总和	≤ 100mg/kg
施工辅助用胶粘剂	甲醛含量	≤ 0.5 g/kg
	TVOC 含量	≤ 100 g/L
	苯	≤ 0.2 g/kg
	甲苯 + 二甲苯	≤ 10 g/kg

3）采用箱式房、板房的装配式建设模式工程，设备管线、内装修与主体结构与外围护结构集成设计生产，减少工程现场湿作业，生产所用原材料宜参考上述指标进行环保质量控制，以确保箱式房整体污染物释放满足室内空气质量要求。

4）家具应选用钢制、钢木、工程塑料材质，不宜选用木质板材家具。若必须用木质板家具，家具的污染物释放率应满足表 3-9-7 的要求。

表 3-9-7　家具污染物释放率要求 [mg/（m²·h）]

材料类型	甲醛	TVOC	苯	甲苯	二甲苯
木质家具	≤ 0.02	≤ 0.10	≤ 0.01	≤ 0.01	≤ 0.01

5）材料经医院清洗消毒液喷洒浸泡 1h 后不得产生污染物，避免引起二次污染。

3.9.3.3　绿色照明

医院绿色照明应根据场所功能、视觉要求和建筑的空间特点，合理地选择光源、灯具，确定适宜的照明方案，构建舒适的光环境。采用自然采光、绿色人工照明以及灵活的照明控制技术等达到节能、环保、安全、舒适的照明要求。

（1）自然采光。

1）医院房间的采光系数或采光窗的面积比应符合现行国家标准《建筑采光设计标准》GB 50033 的有关规定。

2）医院建筑物内部可通过开设采光中庭改善建筑内区及地下室光环境。

3）利用光导管、反光板等装置进行日光收集和利用，将天然光引入室内进行照明。

4）病房应具有良好的自然采光条件，同时应避免阳光长时间直射卧床的患者。

（2）绿色人工照明。

1）医院建筑的照明质量（照度、显色指数及眩光限制等）应符合国家现行标准《建筑照明设计标准》GB 50034 及《医疗建筑电气设计规范》JGJ 312 的相关规定。

2）各场所照明功率密度值应符合现行国家标准《建筑照明设计标准》GB 50034 中的目标值规定。

3）医院内照明控制方式可结合场所特点进行设置：大堂、公共走道、楼梯间、候诊区、建筑物立面、院区景观等公共区域宜采用集中控制方式；病房、诊所、办公等场所照明应采用多联开关就地控制；库房、卫生间等非人员长期停留场所可采用感应式控制。

（3）灯具选择。

1）照明光源、镇流器的能效应符合相关能效标准的节能评价值。

2）照明灯具应选用光利用率高及配光合理的灯具及附件，灯具效率不应低于现行国家标准《建筑照明设计标准》GB 50034 的规定值。

3）当选用 LED 光源时，产品应符合现行国家标准《LED 室内照明应用技术要求》GB/T 31831 的规定。

3.9.3.4　室内环境质量监测与控制系统

室内环境质量指标监控系统是通过对应急医疗设施房间内的环境质量指标进行实时在线监测，一方面让医生、护士、患者及时了解所处环境的质量；另一方面将监测数据采集传输至中控系统，为采暖通风及空气调节系统的人工控制或自动控制提供数据支撑。在应急医疗设施中，病房、诊室、候诊室、管理室及其他办公行政用房适宜安装监控系统，而特殊空间，如手术室、实验室、药房、放射线室、储藏室等不适宜安装监控系统。构建室内环境质量指标监控系统，首先应确定需要监控的室内环境质量指标并确定指标限值，其次要选择合格的室内环境质量监测设备，再次对室内环境质量指标监控系统进行布点和安装调试，最后制定室内环境质量指标监控系统的使用维护手册。

（1）室内环境质量监控指标。

参考现行国家标准《室内空气质量标准》GB/T 18883-2002、《民用建筑工程室内环境污染控制标准》GB 50325-2020、《环境空气质量标准》GB 3095-2012 和《传染病医院建筑设计规范》GB 50849-2014 中的指标，结合室内环境实时监测技术的发展，应急医疗设施的室内环境质量监测指标可从表 3-9-8 中选择，应至少包含温度、湿度、细颗粒物（$PM_{2.5}$）和二氧化碳（CO_2）。

表 3-9-8　室内环境质量监控指标

参　　数	限　　值
温度	不同类型房间参照《传染病医院建筑设计规范》GB 50849-2014 表 7.1.1 中的指标
湿度	不同类型房间参照《传染病医院建筑设计规范》GB 50849-2014 表 7.1.1 中的指标
细颗粒物（$PM_{2.5}$）	$\leqslant 35\mu g/m^3$，有条件时 $\leqslant 15\mu g/m^3$
二氧化碳（CO_2）	$\leqslant 1.0 \times 10^{-3}$，有条件时 $\leqslant 0.75 \times 10^{-3}$
甲醛（HCHO）	$\leqslant 0.10mg/m^3$，有条件时 $\leqslant 0.08mg/m^3$
总挥发性有机化合物（TVOC）	$\leqslant 0.60mg/m^3$，有条件时 $\leqslant 0.50mg/m^3$

（2）室内环境质量监测设备要求。

选择室内环境质量监测设备（以下称"监测设备"）时，应参考现行团体标准《民用建筑室内空气质量监测仪》T/CSUS 02 的要求。监测设备应外观美观，结构功能完整，质保期不得少于 1 年。为确保室内环境质量监测设备的准确性，各监测参数均应满足测量范围、示值误差、示值稳定性、响应时间与恢复时间等要求。

1）监测设备的测量范围应满足表 3-9-9 的要求。

表 3-9-9　监测设备测量范围

参　　数	测 量 范 围
温度	$0 \sim 50℃$
湿度	$20\%RH \sim 90\%RH$
细颗粒物（$PM_{2.5}$）	$\leqslant 999\mu g/m^3$
二氧化碳（CO_2）	$3.0 \times 10^{-4} \sim 5.0 \times 10^{-3}$
甲醛（HCHO）	$\leqslant 0.50mg/m^3$
总挥发性有机化合物（TVOC）	$\leqslant 3.00mg/m^3$

2）监测设备的示值误差限值应满足表 3-9-10 的要求。

表 3-9-10　监测设备示值误差限值

参　　数	误　差　限　值
温度	± 0.5℃
湿度	± 5%RH
细颗粒物（$PM_{2.5}$）	当浓度 ≤ 100μg/m³ 时，± 10μg/m³； 当浓度 >100μg/m³ 时，± 10%
二氧化碳（CO_2）	当浓度 ≤ 1.0×10^{-3} 时，± 1.0×10^{-4}； 当浓度 >1.0×10^{-3} 时，± 10%
甲醛（HCHO）	当浓度 ≤ 0.30mg/m³ 时，± 0.03 mg/m³ 当浓度 >0.30 mg/m³ 时，± 10%
总挥发性有机化合物（TVOC）	当浓度 ≤ 1.00mg/m³ 时，± 0.10 mg/m³； 当浓度 >1.00mg/m³ 时，± 10%

3）监测设备的示值稳定性应满足表 3-9-11 要求。

表 3-9-11　监测设备示值稳定性要求

参　　数	变化量限值
温度	0.5℃
湿度	3%RH
细颗粒物（$PM_{2.5}$）	5μg/m³
二氧化碳（CO_2）	4.0×10^{-5}
甲醛（HCHO）	0.02mg/m³
总挥发性有机化合物（TVOC）	0.05mg/m³

4）监测设备各测量参数中最大响应时间不应大于 120s，最大恢复时间不应大于 180s。

5）监测设备噪声最大瞬时值应小于或等于 35dB。

（3）室内环境质量监测系统布点、安装及调试。

1）系统布点：参考现行国家标准《室内空气质量标准》GB/T 18883，监测区域监测设备的布点原则应满足表 3-9-12 的要求。

表 3-9-12　监测设备布点原则

房间使用面积（m²）	监测点数（个）
< 50	1 ~ 3
≥ 50 且 < 100	3 ~ 5
≥ 100	≥ 5

2）安装要求：监测设备应安装在距地面 0.5～1.5m 的位置，可以安装在墙上或摆放在家具上，平稳不易掉落，且易于拆卸维护。监测设备应安装在靠近日常人员活动区域，远离潮湿、振动以及动力电源和强电磁及电离辐射源，避免在空调、净化器出风口等大风速的区域，避免阳光直射。安装时应确保监测设备的进风口与出风口通畅。安装位置应预留电源及网络接口（如果是有线联接）。

3）系统调试：监测系统安装完成后，检查电源（电压大小及稳定性）和设备是否正常工作。对于具有联网功能的监测设备，安装后应连接网络，观察网络是否通畅，网络各节点是否正常收发数据，系统中控是否正常获取数据。

（4）室内环境质量监控系统的使用维护要求。

1）监测设备应定期进行检查：确保进风口和出风口未被灰尘及其他物体遮挡；确保监测设备周边环境空气流通正常；对于具有显示功能的监测设备，检查显示屏幕是否正常显示，数据是否有明显错误；对于具有联网功能的监测设备，检查监测系统是否运行稳定，数据采集和传输是否出现经常性通信连接中断、文件丢失或信息不完整等问题，数据获取率不应小于 90%，正常情况掉线后应在 5min 中内重新上线。

2）监测设备应请具有资质的第三方校准机构每年对各参数进行校准。

（5）室内环境质量监控系统的功能。

室内环境质量监控系统的功能应在建筑设备自动监控系统（BAS）常规功能的基础上，并与之相结合来共同实现。

1）室内环境质量监控系统的功能应包括：

①室内污染物的监测和报警；

②与建筑设备自控系统的联动控制功能；

③室内污染物监测数据的分析、诊断和共享功能；

④对室内环境监测设备和监测区域的优化管理功能。

2）建筑设备自动监控系统在常规功能基础上，还应具备的功能：

①送风、排风系统过滤器压差监测和报警；

②各区域室内静压监测和压力报警；

③清洁区、半污染区和污染区送排风机自动顺序启停控制；

④根据时间表设定自动控制启停和工况转换功能；

⑤绿色照明的分区、定时、光感联动控制、感应延时自熄控制和照度调节功能。

3.10　标准化及模块化

3.10.1　概述

为加快建设速度，缩短建设周期，应急医疗设施的建设宜采用标准化、模块化单元现场装配组装。住院部可采用预制成品金属夹芯板或预制箱型结构房屋组装，对于医技、ICU 等对使用空间要求较大的用房可采用装配式轻钢结构板房。总平面设计中，应考虑装配式施工所需的运输、堆放、吊装等施工条件。

3.10.2 一般规定

3.10.2.1 建筑

（1）采用标准化、模块化方式建造的应急医疗设施的房屋层数宜为单层，当场地受限时不超过二层或三层。

（2）围护结构及隔墙所采用的夹芯板应符合现行行业标准《金属面夹芯板应用技术标准》JGJ/T 453 的有关规定。墙板用夹芯板的标称厚度可根据气候条件和使用要求分别选用 100mm、75mm 和 50mm，传热系数应符合现行国家标准《建筑用金属面绝热夹芯板》GB/T 23932 的有关规定。夹芯板芯材应使用燃烧性能等级为现行国家标准《建筑材料及制品燃料性能分级》GB 8624 中 A 级的材料。金属面夹芯板单面板厚度不应小于 0.5mm，芯材纤维应垂直于钢板表面。玻璃棉夹芯板的芯材密度不应小于 64kg/m，岩棉夹芯板的芯材密度不应小于 100kg/m。夹芯板黏结强度应符合现行国家标准《建筑用金属面绝热夹芯板》GB/T 23932 的规定。夹芯板的顶部、底部应进行封边处理。

金属面夹芯板不应作为承重墙。附设在房屋上的设施、设备支吊架应通过设计计算，采用螺栓与房屋的骨架可靠连接，不得直接支撑在金属夹芯板墙体或屋面板上。

预制箱型结构房屋的箱底用基层地板应采用燃烧性能等级为现行国家标准《建筑材料及制品燃料性能分级》GB 8624 中 A 级的材料，若采用水泥基材类耐磨、耐擦洗、耐腐蚀的地面材料，应采用高密度类型且厚度不应小于 18mm，地板中不得含石棉，其他各项指标应符合国家现行标准《水泥刨花板》GB/T 24312、《纤维水泥平板 第 1 部分：无石棉纤维水泥平板》JC/T 412.1、《纤维增强硅酸钙板 第 1 部分：无石棉硅酸钙板》JC/T 564.1及《定向刨花板》LY/T 1580 的有关规定。

（3）外门宜选用节能型钢质复合门；外窗宜选用节能型铝合金窗或塑钢窗。门窗的气密性不低于 3 级。

（4）装修材料的燃烧性能不应低于 B_1 级，其中，地（楼）面的燃烧性能等级不应低于现行国家标准《建筑材料及制品燃料性能分级》GB 8624 中 B_1 级；顶棚的燃烧性能等级为现行国家标准《建筑材料及制品燃料性能分级》GB 8624 中的 A 级。

黏结材料胶粘剂中有害物质限量应符合现行国家标准《室内装饰装修材料 胶粘剂中有害物质限量》GB 18583 的有关规定，且不得采用丙烯酸酯类胶粘剂。

密封材料密封条、密封胶的性能及质量应符合现行国家标准《建筑门窗、幕墙用密封胶条》GB/T 24498、《硅酮和改性硅酮建筑密封胶》GB/T 14683、《金属板用建筑密封胶》JC/T 884 的有关规定。

（5）房屋密封应符合下列规定：

1）房屋的围护结构与主体结构的连接、箱式房的箱体之间的连接应采用密封胶、密封条等进行密封；

2）门窗安装后，应在洞口四周打胶密封；

3）密封胶与被连接构件的材料之间应相容；

4）屋面防水等级 Ⅱ 级。

3.10.2.2 结构

（1）结构钢材性能。

结构钢材性能应符合现行国家标准《碳素钢结构》GB/T 700、《低合金高强度结构钢》GB/T 1591、《热轧型钢》GB/T 706、《通用冷弯开口型钢》GB/T 6723、《冷弯型钢通用技术要求》GB/T 6725 的有关规定，其力学性能不应低于 Q235B 钢的要求；结构选用镀锌钢板时，其性能应分别符合现行国家标准《连续热镀锌和锌合金镀层钢板及钢带》GB/T 2518 和《连续热镀铝锌合金镀层钢板及钢带》GB/T 14978 的有关规定，且其抗拉强度、伸长率、屈服强度、冷弯试验和硫磷含量应符合相关标准的规定，焊接结构钢板的碳含量应满足相关标准要求；钢构件的防腐应符合现行国家标准《冷弯薄壁型钢结构技术规范》GB 50018 的有关规定。外露连接件及螺栓应采取防腐防锈措施，以保护构件和方便拆除。若在沿海地区等腐蚀性的环境中应提高防腐要求。

（2）预制箱型结构房屋。

预制箱型结构房屋是采用标准化、模块化设计、工厂制作、整体运输和现场模块化组装的轻钢模块化房屋。综合考虑设计及组装的灵活性、运输的效率、现场堆放等因素，建议采用预制箱型结构房屋。

1）刚度：在风荷载作用下，箱体柱顶相对水平位移不应超过 $H/200$（H 为箱体高度）。

2）挠度：箱底框架主梁在活荷载作用下挠度容许值不应超过 $L/300$，箱顶框架主梁在活荷载作用下挠度容许值不应超过 $L/400$（L 为主梁跨度）；夹芯板在均布荷载作用下的最大挠度不应超过 $L_0/150$ 且不大于 15mm（L_0 为夹芯板跨度）。

3）荷载组合：验算变形的荷载组合应采用标准组合，验算承载力的荷载组合应采用基本组合，并应按现行国家标准《建筑结构荷载规范》GB 50009 的有关规定进行荷载组合计算。

4）荷载取值：箱顶恒荷载标准值应取 0.15kN/m，箱顶活荷载标准值应取 0.5kN/m；箱顶应在最不利位置施加标准值为 1kN 的施工集中荷载；箱底恒荷载标准值应取 0.3kN/m，箱底活荷载标准值应取 2.0kN/m；基本风压不应低于 0.5kN/m。当搭建二层房屋时，应进行结构设计验算。

（3）预制板材装配式轻钢结构。

预制板材装配式轻钢结构是采用标准化、模块化设计，在工厂制作、现场安装，由轻钢结构承重，金属夹芯板做围护结构的房屋。

1）预制板材装配式轻钢结构的结构计算应按照《冷弯薄壁型钢结构技术规范》GB 50018 和《门式刚轻型房屋钢结构技术规程》CECS 102 等现行相关标准的有关规定进行。其设计使用年限不宜大于 5 年，结构安全等级二级，主要受力构件（梁、柱、屋架）设计重要性系数取 1.0，一般构件重要性系数取 0.9。

2）荷载效应组合、荷载分项系数、荷载组合系数的取值应符合现行国家标准《建筑结构荷载规范》GB 50009 的有关规定。其均布活荷载按：屋面（不上人）0.5kN/m²，楼面 2.0kN/m²。雪荷载和风荷载按现行国家标准《建筑结构荷载规范》GB 50009 的有关规定计算，设计重现期宜取 10 年。

3）抗震设计按现行国家标准《建筑抗震设计规范》GB 50011 的有关规定执行，抗震设防分类宜取丙类。

3.10.2.3 给排水

（1）卫生间宜满足现行行业标准《装配式整体卫生间应用技术标准》JGJ/T 467 的有关规定。

（2）给水加压设备选用一体化泵房，按照国家现行标准《中小型给水泵站设计规程》CECS 419 及《泵站设计规范》GB 50265 设计。

（3）室内给排水管道选用不宜渗漏，且易快速安装的管道材料，并符合下列规定：

1）室内给水管、热水管按现行国家标准《建筑给水聚丙烯管道工程技术规范》GB/T 50349–2005 选用 PPR 管，热熔连接；

2）室内排水管按现行行业标准《建筑排水塑料管道工程技术规程》CJJ/T 29–2020 选用 PVC–U 排水管。

（4）室外给排水管道选用不易渗漏，且易快速安装的管道材料，并符合下列规定：

1）室外给水管、消防管按现行国家标准《给水用聚乙烯（PE）管材》GB/T 13663–2000 采用高密度聚乙烯（PE）给水管，热熔或电熔连接；

2）室外排水管按现行国家标准《埋地用聚乙烯（PE）结构壁管道系统　第 1 部分：聚乙烯双壁波纹管材》GB/T 19472.1 选用聚乙烯（PE）双壁波纹管，承插橡胶圈接口。

3.10.2.4 强弱电

（1）为保证设备后期控制、维护人员的安全，配电箱（柜）、控制箱（柜）应尽量安装在清洁区或室外开门的配电间内。

（2）防雷利用集装箱金属顶或彩钢板屋面（外层钢板厚度大于 0.5mm）作为接闪器，利用集装箱等竖向金属构件作为防雷引下线，引下线平均间距不大于 18m。

（3）高压线路选用 ZR–YJV22–8.7/15 型高压电缆穿室外电缆管群敷设。室外进线电缆采用铠装交联电力电缆（YJV22–0.6/1kV）；一般室内电力干线、支干线采用无卤低烟 B 级阻燃交联铜芯电力电缆（WDZB–YJY–0.6/1kV）；一般支线选用 WDZD–BYJ–450/750V 无卤低烟 D 级阻燃耐火铜芯导线；应急照明线路选用 WDZDN–BYJ–450/750V 无卤低烟 D 级阻燃耐火铜芯导线。

（4）网络各系统干线光缆统一采用六芯单模光缆，支线采用六类双绞铜缆。干线桥架及支线线槽均采用统一规格。

3.10.2.5 通风空调

（1）设备与管线宜与主体结构分离，应方便维修更换，且不应影响主体结构安全。

（2）设备与管线宜采用集成化技术，标准化设计，当采用集成化新技术、新产品时应有可靠依据。

（3）设备与管线应合理选型，准确定位。

（4）设备与管线设计应与建筑设计同步进行，预留预埋应满足结构专业相关要求；宜于安装前，在结构预制楼板、墙板有屋面上剔凿好沟槽、开好洞口。

（5）通风空调设备与管线穿越楼板、墙体及屋面时，应采取防水、防火、隔声、密封等措施，防火封堵应符合现行国家标准《建筑设计防火规范》GB 50016（2018 年版）的有关规定。

（6）设备与管线设计宜采用建筑信息模型（BIM）技术，当进行碰撞检查时，应明确被检测模型的精细度、碰撞检测范围及规则。

（7）通风空调设备的配管连接、配管与主管道连接及部品间连接应采用标准化接口，且应方便安装使用维护。

（8）设备与管线需要与钢构连接时，宜采用预留焊接附件的连接方式。当采用其他连接方法时，不得影响结构的完整性与结构的安全性。

（9）当墙板或楼板上安装通风空调设备时，其连接处应采取加强措施。

（10）室内通风空调设计应符合现行国家标准《民用建筑供暖通风与空气调节设计规范》GB 50736 的有关规定。

（11）当采用供暖系统时宜采用适宜于干式工法施工的低温地板辐射系统。

（12）通风空调设备与管线施工质量应符合设计文件和现行国家标准《通风与空调工程施工质量验收规范》GB 50243、《建筑给水排水与采暖工程施工质量验收规范》GB 50242 的有关规定。

3.10.3　标准化设计

3.10.3.1　建筑

（1）对于住院部的基本构成，如采用预制箱型结构应以箱体房屋的几何尺寸为基本模数，分别确定各个功能用房的几何尺寸，其相应墙体的平面位置应与集成打包箱式房的结构骨架相对应。

（2）对于医技、ICU 等较大空间用房，应合理选择金属夹芯板的规格，各功能用房空间的几何尺寸构成应以所采用金属夹芯板的规格为基本模数，其相应结构布置应与所采用的金属夹芯板规格相对应。

（3）根据使用功能确定统一的门窗用材、规格、开启方式，并将其标准化、通用化。

（4）将楼梯、坡道、栏杆、雨篷等构件标准化、通用化。

（5）将病房、卫生间、卫生通过室、缓冲间等功能用房标准化、通用化。

3.10.3.2　给排水

（1）给排水系统的方式应与所采用的装配式房屋系统相适宜。

（2）根据不同功能房间、部位，统一用水器具及相应管材的式样、材质、规格、型号。

（3）室内器具安装、管材连接、安装支吊架等标准化设计。

（4）室外雨污水排水检查井接管数量统一，并采用快速接口。

（5）给水加压设备、雨污水提升设备选用一体化泵房（站）。

（6）卫生热水供水、医疗用纯水设备选用成套集成设备。

3.10.3.3 强弱电

（1）各级配电箱标准化、通用化，减少种类，并采用国际标准通用模数。

（2）电气线规格及敷设标准化、通用化。

（3）智能化的机房及配线间机柜设备、UPS电源等均选应用标准化、通用化、模块化产品，尽量减少机柜及其他交换设备的种类。

3.10.3.4 通风空调

（1）应根据病房的类别，分别制定通风空调系统的配置标准。

（2）通风空调系统的配置标准应便于设备与管线的采购与安装。

（3）宜结合通风空调系统与设备及配件的调节性能，确定设备及配件适用范围，制定设备及配件的应用标准。

（4）当设备与材料无法在整个项目中统一规格型号时，应统一同一通风空调子系统中的设备型号与材料。

3.10.4 模块化设计

3.10.4.1 建筑

（1）利用所选用的单个箱式结构房屋空间作为基本模块，根据标准化、通用化的使用要求，由若干个基本模块构成模块单元。

（2）基本模块的构成由墙体、顶板、地（楼）板及装饰、门窗、用水器具及管路、电器设施及线路、通风设施、分体空调、医疗设备带、输液吊架轨道、病床间隔帘轨道、挂钩等构、部件组成。

（3）病房单元模块由病房、卫生间、缓冲间、医护走道、患者走道五个部分组成。

（4）卫生通过室由各类更衣室、淋浴和厕所间、缓冲间组成。

3.10.4.2 给排水

（1）室内用水器具及管线的定位、开孔、安装应与所采用装配式房屋相适宜，并满足工厂加工工艺要求。

（2）室内消防卷盘箱与消防卷盘、真空破坏阀、手动阀门模块化集成。

（3）室内采用多管道集成支吊架。

（4）室外雨污水排水检查井均按每个检查井接口数量不超过3个、接入管径 DN100 mm进行模块化设计，一次注塑成型；管道接口采用承插接管；检查井盖均采用 ϕ400 mm密封井盖。

（5）给水加压设备选用一体化集约式泵房，水泵、防倒流装置、自动控制模块及配电、通信、通风设备模块化集成，按一体化集成泵房外形尺寸设计基础，现场快速连接进出水管道及配电接线。

（6）医疗用纯水设备选用成套集成设备，集成水处理工艺、自动控制、储存及循环设备，现场与肾透析及其他设备连接供应纯水。

（7）卫生热水供水选用成套集成设备、模块化集成加热集中、循环水泵、自动控制及储水设备，现场快速连接热水供回水管道，燃气热水器接入天然气供气管道，电热水器及空气源热泵热水器进行配电接线。

（8）污水提升设备选择一体化泵站，污水提升水泵按一用一备配置，水泵站井筒采用玻璃钢材料，井筒、格栅、污水提升水泵、自动控制、配电模块化集成，工厂模块化制造，现场整体安装，快速连接进出水管道及配电接线。

（9）雨水提升设备选择一体化泵站，雨水提升水泵按二用一备配置，水泵站井筒采用玻璃钢材料，井筒、水泵，格栅、雨水提升水泵、自动控制、配电模块化集成，工厂模块化制造，现场整体安装，快速连接进出水管道及配电接线。

3.10.4.3　强弱电

（1）供电系统采用成品箱式变电站和箱式柴油发电站共同组成对应每个供电单元的供电模块。

（2）按每个供电单元形成一个标准的配电系统模块。

（3）照明灯具、灭菌设施、电源插座、网络插座、火灾探测器、医疗设备带等电气设施及相应线路、桥架等嵌入基本模块。

（4）所有病房内的智能化设备均采用标准化、模块化设计，每个病房为一个标准化单元，每25个标准单元为一个分区，接入设备集中安装在本分区的配线间中，再集中通过主干光缆接入相关机房。

3.10.4.4　通风空调

（1）应结合建筑功能标准模块、综合给水排水、电气、智能化等所有机电管线进行通风空调系统的模块化设计。

（2）通风空调的设备与管线宜采用组件化技术，宜采用成品、部品。

（3）建筑功能相同的功能模块，模块内的设备与管线宜采用同一类组件；功能模块的不同拼装引起系统的差异宜在功能模块外调整。

第4章　施工及运行维护

4.1　施工组织管理

4.1.1　工程概况及说明

4.1.1.1　工程性质与概况

2020年新冠肺炎疫情蔓延，党中央、国务院高度重视，及时部署防控。各地积极响应国家的各项防控要求，落实防控责任，各项防控工作有力有序推进。作为公共卫生临床救治的设施，根据疫情发展的预判，医院需要紧急增设应急负压病房，因此拟建项目建成将本着一次规划，按需分期实施的原则，规划增设应急床位，预留后续需求、发展空间，视后续疫情发展情况再启动后续建设。

新建临时应急病房共由4个病房区块及中间医疗通道组成。一般总建筑面积为1万～3万 m^2，无地下室，采用集装箱结构和轻钢结构。新建临时应急病房建设包括建筑、结构、给排水、暖通空调、电气、智能化、医用气体、消防和环保，共9个专业。

新建临时应急病房项目使用年限为5～6年。

4.1.1.2　建筑与结构概况

（1）建筑。新建临时应急负压病房及配套建筑，包括接诊和检查区、住院区、后勤保障区和RICU重症监护区等区域组成，各区域布置合理，衔接有序。

（2）结构。新建临时应急病房主体结构采用集装箱结构形式和部分采用轻钢结构形式，无地下室。地基与基础采用施工简单、周期短工序衔接紧密的做法。

4.1.1.3　编制说明与范围

（1）编制说明。新建临时应急病房项目作为紧急工程，为科学有效地做好疫情防控工作并发挥应有的作用，项目编制说明应遵守设计图纸、文件和规范进行编制的原则，严格遵守现行施工规范和质量检验标准，遵守设计图纸的要求。

（2）编制依据。项目编制依据主要包括现行国家及地方、行业、地方施工技术规范、规程，如表4-1-1所示。

表4-1-1　主要技术规范、规程

土　建　类		机电安装类
《建筑工程施工质量验收统一标准》GB 50300-2013	《工程测量规范》GB 50026-2007	《工业金属管道工程施工及验收规范》GB 50235-2010
《建筑地基基础工程施工质量验收规范》GB 50007-2018	《混凝土结构工程施工及验收规范》GB 50204-2015	《建筑排水硬聚氯乙烯管道工程技术规程》CJJ/T 29-2010

续表 4-1-1

土　建　类		机电安装类
《砌体工程施工质量验收规范》GB 50204-2011	《建筑地面工程施工质量验收规范》GB 50209-2010	《建筑给水排水及采暖工程施工质量验收规范》GB 50242-2002
《建筑装饰装修工程质量验收规范》GB 50210-2013	《建筑施工安全检查标准》JGJ 59-2011	《电器装置安装工程盘、柜及二次线路施工及验收规范》GB 50171-2012
《施工现场临时用电安全技术规范》JGJ 46-2016	《现场施工安全生产管理规范》DBJ 08-903-2010	《电气装置安装工程电缆线路施工及验收规范》GB 50168-2006
《钢筋焊接及验收规程》JGJ 18-2012	《建筑施工高处作业安全技术规范》JGJ 80-2016	《电气装置安装工程低压电器施工及验收规范》GB 50254-2014
《建筑机械使用安全技术规程》JGJ 33-2012	《建筑工程冬期施工规程》JGJ 104-2011	《电气装置安装工程接地装置施工及验收规范》GB 50169-2006
《民用建筑工程室内环境污染控制规范》GB 50325-2010	《钢筋机械连接通用技术规程》JGJ 107-2010	《建筑电气工程施工质量验收规范》GB 50303-2015
《建设工程文件归档整理规范》GB/T 50328-2001	《建筑施工承插型盘扣式钢管支架安全技术规程》JGJ 231-2010	《通风与空调工程施工质量验收规范》GB 50243-2002
《屋面渗漏修缮技术规程》JGJ/T 53-2011	《建筑地基处理技术规范》JGJ 79-2012	《制冷设备、空气分离设备安装工程施工及验收规范》GB 50274-2010
地方工程建设地方标准强制性条文	《临时性建（构）筑物应用技术规程》DGJ 08-114-2016	《压缩机、风机、泵安装工程施工及验收规范》GB 50275-2010

（3）编制范围。新建临时应急病房项目包括的地基与基础工程、主体结构工程、建筑装饰装修工程、屋面工程、建筑给排水及供暖工程、室外工程等相关分部工程施工内容。

4.1.1.4　安装工程概况

新建临时应急病房项目机电系统复杂、系统多、空间小。包括建筑给排水及供暖工程：室内给水系统、室内排水系统、卫生洁具、室外给水管网、室外排水管网等系统；通风空调工程：通风系统、排风系统、净化空调系统、冷凝水系统等系统；建筑电气工程：室外电气、变配电室、电气照明等系统；智能建筑工程：综合布线系统、建筑设备监控系统、火灾自动报警系统等系统。

4.1.1.5　拟建场地工程地质条件

新建临时应急病房项目的场地为空地（项目自定），场地内地势较平坦，杂物较少，地下管线少，无各类重要管线经过此区域。

4.1.2　管理目标

以下以某一个实际工程为例，介绍该工程的施工及运行维护。

4.1.2.1 工期目标

拟建工程从××××年××月××日开工至××××年××月××日完成，共计××日历天。

4.1.2.2 质量目标

符合国家相关验收标准，一次性验收合格。

4.1.2.3 投资目标

项目管理期间，按照批准的项目估算财政投资金额（或初步设计概算）进行投资控制，原则上不超过投资估算。

4.1.2.4 文明施工目标

项目管理期间，按照国家安全生产法、国务院安全生产管理条例，以及相关的《施工安全规范规程》的规定，落实文明施工管理目标，施工文明满足地方有关文明工地各项规定与要求。确保施工现场达到文明施工标化标准。

4.1.3 工程主要特点与难点

4.1.3.1 工程规模大，施工工期紧

从启动开始，10～20天就要建成一栋功能齐全、能直接使用的负压病房。包含病房、各类辅助用房及相关通道，施工规模大。工程施工工期仅为2～3周，如何协调、把控好工期，是工程管理实施中的关键。

常规解决措施：分解工程任务，划分施工段（非常关键），化整为零，分段施工、分段投入使用，合理组织流水作业，保证作业之间合理穿插和有序进行。

根据设计要求，拟建工程集装箱顶部需放置排风机、新风机等设备，每台重500～700kg。然而集装箱板材较薄，无法承载集中荷载。

常规解决措施：由设计人员确定安装位置，并提前组织集装箱专业施工单位参与深化设计，计算需补强埋件的尺寸、位置。

4.1.3.2 总包管理特点

应急工程规模大、参建单位多，涉及众多专业单位的协调、配合及照管，总承包管理要求极高。作为总承包商，如何按期、高质地实现工程的综合目标，实现使用方的需求，是施工管理的重要环节。

常规解决措施：

（1）策划先行，制定项目建设全过程的总控计划，提前规划材料转运场地，明确机械、材料、各专业分包人员入场时间，做到现场有条不紊。

（2）在施工中不仅要监控专业施工单位的施工进度、施工质量、安全文明施工，还要提供相应的各项服务，为其施工创造便利的条件；并确保交付使用的产品满足功能性要求。

（3）全面、深入地理解使用方的要求，并积极结合到总承包的管理中，最终使之在工程中得到完全体现。

4.1.3.3 文明施工特点

应急工程一般位于环境敏感区域，对施工噪声、扬尘等控制要求高，其社会关注

度高。

常规解决措施：

（1）文明施工。将文明施工作为拟建工程实施的重点来抓，并按施工单位相关标准指引的要求执行，实施文明施工常态化管理。施工过程中必须合理布置施工作业面，加强对现场防尘、降噪、渣土垃圾处理工作的力度，严格控制环境污染源，展现良好施工形象。

（2）安全控制。建立总承包安全保证体系，整合集团力量，充实现场安全管理队伍，施工时重点落实交叉作业时的安全问题，杜绝重大安全事故和设备消防事故。

4.1.3.4 疫情期间管理难度增加

项目施工期间处于疫情暴发期，施工组织措施难度增大，施工管理不同于一般管理，既要保生产，又要守住施工人员零感染的底线。

常规解决措施：建立疫情间领导小组，实行分区管理，根据疫情的特点建立分流管理措施，具体见本书 4.3 节。

4.1.4 施工组织

4.1.4.1 施工现场布置

拟建工程规模大、交叉作业界面多、搭接工序多，同时施工量大，材料进出繁忙，而现场场地资源十分有限，总平面布置既要统一规划，合理分配和利用有限的场地资源，同时还要与各阶段施工相适应，符合施工流程要求，减少各工序之间的相互影响和牵制。

在不影响施工的前提下，合理划分施工区域和材料堆放、周转场地。根据各施工阶段合理布置施工道路，尽量保证材料运输道路通畅，施工方便。

要符合施工流程要求，减少对专业工种施工干扰。各种生产设施布置要便于施工生产安排，且满足安全消防、劳动保护的要求，临设布置尽量不占用施工场地。

临时生活办公设施沿用项目部已有设施设备。

4.1.4.2 施工用水、施工用电

（1）施工用电系统。

1）临时供配电系统供电级数：一般不超过三级，配电模式为工地临时变电站→区域配电箱→终端配电箱。

2）配电方式：至各区域配电箱为放射式供电，楼层内垂直配电为树干式配电，采用二路配电主干线沿楼层的两侧交替配电。

3）临时配电箱选型设计：区域配电箱原则上选用 I 型箱，终端箱选用 II 型箱，电梯配电箱选用 5 型箱，电焊机配电箱选用 31 型箱。除了区域箱内开关部设漏电开关，其他配电箱配出回路均设漏电保护。

（2）临时用水系统：

1）工程的临时用水包括现场施工区域一般生产用水、施工机械用水、办公区域与生活区域用水、消防用水。

2）施工现场用水与办公区及职工生活区用水从院区就近管网引入管径 $DN150mm$ 水源至现场总临水阀门，现场用水管道口径由 $\phi100mm$ 规格组成供水主网络，并在各需要

用水部位留出水龙头（根据项目确定）。

3）利用院区已有消防设施增设消防水池；消防用水利用施工用水水管，在施工区域内设置100处消火栓，办公、生活区设置1处消火栓，各配备30m消防软管。结构楼层设1根消防立管和回水管，楼层竖向每一层设1只消防龙头，且保证消防水流量最小达到720L/min（根据项目确定）。

4）现场消防用水利用场地内医院消防水系统。

5）每楼层在上下通道口、脚手架等部位均设干粉灭火器，并定期检查更换。

6）楼层施工用水用ϕ100mm管径水管布置至各施工层面，以满足结构及装饰施工用水需求。

7）所有水管均沿围墙或路下敷设，穿越重载车处做加固处理。

4.1.4.3　机械布置与施工

场地平整阶段，考虑安排××台挖机进场平整场地。

由于工程主体结构为集装箱式搭设，考虑施工阶段施工材料设施同时运输，在满足工程全过程的施工需要下，同时考虑到机械选择的合理性、适用性和经济性，现场施工机械布置如下：工程高峰阶段共布置××台××t汽车吊满足吊装施工需求。

4.1.4.4　总进度与人员配置

项目部应结合现场实际情况，按照流水施工的组织原则，编制详细的劳动力配置计划（示例如表4-1-2所示），预计施工高峰期间的劳动力数量，并将其纳入阶段性的施工组织设计中。

表4-1-2　项目部施工劳动力配置计划示例

序号	工　　种	按工程施工阶段投入劳动力情况		备　　注
		计划人数	进场时间	
1	钢筋工			劳动力根据工程量大小具体安排进场并进行动态调整
2	混凝土工			
3	木工			
4	架子工			
5	塔吊司机（如果有）			
6	信号工（如果有）			
7	水暖工			
8	电工			劳动力根据工程量大小具体安排进场并进行动态调整
9	壮工			
10	现场管理人员			
	合计			

4.1.4.5　主要大型机械设备

基础施工阶段大型机械设备一览表示例如表4-1-3所示。

表 4-1-3　基础施工阶段机械设备一览表

序号	机 械 名 称	功率（kW）	数量（台）	总容量（kW）
1	钢筋加工机械			
2	木工加工机械			
3	交流电焊机			
4	1.6m³ 挖土机			
5	15m³ 自卸车			
6	插入式振动棒			
7	大灯			
8	汽车泵			
9	木工平板刨			
10	钢筋弯曲机			
11	钢筋切断机			
12	直螺纹套丝机			
13	蛙式打夯机			

注：机械设备根据项目实际情况进行配置。

主体结构、装饰施工阶段机械设备一览表示例如表 4-1-4 所示。

表 4-1-4　主体结构、装饰施工阶段机械设备一览表

序号	机 械 名 称	功率（kW）	数量（台）	总容量（kW）
1	交流电焊机			
2	大灯			
3	施工用电（小型设备）			
4	插入式振动棒			
5	汽车吊			

注：机械设备根据项目实际情况进行配置。

4.1.5　施工流程

4.1.5.1　主要单位与分布施工流程

主要单位及分部施工流程如图 4-1-1 所示。

4.1.5.2　总体施工流程

拟建工程一期划分成 3 个施工段，一般可东西侧病房区各为 1 个施工段，中部医护区为 1 个施工段。

3 个施工段同时开始施工，东侧病房区由西向东施工，西侧病房区由东向西施工，中部医护区由南向北施工。

安装工程根据土建施工进度同步跟进。

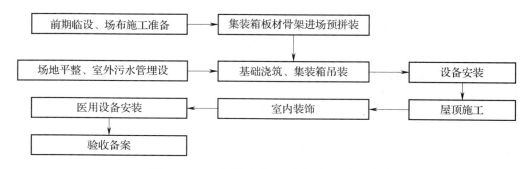

图 4-1-1　主要单位及分部施工流程图

注：安装工程根据土建施工进度同步跟进。

4.1.6　主要分部、分项工程施工办法

4.1.6.1　场地平整（一般拟建项目，有特殊情况则另定）

（1）土方开挖。

1）土方施工总流程：清理场地→土方开挖至基础垫层底标高、场地平整→垫层施工→养护。

2）土方施工总体部署：

①基坑开挖条与件形式：拟建工程土方开挖采用大开挖至基础垫层底面；

②土方处置：平整清出的土方，全部转运至场内绿化区，运输渣土的车辆采取密闭或者覆盖措施，不得泄漏、散落、飞扬，转运前用高压水冲洗车轮，避免污染园区内道路。

3）挖土施工方量与进度：拟建工程土方开挖量根据计算确定，计划安排挖机边开挖边装车，按需配置渣土车，土方开挖工期不宜超过 2 个工作日，若计算有超期，需分段组织施工。

4）土方开挖施工流程：根据工程实际结构情况与施工流程安排，基坑挖土施工顺序自北往南一顺开挖，采用大开挖方式，直接挖至基础垫层底面标高。平整完成后，浇筑垫层。

（2）基坑排水。

开挖过程中在基础外围一圈的排水明沟内，沿坡顶四周道路外侧设置排水明沟，排水沟为 300mm×300mm，每隔 80m 设置 600mm×600mm×600mm 的集水井，采用砖砌，砂浆抹面。

（3）基底验收。

垫层浇筑完成后，应与业主、监理部门和设计单位进行基底的验收工作。

4.1.6.2　基础施工技术方案

（1）钢筋。

混凝土垫层施工后，根据控制轴线弹出基础外边线，然后进入常规施工，按设计要求逐段铺设底层钢筋，绑扎顺序自下而上分层分块进行，绑扎中应注意各层钢筋上下之间的相互关系。

（2）钢筋成型。

所有钢筋成型均按图纸要求预先出具钢筋翻样加工单，所有钢筋在现场加工成型送达绑扎现场。钢筋绑扎完毕后，在自检合格的前提下报请监理单位验收，认定合格后方可进入下道工序。

（3）模板。

根据基础的施工流程，基础模板均采用 15mm 厚胶合夹板，底模采用混凝土垫层。水平围檩采用 50mm×80mm 方木，间距不大于 200mm，竖向围檩采用 φ48mm 钢管，间距不大于 600mm，对拉螺丝为 φ14mm。所有模板支撑时要做到牢固稳定，横平竖直，上口标高要用水平仪复测准确。模板拆模强度按照保证混凝土构件其表面及棱角不因拆除模板而受损时，即可拆除，模板应轻拆轻放，必须整理归堆。模板施工应注意钢筋未验收不得封模，每分段模板安装完成后应经过自检、专检和监理检查。

（4）混凝土。

基础结构混凝土浇捣时，采用汽车泵布料，一次全部浇捣完成，浇捣方向根据实际情况而定，浇捣时配备足够的混凝土运输车。基础混凝土浇捣采用一次性全部浇捣完成。

4.1.6.3　上部集装箱施工技术方案（一般拟建项目，如有特殊可以另定）

外墙板采用 50mm 厚岩棉夹芯板板，内墙板采用 50mm 厚岩棉夹芯板；屋面板采用内外板 0.45mm 厚 980 型彩钢瓦；门采用钢质乙级防火平开门；窗采用铝合金推拉窗外加防盗窗；主骨架材料由镀锌型材制作连接而成，配备八个转角吊头屋面檩条口 80mm×40mm、方管 60mm×40mm 方管连接而成。

集装箱外圈底梁和墙板接缝处需要打胶，防止水流顺着墙板渗透进地板里面。也可以在内部放置地板前，在方管靠近墙板位置打胶或者贴密封条，以防止水流顺着方管进入地板缝渗水，从而保持箱体内部干燥。

4.1.6.4　机电安装工程施工技术方案

（1）室内给排水、消防。

1）结构配合。

①外墙设防水套管，套管敷设和土建结构同步进行施工，预先加工好，在墙体钢筋绑扎后，将套管预埋，并将套管和结构钢筋焊接牢固，一起为施工节点控制服务。

②卫生间洁具、洗脸盆、地漏在楼板施工时需要留洞，留洞可以采用木模或钢套管，位置需要参考便器坑距，根据建筑、结构、卫生间详图精确定位。混凝土浇捣前，应复核预留洞的数量、坐标、标高和口径，以免预留洞口不合适，无法进行后续安装施工而造成二次剔凿。

2）管道施工：

①给水、热水、排水系统采用了薄壁不锈钢管、硬聚氯乙烯排水管、镀锌钢管、钢丝网骨架聚乙烯复合管、增强聚丙烯高密度聚乙烯材料（HDPE）缠绕式排水管等多种管道材料、多种连接方式，根据土建结构进度穿插安排施工。

②室内给水、热水、排水等各系统管道主要采用在作业面现场加工预制，再拼装连接

方式。各种管道预制、连接设备用电负荷小、自重轻，均可人工移动，包括套丝机、割管机、滚槽机、开孔机等施工机具随施工层面转换而移动。施工前，应细致、准确计算各楼层、各部位的管道类型、规格、数量，并分类堆放，做到各种规格管道数量适当，摆放位置合适，减少材料运输次数，提高管道施工效率。

③管道安装前，根据施工图确定各管道立管位置，先制作、安装支架，支架型式应根据管道类型、安装部位确定，安装必须牢固，多个支、吊架要保证高度一致，坐标正确。不锈钢管给水管道可以采用型钢支架；塑料给排水管道可以采用金属管卡或成品塑料管卡；塑料管道和不锈钢管采用钢支架时，应采用橡皮等隔断钢塑。

④薄壁不锈钢管给水管道切断采用专用割管机或钢锯，杜绝使用砂轮切割机，保证管道落料断面平整完好。安装需要根据现场进度合理安排，控制好管道连接质量，在管道内外壁检查后，才能拼装连接。管道连接要保证顺直，控制好管道平直度和坡度，避免使橡胶密封圈受力变形。卡箍连接管道中间设置橡胶圈止水，管道连接后具有一定挠度，在管道直接头、弯头等部位设置固定支架。

⑤卫生间给水管道需要嵌墙暗敷，施工必须在装饰墙面施工前进行，先施工管道嵌墙沟槽，墙槽根据管道规格确定，管道进行二次试压，合格后才能用砂浆填补密实。

⑥热水管道在施工前检验各部位的热伸缩补偿，在井道内设置补偿器。厨房、卫生间龙头等部位管道嵌墙暗装，安排好墙体施工、试压、保温、粉刷的流程和工序交接，保证管道保温完好。

⑦消防总管、干管采用镀锌无缝钢管卡箍沟槽连接，管道连接要保证平整、顺直，卡箍接头受力均匀，不弯曲；小于 $DN100mm$ 管道采用丝扣连接，连接要一次到位，避免连接后再倒牙，造成麻丝填塞不齐而渗水。喷淋管的配水支管应以 0.004 坡度坡向干管，配水干管以 0.002 坡度坡向放空管。

⑧管道安装完毕后，进行相应的检验与试验工作。

3）卫生洁具安装：

①卫生器具应在铺贴瓷砖施工工作完成后安装。

②医院卫生间多，卫生洁具类型多、分布广，坐便器采用冲洗水箱，蹲便器采用延时自闭式冲洗阀，挂式小便斗采用感应式冲洗阀。冲洗阀应在洁具和管道安装、固定后，最后安装。蹲便器将预留排水管口周围清理干净，检查管内无杂物后，再将便器就位并放平找正。

③台板上开安装孔应先和装修单位配合，按面盆尺寸大小开孔、安装。安装时，先量尺寸，配短管，再将短管拧在预留水管口。下水口中的溢水要对准脸盆排水口中的溢水口眼。为保证台盆台面清洁、美观，安装后，均匀打一圈硅胶。

④卫生洁具安装完成后进行通水试验，再进行盛水试验。

4）管道试压、冲洗：

①给水系统主干管和支管根据施工进度分阶段试验，墙体内支管应先进行试验。室内冷热水管试验压力为 1.0MPa；室内消火栓、喷淋试验压力为 1.4MPa。

②排水管道系统安装完经复核无误后，应做灌水、通球试验。雨水管安装于室内时，

按照规范要求做灌水试验，注水至最上部雨水斗，持续 1h 后液面不下降为合格。试验合格后，应办理隐蔽工程验收。试验后的水定点排放，保持现场清洁。

5）给排水设备安装：

①水泵进场后要进行开箱检查，清点装箱单，泵组外壳、联轴器和其他部位应完好，盘车应灵活、无阻卡现象，无异常声音。基础的标高、位置、尺寸应符合设计要求；测量以加工面为标准；基座应装设减震器。

②水泵启动前必须充满液体、排净空气，不能空泵启动。起动前，应盘车灵活，其阀门应处于开启位置：出入口阀门应处于全开启状态。

③消火栓箱体要找正稳固，栓阀侧装在箱内时应在箱门开启的一侧，箱门开启应灵活。与土建配合安装过程中，应做好产品保护工作。试压后系统充满水，不得随意开启消火栓，同步做好警示性标识。

④报警阀安装距地高度宜为 1m 左右，地面应设有排水措施，控制阀应有启闭指示装置，并使阀门工作处于常开状态。

（2）电气。

1）电气配管及管内穿线：

①所有电气系统都需要进行配管施工，包括电力、照明、火灾报警、综合布线、背景音乐及广播、安保防范、病房呼叫系统等。电气配管根据土建施工进度分三个阶段进行，提前确定各系统明暗配管方式，将电气导管在主体结构、砌体、吊顶三部位合理规划。机房内的电气线路采用在热镀锌钢制线槽内或穿镀锌钢管敷设，以减少电磁场干扰医用设备，一般插座回路均设置动作电流为 30mA 的漏电短路器保护。

②配管采用两种管道，暗敷采用热镀锌钢管，一层以上部分导线穿管采用扣压式镀锌薄壁电线管（KBG 薄壁电线管）。镀锌电管、KBG 薄壁电线管均为镀锌制品，不采用电焊做接地跨接，连接部位采用塑铜线（BV 线）、涂导电膏方式。

③填充墙、分隔墙体内插座、开关等管道敷设根据墙体材料类型采用不同施工方法。空心砌体采用配合砌墙配管方式，减少砌体切割；实心砌体采用后开槽配管方式，开槽规格、长度应预先计算，采用机械切割，最大程度保护砌体墙。

④电气导管主要采用钢管，管内穿线时，钢管必须先按上护圈，不能强行敷设导线，以防损坏绝缘层或拉断线芯。

2）配电系统主干线和设施安装：

①配电箱安装前，按设计图纸检查箱号、箱内回路号。暗装配电箱先将箱体放在预留洞内，找好标高及水平尺寸，并将箱体固定好，然后用水泥砂浆填实，并在周边抹平齐，待水泥砂浆凝固后再安装面板。明装配电箱采用金属膨胀螺栓可在混凝土墙或砖墙上固定。落地配电柜基础槽钢外形尺寸可根据图纸规定尺寸确定，与结构轴线的尺寸可根据施工平面布置图来确定，基础槽钢的制作和固定采用焊接。

②桥架和线槽安装应平直，接地跨接、支架接地完整，每一路桥架必须保证有首尾两处接地，桥架应在吊顶前安装完毕，预留有足够的电缆、电线敷设工期，保证装饰吊顶等施工进度。

③电缆敷设前进行绝缘电阻测试，保证线间、线地绝缘电阻大于 0.5MΩ。电缆敷设时先放大规格、长距离主电缆，再放小规格电缆，先放桥架左侧走向的电缆，后放桥架右侧走向的电缆，避免交叉。

3）终端器件安装和接线：

①开关和插座安装前，将接线盒内残存的灰尘、杂物清出盒外。接线前，应对风机、水泵等电机进行绝缘电阻测试。截面 2.5mm² 以下的多股铜芯线，必须用压线端子与接线柱连接。

②各种型号规格的灯具及开关、插座必须符合设计要求和国家标准规定。灯内配线严禁外露，灯具配件齐全，无机械损伤、变形、油漆剥落，灯罩破裂，灯箱歪翘等现象。灯具安装完毕后，要进行 24h 通电运行，才能进行竣工验收。

4）防雷、接地：

①防雷和接地系统都需要从基础底板开始施工，采用联合接地方式，利用大楼基础桩基及承台内主钢筋作接地极。接地包括变压器中性点工作接地、防雷接地、电气设备保护接地、电梯控制系统的功能接地、计算机功能接地、等电位联结接地及其他电子设备的功能接地合用同一接地体。

②接地装置在基础底板内用 40mm × 4mm 热镀锌扁钢联成系统。为增强导电的可靠性，接地装置、接地引出点、防雷引下线接驳处均进行有效倍数电焊，接地引出点涂红色油漆并加挂薄铁皮制成的标志牌写明用途。

（3）通风和空调。

1）风管制作、安装：

①镀锌钢板风管采用在现场制作，现场设置一套镀锌钢板风管加工设备，设置在项目策区域。风管加工前，先进行风管展开面放样，合理选择 1 000mm × 2 000mm、1 250mm × 2 500mm 两种规格钢板制作风管，以最大程度减少钢板损耗，风管加工尽可能采用一片成型法。风管在现场制作过程中，保证镀锌层不受破坏；展开下料时，方法要正确，尺寸要准确，咬口拼接时，要根据板厚，咬口开线和加工方法不同，正确留出规定的咬口余量和法兰翻边余量；风管接缝应交错设置，矩形风管的纵向闭合缝应设在边角上，以增加强度。风管接缝应交错设置，矩形风管的纵向闭合缝应设在边角上，以增加强度。

②室内排烟风管、地下送排风管道采用不燃玻镁复合风管，风管采用无法兰黏结连接，在组装前，需要对风管放样、落料。风管组装、安装前，对施工人员进行培训，设置专门工作台，工作台保证平整、光洁。组装时，上下板与左右板错位 100mm，连接部位涂抹专用胶，然后两节风管相互插接，使风管上下、左右的连接线不在同一平面上，以增强两节风管间连接部位的强度。

③风管过墙的预留孔应位置正确，大小适宜，风管安装后其四周孔隙应用隔垫阻燃材料填充密实。风管上的可拆卸口不得设留孔中。法兰垫料的材质选择应符合系统功能的要求，法兰垫料不得凸入风管内。

④风管的支吊架是保证风管安装质量的重要环节，支吊架的安装位置要正确，做到牢固可靠，风管水平安装直径或长边尺寸小于 400mm 时，间距不应大于 4m；大于或等于

400mm 时，间距不应大于 3m。支吊架位置按风管中心线确定，标高符合风管安装的标高要求，支吊架位置不得开在系统风口、风阀、检视门和测定孔等部位。

⑤在风管连接安装完成后，进行漏光法测试，以每 10m 接缝，漏光点不大于 2 处，且 100m 接缝平均不大于 16 处为合格，不合格时，按比例进行漏风量检测。

2）空调水系统安装：

①空调水系统管材按设计要求选用，供回水、冷却水管分别采用镀锌钢管丝扣连接、无缝钢管法兰连接，管道与设备连接采用软接头减振缓冲。

②无缝钢管预制前需要断料，由于管道规格多，管道的切割采用砂轮切割机或氧乙炔火焰切割，但一定保证尺寸正确和表面平整。镀锌钢管直接用砂轮切割机切割。切割后管口要进行处理，保证平整、无毛刺，切口端面倾斜偏差不大于管子外径的 1%。

③空调水主干管道连接采用对接焊接方式，管壁厚度大于 3.5mm 时坡口，管道的坡口及对口为"V"形，其坡口角度应符合表 4-1-5 的要求。

表 4-1-5　管道连接对接焊坡口角度

厚度（mm）	形式	坡口形式、组焊图	坡 口 尺 寸		
			间隙（mm）	钝边（mm）	坡口角度
3～9	V 形	$65° \sim 75°$ 坡口 C P T	0～2	0～2	65°～75°
＞9			0～3	0～3	55°～65°

注：T 是指接缝部位的板厚（mm）；P 是指坡口纯边（mm）；C 是指坡口宽度（mm）。

④管螺纹的丝扣应没有毛刺和乱纹，断口或缺口的尺寸不超过全长的 10%。安装丝扣连接件时，向旋紧方向一次装紧，不倒回，装紧后露出约 2～3 牙螺尾，并刷漆进行防腐处理。

⑤管道与风机盘管滴水盘的连接软管无弯曲折瘪、无脱落现象，管道保温完好。安装质量应符合设计与施工验收规范。管道安装结束后，做好管道通水试验。在试验前要清除风机盘管滴水盘内的垃圾异物，在通水试验时逐只检查风机盘管的滴水盘，防止倒坡现象，灌水量为滴水盘高度的 2/3，一次排放，畅通为合格。

⑥与设备隔振软接头连接的管道均设支吊架固定。管道与设备连接的施工质量应达到相关设计与验收规范要求。软接头连接两端法兰平行，软接头水平无扭曲。

⑦管道试压按施工进程分系统、分段进行，空调水系统设计工作压力为 0.63MPa，试验压力为 0.95MPa。施工完毕后，管道、支吊架、阀门等附件安装经系统性地检查，符合相关规范验收要求后，进行水压试验与循环清洗工作，严格按照设计要求和施工验收规范进行。

3）末端设备安装：风机盘管采用吊式，采用不小于 $\phi 8mm$ 的圆钢作吊杆，吊杆下端攻丝长度不小于 100mm，吊杆的固定点应采用 M8 的金属膨胀螺栓。风机盘管安装后应逐个进行灌水检验，每台风机盘管灌水 2L 后，能排水畅通，无外泄。风机盘管吊装后，为保持机组和管道干净，应采用包装纸包裹、覆盖。

（4）机电系统调试。

1）电气。为尽早为医疗设备等进场创造条件，变电所的送电和系统送电尽早进行，较其他类型建筑适当提前。

电气送电从变配电所低压柜输出端开始，安排两组人员在变电所、就地进行，按照变电所配电柜序号，回路序号逐级进行，变电所送电采用点动—合闸的方式。一组人在变电所操作配电柜，一组人按照变电所的回路位置逐步测试。在各回路送电后，挂设"已送电"警告牌。

风机、水泵等动力设备试运转进行回路接线校对，先点动，再试运转 2h，测量启动电流、运行电流，确认电动机转向，做好相关试验记录。

在各部位设备接线完毕，但应在负载断开的情况下可逐步向下级送电。

2）给排水、消防。给水设备及管道安装完毕，完整性检验合格后，方可进行系统进水，为确保达到给水系统的设计要求与功能，使系统能投入正常运行，应做好各系统负荷运行的系统调试工作。应对管道系统的阀门、附件、自控元件、泵进行检查调试，并配合做好给水系统、消防的联动调试工作，使给水系统处于正常运转状态，符合设计与负荷调试验收要求。

消防系统在确保自身完整性调试时，还要配合相关工种做好供水系统联动调试工作，包括火灾报警系统联动、手动报警、声光警报、电梯、排烟系统等。

排水管、雨水管应加强完整性检查，严禁跑、冒、漏、堵现象发生。

3）通风与空调。空调调试先进行水系统调试，包括系统进水、冲洗。冲洗后，总管进水时打开全部放空阀，尽可能把空气放尽，总管水灌满后再依次把各楼层阀门打开，水全部灌满后将系统内空气放净，经检验合格后进行系统空载循环试运转。

各区域空调调试包括电气线路检查、风机性能测定、系统风量测定和调整，以及室内空气参数的测定和调整等一系列工作，应使系统风量、风压、温湿度、噪声、冷热量指标达到要求。

调试过程中，应保证风机盘管、空调机组的风机叶轮旋转方向正确，运行平稳，无异常振动与声音，其电机运行功率值应符合设备技术文件的规定，产生的噪声不宜超过验收规范的规定值。

4.1.6.5 装饰工程施工技术方案

医院工程的装饰部分复杂、工序较多、工种配合多，同时工期长，为了确保工程能够在规定的工期内保质完成施工任务，必须全面的做好规划和施工方案。项目部要加强对专业施工队伍的管理，按计划完成工程质量、工期目标。

（1）施工流程如图 4-1-2 所示。

（2）装饰施工的总体要求：

1）装饰工程全面展开前，应经业主、监理工程师全面验收合格后再计划全面展开施工。

2）装饰工程施工前，必须由上级质监部门对钢筋混凝土、砖墙等结构体的质量进行验收合格后才能进行装饰施工。

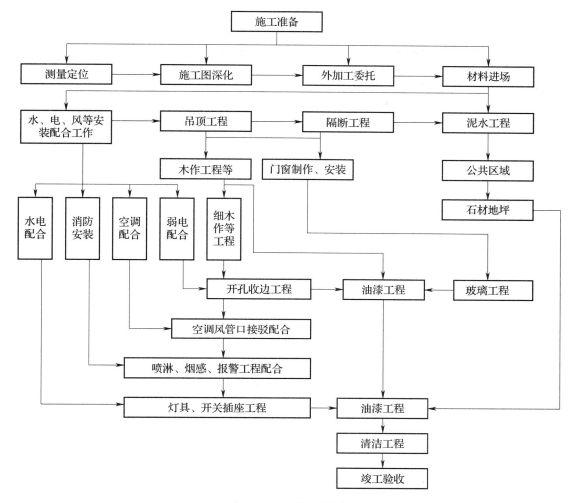

图 4-1-2　施工流程

3）装饰施工应遵循"先湿后干，先粗后细，先上后下"的原则。

4）装饰工程全面展开前，先做一间样板房（全部饰面）或样板（部分饰面），经业主、监理工程师检查合格后再全面展开施工。

5）装饰施工完毕后应对产品进行切实的保护工作。

6）总包管理方在整个施工中要加强对专业施工队伍的管理，积极配合帮助各施工队伍解决施工中的各种问题。

（3）装修工程主要分部施工流程：

1）墙面：

①轻钢龙骨隔墙：隔墙放线→安装沿顶龙骨和沿地龙骨→竖龙骨分档→安装竖向龙骨→安装横向龙骨卡档→安装岩棉→安装纸面石膏罩面板。

②墙面涂料：基层清理→修补→清扫→填补缝隙、局部刮腻子→磨平→第一道涂料→第二道涂料。

③瓷砖内墙面：墙面清理→做塌饼→做1:3水泥砂浆底糙→弹线分格→专用粘贴瓷砖→勾缝清理。

④洁净板墙面：墙面清理→骨架安装→板材铺贴→勾缝清理。

2）地坪：

①地砖：基层清理出塌饼→细石混凝土（1:3水泥砂浆）找平→1:3干硬性水泥砂浆贴地砖→压平排缝→1:1水泥细砂浆嵌缝→养护。

②活动（防静电）架空地板：基层清理→固定格栅→铺设地板→调整固定→板面清洁→产品保护。

③聚氯乙烯（PVC）地板：基层清理→涂底油→自流平→打磨清理→刷胶→铺塑胶地板→钉贴脚线→清洁表面。

④环氧树脂耐磨地坪施工：基层处理（喷砂、高压水喷射、打磨机打磨）→底涂施工（用滚筒均匀涂刷在干净的混凝土地坪上）→面层施工（面层在底涂施工后8~24h内涂布）→用带锯齿的刮板摊开涂料→物料搁置，用消泡滚筒进一步脱泡→固化涂料（涂层完全固化需要7天左右）。

⑤细石混凝土地坪：基层清理→刷素水泥浆结合层→冲筋贴灰饼→铺设细石混凝土压实→撒干拌砂浆刮平→压光→养护。

3）吊顶工程：

①石膏板吊顶：施工准备、脚手架施工→定位、放线、标高引测→吊杆固定→龙骨、灯槽骨架安装→灯孔、喷淋、风口定位→挡烟玻璃安装→安装及吊顶验收→安装面板、吸音玻璃棉→灯槽面板、施工缝等节点收头。

②铝板吊顶：基层处理→弹线→安装主龙骨→安装次龙骨→面板安装。

4）门窗安装：

铝合金门窗和遮阳百叶：安装门窗框→塞缝→百叶的安装→装扇→打胶、清理。

4.1.6.6 轻钢屋面施工技术方案

根据设计要求轻钢屋面施工时，集装箱上方采用轻钢结构屋顶，屋顶两侧最低处高出集装箱顶1m，坡顶处高度按2%坡度离集装箱顶2m，以达到屋面防水和屋面设备层通风防雨的要求。屋面轻钢结构跨度大，高度高，施工难度大。

屋面分为多个坡屋面，每个坡屋面的汇水处均为薄弱点，两侧屋顶最低处为满足通风要求做抬高处理可能会导致漏雨，因此屋面防水要求高。

针对上述施工中的特点与难点，应提前组织集装箱专业施工单位参与深化设计，合理安排平屋顶上的通风机箱布置，使轻钢屋架在保障设计承载的要求下最大程度地减少轻钢用量，以确保加工及施工进度，确保工期。

4.1.6.7 钢结构门厅施工技术方案

入口设计有钢结构门厅，采用50t汽车吊在其旁进行吊装就位，施工方案如下：

（1）钢柱一次运输到位，并按要求进行摆放。

（2）定位轴线：在基础平面上用墨线画出钢柱就位的十字线，并且在钢柱柱身上画出定位线。

（3）钢柱吊装：钢柱吊装采用临时吊装耳板，在吊装就位后切割磨平。由于钢柱较短，采用斜拉起吊，并在柱脚下垫木板。

（4）柱就位轴线调整：钢柱就位采用专用角尺检查，调整时需三人操作，一人移动钢柱，一人协助稳定，另一人进行检测。基础混凝土平面上的定位线与钢柱柱身上的定位线相吻合。就位误差在 2mm 以内。

（5）柱顶标高调整：钢柱标高调整时，先在柱身画出标高基准点，然后以水准仪测定其差值，调整增加垫片（垫片最多不得超过 2 片），以调整钢柱柱顶标高。

（6）钢柱垂直度初校正：采用水平尺对钢柱垂直度进行初步调整。

（7）钢柱垂直度精确校正：待主框架形成后用两台经纬仪从柱的两个侧面同时观测，依靠缆风绳进行调整，同时注意柱脚下垫铁。

（8）待钢柱标高与垂直度调节完毕后紧固地脚螺丝，并将垫铁与钢柱柱脚板焊接牢固。

（9）梁安装：钢梁起吊准备：吊装前检查梁的几何尺寸、承剪板位置与方向、螺栓连接面、焊缝质量。起吊钢梁之前要清除摩擦面上的浮锈和污物，并在梁上画出梁与柱对接的定位线。

4.1.6.8　医院类工程特殊施工技术方案

（1）洁净区域施工技术方案。

1）围护机构：

①无特别要求的净化实验用房，内隔墙材料应具备牢固、保温、防火、防潮及表面光滑平整的特性。

②净化室内隔墙宜采用轻质材料，可采用双面彩钢保温板，围护面彩钢板到天花顶；与地面及天花交角做圆弧及阴角接口，应符合药品生产质量管理（GMP）规范及卫生消毒要求。与非洁净区隔断处的玻璃固定窗做双层玻璃。

③顶棚、墙面的材料、构造应满足不起生、不积灰、吸附性小、耐腐蚀、防水与易清洗的要求，可采用双面彩钢保温板。地面材料应满足耐腐蚀、耐磨损、易冲洗及防滑的要求。

④屏障环境内所有相交位置应做半径不小于 30mm 的圆弧处理。屏障环境设施中的圆弧形阴阳角均应打胶密封。

⑤地面材料应防滑、耐磨、耐腐蚀、无渗漏，踢脚不应突出墙面。屏障环境设施的净化区内的地面垫层宜配筋，潮湿地区的地面垫层应做防潮构造。

⑥有压差要求的净化室所有缝隙和穿孔都应填实，并在正压面采取可靠的密封措施。

⑦有压差要求的房间宜在合适位置设测压孔，平时应有密封措施。

⑧屏障环境设施装修中墙面、顶棚材料的安装接缝应协调、美观，打胶密封。

⑨门窗应有良好的密闭性。屏障环境设施的密闭门宜朝空气压力较高的房间开启，并宜能自动关闭，各房间门上宜设观察窗，缓冲室的门宜设互锁装置。

⑩施工过程中应对每道工序制订具体施工组织设计，各道工序均应进行记录、检查，验收合格后方可进行下道工序施工。

2）洁净区装饰注意事项：

①天花装饰：洁净区内用优良保温彩钢板，无尘明亮，颜色用灰白或象牙白，厚

50mm。

②间隔：洁净区用双面彩钢保温板围护及间隔，围护面彩钢板到天花顶；与地面及天花顶交角做圆弧及阴角接口，符合 GMP 规范及卫生消毒要求。与非洁净区隔断处的玻璃固定窗做双层玻璃。

③地漏：为了确保洁净室的密封和防止有害气体及污水的倒回，建议采用洁净区专用的卫生级地漏。该地漏整体采用不锈钢，表面平整光洁；采用双重密封（气封和水封相互结合），确保了其密封性；成功地解决了疏通、清理、水封、气封以及水气混流时的喷淋冷却等技术问题，是洁净专用净化配件。

④内装修材料：目前国外及国内对洁净区建筑材料的要求是，墙壁、天花顶、地面和操作平台应平整光滑，不积尘、易清洁，气密性好，不渗透；地面应防滑；要能够耐受常规化学试剂和消毒剂的清洗。国内常用的材料为彩钢板组合形式及钢板制成箱型结构。在洁净区地面或墙面材料上，可采取与其他区域有区别的颜色，以区分"热"区及"冷"区，作为一种警示。

3）洁净区域通风空调工程施工：

①管道施工：

a. 安装时除应执行国家现行的相关安装工程施工及验收规范外，还应执行洁净区施工及验收规范。

b. 管道的水平安装、竖向安装应尽可能减少和避免管道进入洁净区内的长度，在洁净区内最好是只见控制阀门，而不见管道。

c. 配管时一定要考虑其美观，尽量靠墙布置。在施工中一定要注意协调好各工种相互间的关系，确定施工顺序，做到互不干扰；管道安装的标高、坡度应便于今后的维修。

d. 管道先按施工图配到各房间使用点，待设备全部进场到位，确认安装无误后，方可进行二次配管，配管前必须认真复核设备接口方位、规格、尺寸，采取先预制后安装的方法进行，尽量减少洁净区内的管道、管件、阀门和支架的数量。管道穿过洁净区顶棚、楼板处应设套管，管道与套管之间必须有可靠的密封措施，并且要有牢靠的固定管道措施。

②风管制作：

a. 为了保证风管的施工质量，应在加工厂加工成半成品或成品（一些异型配件），运输至现场进行组合、加固、安装。

b. 风管选用的镀锌钢板厚度应符合相关规范规定。

c. 制作场地：洁净区空调风管的制作应在现场用彩条布围护的相对封闭加工棚内进行，室内不产尘，不积尘，无扬尘。地面清扫干净并铺上橡胶板，保持室内干净无尘、无污染。制作用的工机具用清洗剂等擦拭干净后再搬入室内。铆合用的工机具经过擦拭，无油污、灰尘，再行加工。

d. 预制准备：在风管施工前，应根据设计图纸、深化设计及相关的澄清记录，技术交底等资料，对现场予以现场勘察。

e. 根据勘察结果及审批后空间管理图纸、深化设计图纸，绘制风管拆解图，进行编号管理，下达预制指令。

f. 风管的规格尺寸应符合设计要求，表面平整，以保证风管连接时的气密性要求。连接用的扣件等需做镀锌等表面处理，且应与主材性能匹配，不产生电化学腐蚀反应。

g. 洁净风管内表面应光滑平整，严禁有横向拼缝、内加强筋及凸棱加强，尽量减少纵向拼缝。法兰连接处的垫料尽量与风管内表面相平并稍低，不能伸入风管内，以防气流涡旋形成积尘。咬口应紧密，宽度应均匀，无半咬口及胀裂现象。

h. 风管与小部件连接处，三通、四通分支处应严密，缝隙处应利用密封胶堵严，以免漏风。

j. 风管与部件的表面应平整，圆弧均匀，不准出现十字交叉拼缝。

k. 风管弯头应采用内、外弧形。风管的弯曲半径为 0.5A（A 为起弧边边长）。

③风管的清洗、密封及检漏：

a. 项目所有洁净风管应按要求进行清洁、密封及检漏。

b. 风管预制成型后，应进行清洁处理。清洗时，用半干抹布擦拭风管外表面，用清洁的半干抹布擦拭风管内表面浮尘，如果镀锌钢板采用有油板，则用工业纯级的四氯乙烯或酒精擦拭内表面，去掉所有油渍。待风管干燥后，用白绸布检查内表面清洗质量，白绸布擦拭，不留灰迹、油渍即为合格。

c. 清洁后的洁净风管的所有缝隙，如拼接逢、铆钉孔、翻边逢等均须用密封胶密封处理。

d. 打胶密封后的风管应逐一进行严密性检查。

e. 漏光或漏风检查不合格的风管应检查并重新补胶，甚至重新制作直至合格为止。

f. 检查合格的洁净风管，用洁净塑料薄膜和胶带将风管端口密封，并按编号堆放，准备安装。注意保护好塑料封口，不能有损坏。在堆放、搬运及安装过程中都不要损坏薄膜。

④风管安装：

a. 在洁净区风管作业时，如果外围洁净壁板等围护结构安装好，这时必须采取措施，加强洁净区域室内的通风。最简便的方法是安装临时通风机，向室内送新风。

b. 风管加工应在加工场地完成，然后运往现场，并做好风管的保护，不得碰伤风管，不能划伤保护层。

c. 加工后的风管进入洁净区域安装时，在洁净区域进入口处，应再次进行清洁处理，避免由于堆放及运输过程中扬尘引起的污染。

d. 风管按图（实际尺寸）制作后，按系统编号做好标记，防止运输和安装时发生差错；并按图纸对风管、部件进行预组合，以便检查规格及数量是否相符。

e. 风管系统安装前，核实风管的标高是否与设计相符，并检查土建预留洞、预埋件的位置是否符合要求。

f. 为方便安装，按适当长度将系统分段组装（连接），即先在地面上进行连接，然后按照先主干、后支管的顺序进行吊装。吊装时，要保证风管不得碰撞和扭曲。

g. 风管预组合不能过长，以免吊装时风管变形。风管起吊时，可用手拉葫芦的方法。其特点是稳妥、安全可靠，但不得用钢丝绳等硬质绳直接捆绑风管，应用软质绳索捆绑，以防碰伤风管表面。

h. 起吊时，当风管离地 200～300mm 时，应停止起吊，仔细检查倒链或滑轮受力点和捆绑风管的绳索、绳扣是否牢靠，风管的重心是否正确。确认无误后，再继续起吊。

j. 风管放在支、吊架后，将所有托盘和吊杆连接好，确认风管稳固好，才可以解开绳扣。

k. 洁净风管的安装场地应保持干净，风管组装应在木板或脚手架组成的安装平台上进行，风管的包装在安装前方可拆除，风管安装后剩余的法兰端口应即时封闭。

l. 洁净空调风管安装后保温前，应将风管进行有效的导静电接地处理。

⑤风管保温：

a. 确保管道在安装保温材料之前通过相关验收规范要求的漏风测试。

b. 确保表面洁净干燥，清除一切杂物。

c. 不管安装方式有何不同，保温材料一律紧贴覆盖的表面，不得留有空气或缝隙。保温材料的边缘衔接要紧密。法兰处要叠加腰带形保温板。另外为保证对保温层的有效保护及整体美观，在横担与保温材料接触面处增加"L"型护角（100mm×100mm 镀锌钢板折 90°）。

d. 保温风管与风管吊架接触处，用 19mm×40mm 的防腐木块做隔离处理，安装在横担和风管之间。

e. 保温板材要求下料准确，切割面要平齐，在裁料时要使水平垂直面搭接处以短面两边顶在大面上。保温板材要敷设平整、密实。

⑥风机安装：

a. 风机到货后，根据设备装箱清单，核对叶轮、机壳和其他部位的主要尺寸，进、出风口的尺寸及结构是否符合设计。检查叶轮旋转方向是否符合设备随机技术文件的规定；叶轮与风筒的间隙是否均匀，有无摩擦；叶片根部是否有损伤，紧固螺母是否松动。根据检查情况，填写开箱记录。

b. 风机安装前，对风机进行外观检查；查看风机在运输过程中有无受损变形、锈蚀；如有损坏、锈蚀，应妥善处理后方可实施安装。所有风机均设减振基础、减振吊架，风机进、出口均设软接头。

c. 离心风机找正时，风机轴和电机轴的不同轴度应严格控制，其径向位移不应超过 0.05mm；倾斜不应超过 0.2/1 000。

⑦通风部件安装检验：

a. 用于洁净区域的通风部件及风阀、风口，在安装前，必须检查其外包装及其清洁情况，如果不能满足要求，应进行清洁处理再安装。

b. 防火阀安装单独设支吊架，位置距防火墙顶不超过 200mm，防火阀易熔件应迎气流方向，其阀板的启闭应灵活，动作应可靠。

c. 风口水平安装时，水平度的偏差不应大于 3/1 000；风口垂直安装时，垂直度的偏差不应大于 2/1 000。

d. 同一厅室、房间内的相同风口的安装高度应一致，排列应整齐。

e. 高效风口应符合工艺要求，所带调节阀应操作灵活，其表面应平整、线条清晰、无扭曲变形，转角、拼缝处应衔接自然，且无明显缝隙。

⑧空调机组安装：

a. 组合式空调机组各功能段的组装，应符合设计规定的顺序和要求，各功能段之间的连接应紧密，整体应平直。

b. 机组与供回水管的连接应正确，机组下部冷凝水排放管的水封应符合设计要求。

c. 机组应清扫干净，箱体内应无杂物、垃圾、积尘。

d. 机组内空气过滤器（网）和表冷器翅片应清洁、完好。

e. 机组的排水管水封高度及尺寸应符合设计要求及机组的压力参数要求。

⑨系统调试与平衡：

a. 调试前应具备的条件：空调系统安装完毕，全部符合设计要求，符合施工及验收规范和工程质量检验评定标准要求，风管系统的防火调节阀，送风口和回风口的阀板、叶片应在开启的工作状态；空调机、风机单机试运转完好，符合设计要求；准备调试所需仪器、仪表等必要检测设备。

b. 风量测定与调整：按工程实际情况绘制系统单线透视图，标明风口尺寸，测量截面位置、测点个数、送回风口位置，同时标明设计风量、风速、截面面积及风口外框尺寸。

c. 开风机之前，将风管和风口本身的调节阀放在全开位置。开启风机进行风量测定与调整，先粗测风量是否满足实际风量要求，做到心中有数。

d. 干管和支管的风量可用皮托管微压计或风速仪进行测试。测点应放置在局部阻力之后 4 倍风管长边或局部阻力 1.5 倍风管长边的直管段上，若无法找到此种位置则需增加测点数。测量后应按动压等比法调整系统的风量分配，确保与实际值相一致。测试次数应为 3~5 次，不可少于 3 次。

e. 系统风量调试后应达到风口的风量、新风量排风量、回风量的实测值与设计风量偏差不大于 10%；新风量与回风量之和应近似等于总送风量（或各送风量之和）。

f. 空气处理设备的各项性能指标的测定与调整（主要是吸附塔与风柜）：系统风量达到设计要求后，进行空气处理设备如表面冷却器、空气加热器、空气过滤器等的实验与调整。

g. 空调房间空气状态参数与气流组织的调整。

⑩设备、风管识别：

a. 在所有设备上都应安上名称牌，在所有的阀门和气流调节器上安上标签，所有的管道和风管系统上做好标识。

b. 塑料名称牌：用抗防腐的机械装置或黏合剂进行安装。

c. 用抗防腐的挂链安装所有的标签。

d. 用金属铭牌来标识空气处理装置和其他设备，小仪器用塑料标签来识别。

e. 用金属铭牌识别主管道系统和分支管系统。

f. 风管系统：用塑料标识牌标记识别风管系统。标出流向和输送的介质。

g. 设在结构穿孔或外套的每侧和每个障碍物一侧，距离不大于6m。保证所用的材料和黏合剂与其所安装的环境相匹配。

（2）医疗气体工程

1）汇流排中心供氧系统（氧气备用装置）。汇流排供氧系统由汇流排、氧气恒压监视装置、安全报警装置、减压装置、输送管道及终端组成，汇流排内输出的氧气经过减压装置减压至0.3~0.5MPa后，经管道输送到手术室、监护室、病房等终端。

2）氧源部分（汇流排）。依据设计，氧源的汇流排采用11瓶为一组共2组作为备用，每瓶均有截止阀，当一组气瓶压力低于规定范围时能自动声光报警，且能自动切换（也可手动切换）到另一组氧气瓶。

3）氧气恒压控制、监测装置：

①氧气二级稳压箱、氧气控制箱：二级稳压箱，通过把氧气减压至0.2~0.4MPa（可调）后，经过病区氧气管道输送到病房终端，最后通过湿化器上流量调节开关再次减压后供病人吸氧。

②报警箱（带截止阀功能）：当送往大楼的氧气压力升高或下降超出规定值时，报警箱同样发出声光报警信号，提醒有关人员及时处理。

③终端装置安装在病房一侧的墙壁上，距地面的距离为1.3~1.5m，沿床头墙面通长布置。主要由新型氧气带（静电喷塑）、氧气管带维修阀、氧气插拔阀等组成。

4）液氧罐中心供氧系统。液氧供氧系统由低温液氧储气罐、气化器、氧气恒压监视装置、安全报警装置、减压装置、输送管道及终端组成，系统输送压力通过液氧气化来实现，储存在储气罐。

5）负压吸引及应用系统。负压吸引系统主要利用真空技术吸除患者体内的痰、血、脓及其他污物，一般与中心供氧系统配套安装。

6）压缩空气供应及应用系统。压缩空气用于驱动呼吸机，也可驱动气动锯、钻、各种洁净密封门等。它主要供给各病床、各种重症监护室、抢救室、洁净手术部、血液透析、高压氧舱、中心供应等。压缩空气由空压机房提供，机房内设有无油旋齿式风冷空压机。空压机出口的压缩空气经干燥、过滤、除味，使其露点、含油水量及细菌含量达到医用空气标准，再经储气罐缓冲后供应。

7）洁净手术部氮气、二氧化碳、氧化亚氮供应及应用系统。氮气用于驱动手术气动锯、钻，以及与氧气配比形成人工空气等。二氧化碳用于腹腔镜、检查腹腔充气及呼吸掺混气等。氧化亚氮俗称笑气，供麻醉以及镇痛掺混气体使用。此外，手术用氩气刀具需要用到氩气。汇流排上设减压装置、超压排放安全阀及超压欠压报警装置。

4.1.6.9 室外总体施工技术方案

（1）主要工程内容。

医院院区室外总体施工包括设计场外排水、道路路基、路面结构。拟建工程道路施工内容包括路床处理（软土地基处理、砾石砂垫层、水泥稳定碎石基层）、路基（碎石垫层、水泥稳定碎石基层）、路面（沥青面层、块石面层）、附属结构（排砌侧平石、人行道板施工等）。

（2）施工布置。

1）在保证工程质量的前提下，应集中力量加快施工进度。按照先地下后地上、先深后浅的原则组织施工，整个工程安排施工顺序为：定位放线→土方挖运→雨、污、废水管铺设，窨井砌筑→基槽土方回填、夯实→人行道、车行道土方分层夯实、平整→基层铺设、碾压密实→面层浇筑或铺贴→零星收尾工作。

2）必须做好合理的施工顺序，自下而上、先主后辅，做好各工种间的交叉工作，连续生产，密切配合，避免不必要的损失，力争早日竣工。

（3）施工步骤安排。

1）室外给排水工程施工放线，基槽开挖，碎石层铺筑，混凝土基础浇筑，管道铺设，接头处理及窨井砌筑粉刷，回填土夯实。

2）场内道路施工步骤为施工放样，挖填土碾压平整，碎石层铺筑碾压，三渣基层铺筑、养护及弯沉测试，混凝土面层浇筑，立道牙排砌，沥青路面摊铺。道路面层混凝土施工采用半幅式施工，主幅宽度为 2～4m，分多个流水段连续流水施工，确保均衡生产，解决人员、机械、材料、模具等过分集中与施工场地、施工进度、工程效益之间的矛盾，从而降低工程造价。

3）室外总体给排水管道、消防管道、燃气管道施工在总体道路、绿化前进行，为避免管道基础沉降的外加受力，沟槽底部应夯实，排水管沟底部按照排水管坡度夯实。

4）室外雨水管、污废水管按照总体图设置检查井，井底基础应与管道基础同时浇筑，内壁应用原浆勾缝，内壁应抹面。

5）总体电缆包括单体建筑的电源电缆、总体照明路灯电缆等，电缆应避免遭受机械、振动、热影响等造成的各种损伤；应避开场地规划中的施工用地或建设用地。露天敷设的电缆，尤其是有塑料或橡胶外护层的电缆，应避免日光长时间的直晒。

6）室外照明主要为夜间道路照明，包括高杆路灯，其次包括少量建筑物景观照明和泛光灯。室外照明包括安装、固定、接线、防水密封及接地接零等，高杆路灯需要施工路灯基础，需要土建做一定基础配合。

4.1.7　技术质量保证措施

为确保工程质量目标的实现，针对所有参加工程项目施工人员，尤其是管理人员，应加强质量意识、质量目标的教育宣传，牢固树立质量优先的意识，围绕质量工作目标，形成科学的网络化管理模式，并层层分解到各个施工环节及日常工作实务管理中去。

分包队伍应经严格考察、分析对比、择优选用。应将质量目标分解到分包合同中，层层落实。对业主指定分包，也应纳入总包管理之中。

实行"工序质量"控制管理办法。对主要工序实行施工技术员事先技术交底，并进行质量跟踪控制措施，质量员对"工序质量"进行过程检查。

推行"样板制"，对土建、安装、装饰工程主要分项工程或关键部位实行样板项、样板段、样板间、样板层等的施工管理方法。

技术资料管理归档必须遵照有关标准的规定和国家档案管理的要求执行，做到及时、齐全、正确、规范。

及时合理地编制施工大纲，严格按施工组织设计施工，加强对各分包之间的质量监控、协调，实施关键工序的重点监控、特殊工序的连续监控。

4.1.7.1 分部分项质量保证措施

（1）土方开挖及垫层施工质量保证措施。

（2）模板工程施工质量保证措施。

（3）钢筋工程施工质量保证措施。

（4）混凝土工程施工质量保证措施。

（5）装饰工程施工质量保证措施。

（6）安装工程施工质量保证措施。

（7）对成品及设备部件保证管理措施。

4.1.7.2 工程质量验收

工程质量验收按照现行国家标准《建筑工程施工质量统一验收标准》GB 50300—2013以及配套使用的施工质量相关专业验收规范执行。

质量验收检验批的划分与验收计划应符合实际情况，首先要明确单位（子单位）工程的划分，具体数量的确定应根据工程特点如施工段、结构缝位置、部位、材料、工艺、系统情况，应做到既便于质量管理和工程质量控制，又便于质量验收；其次所划分的检验批可以在施工过程中进行调整与补充；再有就是检验批的划分与验收计划应作为阶段性施组及质量计划的一部分，并应事先征得监理的认可。

4.1.7.3 现场质量管理制度

对应施工验收规范的实施要求，在工程施工管理中，应制订如下质量管理制度：

（1）现场质量管理制度：现场质量管理制度支持性文件；现场质量管理制度有关法律、法规支持性文件；现场质量管理制度。

（2）质量责任制：施工现场管理人员质量责任制度。

（3）主要专业工种操作上岗证书：木工、泥工、钢筋工、混凝土工等工种操作上岗证。

（4）分包方资质与对分包单位的管理制度：对分包单位的管理制度；分包方资质。

（5）施工技术标准：国家施工质量验收规范及相关强制性条文。

（6）工程质量检验制度：工序检查记录；工程质量检验批划分导则；工程质量检验批划分细则；工程质量检验批质量验收记录表；工程质量隐蔽验收记录。

（7）现场材料、设备存放与管理：公司关于物料标识和检验、试验状态标识方法的文件；商品混凝土验收记录台账；砌体材料记录台账；砂、石材料记录台账；钢材检验记录表；水泥检验记录表。

4.2　施工人员安全保障

施工总承包项目部安全组织机构如图 4-2-1 所示。

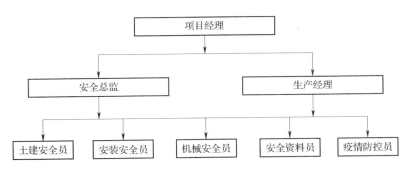

图 4-2-1　施工总承包项目部安全组织机构图

疫情期间的安全防控，应对新进场工人进行卫生安全防疫教育，每日由项目部统一发放卫生防疫用品，并对工人每日体温测量，对材料供应单位临时人员做好测温与相关登记检测。

安全措施包括建立总承包安全保证体系，配备满足现场安全管理队伍，施工时重点落实交叉作业时的生产安全问题，杜绝生产安全事故和消防事故。

4.2.1　体系

根据项目所在地政府发布的疫情防控通知，如《进一步加强我市新型冠状病毒感染的肺炎疫情防控工作》《关于同意启动公共卫生临床中心应急救治临时医疗用房项目的批复》等，成立"新建临时应急病房项目安全管理领导小组"。项目经理任组长，生产经理、技术负责人和安全总监任副组长，项目部各部门负责人和分包单位项目经理任组员。领导小组主要负责应急项目的安全管理的领导工作，统一部署，制定应急项目的安全管理规定，提前做好现场安全管理措施和制度。

4.2.2　配合措施

（1）制订项目安全管理实施计划、安全与文明施工管理细则、进度控制要求、质量控制要求与项目廉政建设条例。

（2）项目每日推进例会制度、安全例会、各类安全信息的收集与汇总，制订每日安全影像资料的归档。

（3）项目安全管理人员及时到现场进行安全检查和巡视，发现安全隐患及时纠正。

（4）项目部各分部单位和班组应佩戴好疫情防护用品。

4.3　疫情期间施工组织

如果项目建设阶段正处于疫情暴发期，结合项目建设"短严快"的特殊性，施工期间要做好以下施工防护工作，以防止施工期间发生感染。

4.3.1 成立应急领导小组

预防应急管理领导小组对项目现场的预防应急管理工作全面负责，并拥有相应的指挥权。项目部其他工作均应在不干扰、不影响、不破坏预防应急管理工作的前提下进行，否则将停止或暂缓相应工作。

4.3.2 一般管理要求

（1）现场设置分区管理，一般设置生活区、施工区、办公区、隔离区。

（2）现场配置足够的防疫物资，如口罩、消毒水、洗手液、防护服等。

（3）由专人负责场区的卫生防疫工作，及时打扫卫生，生活垃圾及时清运。生活区和办公区每日消毒不少于 3 次。

（4）加强食堂管理。食堂采买由专人负责，减少人员外出。操作间和就餐区每日消毒不少于 3 次；使用的碗筷及时高温消毒，防止交叉感染。厨房工作人员勤洗手。禁止宰杀活禽。

（5）实施全封闭管理。出入口测温登记：施工现场和生活区、办公区的围挡或围墙必须严密牢固，围挡高度为 2.5m，各出入口在使用期间，由专职卫生员对进入人员进行测温、登记，核对人员情况，并配备相应的保安人员。

（6）宿舍设置要求。疫情期间每间宿舍不超过 4 人，人均使用面积为 $2.5m^2$。宿舍设置可开启式窗户，由专职卫生员监督，经常保持室内通风。

（7）施工单位应延长食堂供餐时间，采取有效的分流措施，实行错峰就餐、分区就餐，鼓励独自就餐，避免扎堆就餐。

（8）施工单位应在食堂实施"1 米线"安全措施，排队取餐人员的间距要不小于 1m，食堂就餐人员的间距不小于 1m，取餐人员要做好个人防护，佩戴好口罩，有条件的提供一次性手套，直至在餐位就座后再摘下口罩，就餐完毕离开前应及时佩戴好口罩。

（9）施工单位应保持食堂空气流通，以清洁为主，预防性消毒为辅。食饮具一人一用一消毒。

4.3.3 应急措施

当项目出现"传染病"疫情预警时，应立即采取以下措施：

（1）在第一时间内向公司级上级主管部门、卫生部门报告。

（2）对一般发热等患者的处理：

1）出现发热、咳嗽、咽痛等症状，应及时就医，不得带病上班。

2）在规定时间内将发热人数向相关上级主管部门报告，并对患者做跟踪了解。

（3）对疑似患者的处理：

1）发热病人经医院认为有传染病疑似病例嫌疑的，项目部第一时间报告主管部门。对在项目现场发现的发热患者和接触过的人员，要在第一时间进行隔离观察，通知医院诊治。

2）项目现场要对疑似患者所在寝室或活动场所进行彻底消毒，对与疑似患者密切接触的人员进行隔离观察。

3）疑似患者在医院接受治疗时，禁止任何人员前往探望。

4）项目现场应根据疑似患者活动的范围，在相应的范围内调整施工计划和安排。

（4）对传染病患者的处理。若疑似患者被医院正式确诊为传染病患者，项目部要立即向上级报告，并采取一切有效措施，迅速控制传染源，切断传染途径，保护易感人群，具体要求是：

1）封锁疫点。立即封锁患者所在寝室及班组，等待卫生部门和相关主管部门的处理意见。

2）疫点消毒。对工地所有场所进行彻底消毒，消毒必须严格按标准操作，消毒结束后进行通风换气。

3）疫情调查。项目现场应配合卫生部门进行流行病学调查。对传染病患者到过的场所、接触过的人员进行随访，并采取必要的隔离观察措施。

（5）根据相关规定，出现因疫情原因需要部分或全部停工的，按上级建设部门和卫生部门的通知精神执行。

4.4　竣工验收管理

4.4.1　专项工程施工质量外观检查

4.4.1.1　建筑结构

应急医疗设施建筑结构检查的目的是为了保证施工质量能够满足相关标准的要求，具体方法见表 4-4-1。

表 4-4-1　围护结构施工质量检查方法

检查项目	检 查 内 容
墙面、顶棚、地面	（1）墙面、顶棚、地面等材料是否符合设计、标准要求； （2）墙面、顶棚、地面等施工工艺是否符合要求； （3）当墙体、顶棚采用彩钢板时，彩钢板拼接缝处是否进行了打胶密封处理； （4）负压隔离病房内的顶棚上是否设置了检修口； （5）设置了地漏的房间，地面防水、坡度是否符合设计、标准要求
门窗	（1）门窗的类型、功能、性能是否符合设计、标准要求； （2）门窗的数量和安装位置是否符合设计、标准要求； （3）实验室设外窗自然通风时，外窗是否设置了防虫纱窗

4.4.1.2　给水排水

给水排水系统检查的主要目的是确认管道、部件的安装是否符合设计、标准要求，具体方法见表 4-4-2。

表 4-4-2　给水排水系统检查方法

检查项目	检查内容
给水系统	（1）水泵及基座是否符合安装要求； （2）使用的给水管道材料和规格是否符合设计要求； （3）洗手装置的设置是否符合设计要求，方便使用
排水系统	（1）排水泵是否符合安装要求； （2）使用的排水管道材料和规格是否符合设计要求； （3）负压隔离病房设置地漏时，是否根据压差要求设置了存水弯和地漏的水封深度
给水管道试压、清洗	给水管道施工完成后，是否有合格的管道试压、清洗报告

4.4.1.3　暖通空调

对于暖通空调，需要重点进行施工质量检查的包括空气处理机组（AHU，air handling unit）、排风机组、风阀、排风高效过滤装置、风管、风口等。

（1）空气处理机组。检查目的是为了保证空调系统的施工质量能够满足标准和设计要求，保证空调机组的各部件满足使用要求，具体方法见表 4-4-3。

表 4-4-3　AHU 检查方法

检查项目	检查内容
AHU 系统设置及部件	（1）AHU 铭牌、各功能段名称标识等是否清晰可见，AHU 型号、各功能段性能参数是否与设计相同； （2）叶轮旋转应平稳，每次停转后不应停留在同一位置上； （3）AHU 地脚螺栓应紧固，并采取防松动措施，是否设置了减振装置； （4）AHU 内是否设置了粗效、中效（或高中效、亚高效）高效过滤器； （5）静电式空气净化装置的金属外壳必须与 PE 线可靠连接； （6）AHU 空气过滤器前后是否安装了压差计，测量接管是否通畅，安装是否严密； （7）设备及基座防腐是否满足标准和设计要求； （8）冷凝水管是否设置了存水弯

（2）排风机组。排风机组是新冠肺炎应急医疗设施的核心设备之一，其检查目的是为了保证排风系统的施工质量能够满足标准和设计要求，保证排风设备的单机试运转正常，具体方法见表 4-4-4。

表 4-4-4　排风机组检查方法

检查项目	检查内容
排风机组及部件	（1）机组铭牌、各功能段名称标识等是否清晰可见，机组型号、性能参数是否与设计相同； （2）叶轮旋转应平稳，每次停转后不应停留在同一位置上； （3）风机的减振钢支、吊架，结构形式和外形尺寸应符合设计或设备技术文件的要求； （4）设备防腐是否符合设计、标准要求； （5）备用排风机的设置是否符合设计、标准要求

（3）风阀。风阀检查的目的是检查风阀安装位置、安装质量是否满足测试、调试的要求，具体方法见表 4-4-5。

表 4-4-5　风阀检查方法

检查项目	检　查　内　容
安装位置、铭牌和保温	（1）风阀安装位置是否符合设计、标准和实际使用要求； （2）手动风量调节阀的手轮或手柄应以顺时针方向转动为关闭； （3）电动、气动调节阀的驱动执行装置，动作应可靠，且在最大工作压力下应工作正常； （4）净化空调系统的风阀，活动件、固定件以及紧固件均应采取防腐措施，风阀叶片主轴与阀体轴套配合应严密，且应采取密封措施； （5）风阀的操作装置是否便于人工操作，安装方向是否与阀体外壳标注方向一致，阀体外壳上是否有明显和准确的开启方向、开启程度标志； （6）风阀铭牌标识是否清晰明确； （7）风阀上保温是否完整、严密

（4）风管。风管检查主要是检查风管是否有漏风、堵塞的现象，具体方法见表 4-4-6。

表 4-4-6　风管检查方法

检查项目	检　查　内　容
安装位置、保温和安装方法	（1）风管质量的验收应按材料、加工工艺、系统类别的不同分别进行，并应包括风管的材质、规格、强度、严密性能与成品观感质量等内容； （2）风管安装的位置、标高、走向应符合设计要求；现场风管接口的配置应合理，不得缩小其有效截面； （3）镀锌钢板及含有各类复合保护层的钢板应采用咬口连接或铆接，不得采用焊接连接； （4）风管的密封应以板材连接的密封为主，也可采用密封胶嵌缝与其他方法；密封胶的性能应符合使用环境的要求，密封面宜设在风管的正压侧； （5）风管及绝热材料的厚度、燃烧性能和耐腐蚀性能是否满足设计、防火要求，保温层是否完好； （6）检查各分支管路风平衡装置、仪表的安装位置、方向是否符合设计要求，且应便于观察、操作和调试； （7）净化空调系统风管的材质应符合下列规定： 1）应按工程设计要求选用，当设计无要求时，宜采用镀锌钢板，且镀锌层厚度不应小于 $100g/m^2$； 2）当生产工艺或环境条件要求采用非金属风管时，应采用不燃材料或难燃材料，且表面应光滑、平整、不产尘、不易霉变； （8）风管应保持清洁，管内不应有杂物和积尘； （9）法兰的连接螺栓应均匀拧紧，螺母宜在同一侧； （10）风管与砖、混凝土风道的连接接口应顺着气流方向插入，并应采取密封措施；风管穿出屋面处应设置防雨装置，且不得渗漏； （11）外保温风管必须穿越封闭的墙体时，应加设套管

（5）风口。风口包括新风口、送风口、室外排风口、室内排风口，风口检查的主要目的是确认是否符合设计、标准要求，具体方法见表4-4-7。

表 4-4-7　风口检查方法

检查项目	检 查 内 容
新风口	（1）风口的结构应牢固，形状应规则，外表装饰面应平整； （2）风口的叶片或扩散环的分布应匀称； （3）风口各部位的颜色应一致，不应有明显的划伤和压痕； （4）新风口是否采取了有效的防雨措施； （5）新风口是否高于室外地面 2.5m 以上，并远离污染源
送风口	（1）风口的结构应牢固，形状应规则，外表装饰面应平整； （2）风口的叶片或扩散环的分布应匀称； （3）风口各部位的颜色应一致，不应有明显的划伤和压痕； （4）送风口的安装位置是否有利于气流由被污染风险低的空间向被污染风险高的空间流动； （5）洁净室（区）内风口的安装应符合下列规定： 1）风口安装前应擦拭干净，不得有油污、浮尘等； 2）风口边框与建筑顶棚或墙壁装饰面应紧贴，接缝处应采取可靠的密封措施； 3）带高效空气过滤器的送风口，四角应设置可调节高度的吊杆
室外排风口	（1）风口的结构应牢固，形状应规则，外表装饰面应平整； （2）风口的叶片或扩散环的分布应匀称； （3）风口各部位的颜色应一致，不应有明显的划伤和压痕； （4）负压病房室外排风口的设置和安装是否满足排风高空排放的要求，室外排风口处是否安装了保护网和防雨罩
室内排风口	（1）风口的结构应牢固，形状应规则，外表装饰面应平整； （2）风口的叶片或扩散环的分布应匀称； （3）风口各部位的颜色应一致，不应有明显的划伤和压痕； （4）室内排风口是否设在病床头部的侧下方，且不应有障碍； （5）负压隔离病房室内排风口或排风口附近是否安装了排风高效过滤装置

4.4.1.4　电气与智能化

电气与智能化系统检查的主要目的是确认配电、照明、自动控制、安全防范、通信等系统的施工质量是否符合设计、标准要求，具体方法见表4-4-8。

表 4-4-8　电气与智能化系统检查方法

检查项目	检 查 内 容
配电系统	（1）配电负荷等级是否符合设计要求； （2）线缆材质、规格是否符合设计、标准要求； （3）断路器等配件是否符合设计、运行要求； （4）病房内是否设置了足够数量的固定电源插座； （5）配电箱、柜材质、安装是否符合设计、标准要求； （6）配电管线材质、安装是否符合设计、标准要求

续表 4-4-8

检查项目	检 查 内 容
照明系统	（1）是否符合设计照度要求； （2）是否设置了应急照明及紧急发光疏散指示标志； （3）照明灯具的安装是否符合设计、标准要求
自动控制系统	（1）变频装置是否符合设计、运行要求； （2）温、湿度传感器是否符合设计、运行要求； （3）风阀、水阀执行器是否符合设计、运行要求； （4）当空调机组设置防冻报警装置时，安装位置、设置参数是否符合设计要求； （5）当空调机组设置电加热装置时，是否设置了送风机有风检测装置，并在电加热段设置了监测温度的传感器； （6）负压病房是否设置了监测排风高效过滤器阻力的压差传感器； （7）排水系统是否符合设计、运行要求； （8）升降系统是否符合设计、运行要求； （9）智能照明是否符合设计、运行要求； （10）给水系统是否符合设计、运行要求； （11）安全防范是否符合设计、运行要求
安全防范系统	（1）建筑周围是否设置了安全防范系统，负压病房区域出入口是否设置了门禁控制系统； （2）互锁门附近是否设置了紧急手动解除互锁开关
通信系统	是否设置了必要的通信设备

4.4.1.5　医用气体

医用气体系统检查的主要目的是确认管道、部件的安装是否符合设计、标准要求，具体方法见表 4-4-9。

表 4-4-9　医用气体系统检查方法

检查项目	检 查 内 容
气体供应系统	（1）使用的气体管道材料和规格是否符合设计要求； （2）不同系统的管道是否有明显的识别标志； （3）有接地要求的管道，法兰间是否接有多芯导电跨线
真空度试验检查	真空管道在系统联动运转前，是否以设计压力进行了真空度试验，是否有合格的检查报告

4.4.1.6　消防

消防施工质量检查的主要目的是确认是否符合设计、标准要求，具体方法见表 4-4-10。

表 4-4-10　消防检查方法

检查项目	检 查 内 容
疏散出口、防火门和消防器材	（1）消防系统（疏散出口、防火门、消防器材等）是否符合设计、运行要求； （2）所有疏散出口是否都有消防疏散指示标志和消防应急照明措施； （3）是否设置了火灾自动报警装置和合适的灭火器材

4.4.2 单机试运转与系统联合试运转

4.4.2.1 单机试运转

凡有试运转要求的设备的单机试运转，应符合设备技术文件的有关规定，这是机械设备的共性要求，还应符合国家相关规定和机械设备施工安装方面的有关行业标准的规定。应急医疗设施需进行单机试运转的设备有新风机组、排风设备等。

（1）单机查验针对各机电系统按照空调、通风、燃气、给排水、配电、电梯、安防、消防、楼宇自控、医用气体、会议音响等不同系统开展单机预查验。

（2）单机查验按照系统—子系统—设备—部件结构建立查验表格及汇总表格。

（3）查验结果应及时进行汇总，包括以下数据：查验系统、查验设备数量、具备单机查验条件设备数量、具备单机查验条件设备占所查设备比例、查验整改完成数量、整改率等信息，以及机电系统现状评估报告。

（4）楼宇自控系统需由专业厂家尽快完成楼宇自控的安装及软件的编写工作，为联合调试奠定基础。

4.4.2.2 联合试运转

应急医疗设施机电系统施工完成后，施工单位应协同设计、供货厂商等组建调试指挥小组，编制专项调试方案上报监理单位、业主单位批准后实施。

联合调试的前提是单机试运转及楼宇自控同时完成，二者缺一不可。验收工作可分为以下步骤进行：

（1）核对自控系统地址码是否正确。

（2）核对各种传感器（输入设备）采集信号及执行器（输入输出设备）动作是否正确。

（3）核对软件控制逻辑是否正确，首位衔接是否稳定。

（4）负荷试运行应以最终使用目的，即医护人员及使用者舒适度、便捷度为导向。

调试工作机构构成如图 4-4-1 所示。

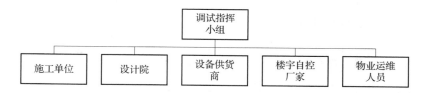

图 4-4-1　系统调试组织架构

4.4.3 负压病房工程检测

4.4.3.1 工程检测项目

国内有关负压病房工程检测主要依据的是现行国家标准《传染病医院建筑施工及验收规范》GB 50686-2011，该标准第 10.2.2 条给出了工程静态检测的必测项目，如表 4-4-11 所示。

表 4-4-11 负压隔离病房工程静态检测的必测项目

项　　目	工　　况
排风高效过滤器检漏	大气尘或发人工尘
静压差	所有房门关闭，送风、排风系统正常运行
气流流向	所有房门关闭，送风、排风系统正常运行
室内送风量	所有房门关闭，送风、排风系统正常运行
洁净度级别	所有房门关闭，送风、排风系统正常运行
温度	所有房门关闭，送风、排风系统正常运行
相对湿度	所有房门关闭，送风、排风系统正常运行
噪声	所有房门关闭，送风、排风系统正常运行
照度	无自然光下

4.4.3.2 工程检测方法

国内有关负压病房工程检测主要依据的是现行国家标准《传染病医院建筑施工及验收规范》GB 50686-2011，该标准第 10.2 节给出了工程检测方法，一些参数的检测方法需要按现行国家标准《洁净室施工及验收规范》GB 50591-2010 执行。

4.4.4 应急医疗设施竣工验收

（1）设计确认：施工图、竣工图图纸，以及各种设备的选型、采购等审核。

（2）安装确认：应急医疗设施的施工和分项验收报告，形成分项验收文件，证明其符合设计要求及相关国家标准的要求。

（3）运行确认：应急医疗设施正式投入使用前，对建筑设施进行调试、检测、验收等，形成调试报告、检测报告、验收报告等，证明其符合相关标准的要求。

（4）性能确认：对应急医疗设施关键性能进行工程检测，形成检测报告，证明其符合相关标准的要求。

4.5 建筑与设备运维管理

为保障新冠肺炎医疗建筑与设施设备的有效运行，充分发挥其应急使用功能，确保疫情医疗救治工作的安全有序，本节主要介绍应急医疗设施精细化管理的运行维护方案及措施。

4.5.1 建筑及结构的运维管理

应急医疗设施大多采用轻型结构，相对于传统建筑结构，应加强防渗漏和结构密闭检查维护。装饰及结构的运维管理决定着医疗空间结构的完整性和安全性，所以需要定期检查维护，并对相关隐患进行排查整改。

4.5.1.1 整体结构的运维管理

新冠肺炎应急医疗设施对分区有严格的要求，要加强标识管理，必要时设置地面流线指引，避免和减少交叉。

（1）地面：

1）地面应平整光滑，无污渍、积水等现象；

2）地板接缝处应完好无损伤；

3）做好地面清洁工作，随时监测地面整洁度。

（2）墙面：

1）墙面是否平整，有无空鼓、断裂、开胶、掉落等现象；

2）检查墙面是否有污渍、残留物等现象；

3）检查墙面围护结构所有接缝处，应密封完好。

（3）吊顶：

检查吊顶是否有破损、开裂、掉落等现象。

（4）门窗：

1）检查门窗是否能正常启闭，有无损坏、变形等异常情况，保证门窗的密闭性；

2）定期检查门锁、门禁互锁、应急解锁等控制系统，使其保持正常运行。

（5）消防设施：

1）检查消防箱、消防带是否配套齐全，标识是否清楚；

2）检查消防门是否可以正常闭合，闭门器、锁具是否正常，门身是否正常。

4.5.1.2 新冠肺炎应急医疗设施运维人员管理

运维人员在应急医疗设施特殊环境下工作时（如进行表4-5-1所示的安全隐患排查时），需时刻注意安全防护，并做好防护培训、心理疏导等管理工作：

（1）应急医疗设施运维管理要准备医用口罩、护目镜、防护服等必要防护用品。

（2）进入污染区域作业时，要严格遵守标准预防的原则，严格遵守消毒、隔离的各项规章制度，必须戴医用防护口罩、医用工作帽、穿工作服、医用隔离衣、戴护目镜或防护面罩，必要时穿鞋套。

（3）运维人员每日要进行上下岗登记，统计人员的体温及身体健康状况；发现有咳嗽、发热等身体异常情况时禁止上岗，并上报领导小组备案。

（4）运维人员值班室应配备消毒喷剂、洗手液，要做好清洁、通风、消毒工作。

表4-5-1 安全隐患排查记录表

日间巡查	防火检查	消防通道检查	安全门锁检查	可燃杂物检查	违规使用电器	安全培训检查	设备隐患排查
时分	☑正常	☑正常	☑正常	☑正常	☑正常	☑正常	☑正常
时分	□异常	□异常	□异常	□异常	□异常	□异常	□异常
问题记录：							

签字：　　　　　　　检查日期：

4.5.2　机电系统及设备的运维管理

4.5.2.1　通风及空调系统的运维管理

新冠肺炎应急医疗设施空调与通风系统运维非常重要，设计不仅要满足换气次数、房间新风量的要求，同时也要满足设施内不同区域、不同房间空气压差梯度要求，保证气流从清洁区→半污染区→污染区流动。还需要特别注意排风的处理，排风经过处理达标后再排入室外环境，不能让含有细菌、病毒的空气流入工作人员工作的房间，造成交叉感染。

4.5.2.2　空调设备及送回排风系统的运维管理

新冠肺炎应急医疗设施空调系统的运维需要根据不同区域特点，按照操作规程分别执行。设专门维护管理人员，遵循设备的使用说明进行保养与维护，并制订运行手册，有检查和记录。

（1）空调系统的开启：应根据污染区、半污染区、清洁区、洁净区、医护人员通道、患者通道等区域的划分，计算并设定空调设备运行方案，检查空调设备是否完好，开启或关闭部分新风阀、送风阀、排风阀，调整部分风阀的角度，开启或关闭风口或开闭窗户，开启或停用部分通风与空调设备。

（2）在应急医疗设施的通风空调系统开启时，需遵循设备启动顺序，检查排风和送风的联锁是否正常。清洁区应当先启动送风机，再启动排风机；隔离区应当先启动排风机，再启动送风机；各区之间风机启动顺序为清洁区、半污染区、污染区。

（3）随时监测送风、排风、回风系统的各级空气过滤器的压差报警，及时更换堵塞的空气过滤器，保证送风、排风风量。

（4）随时监测送风、排风机故障报警信号，保证风机正常运行；空气处理机组、新风机组应定期检查，保持清洁。定期检查和检测空调机组内紫外线灯消毒情况。

（5）新风机组定期清洗粗效滤网；新风机初中效过滤器每周检查，新风机组亚高效过滤器宜每月检查。

（6）循环机组的初中效过滤器宜每 3～4 个月更换一次，定期检查回风口过滤网，宜每周清洁一次，每年更换一次。如遇特殊污染，应及时更换，并用消毒剂擦拭回风口内表面。

（7）应实时监测应急设施的压力梯度情况，首先要保证各压力梯度与设计相对应，可设置报警装置和压力数据记录。送排风的差值需定期检查监测。

（8）每周应对正常运行的通风空调系统的过滤器、风口、空气处理机组、表冷器、加热（湿）器、冷凝水盘等部件进行清洗、消毒或更换。表冷器清洗消毒时，应先清洗，后消毒。可采用季铵盐类消毒剂喷雾或擦拭消毒，按说明书中规定用于表面消毒时的浓度进行消毒。风口、空气处理机组清洗消毒时，应先清洗，后消毒。可采用化学消毒剂擦拭消毒，金属部件首选季铵盐类消毒剂，按说明书中规定用于表面消毒时的浓度进行消毒。非金属部件首选 500mg/L 含氯消毒剂或 0.2% 的过氧乙酸消毒剂。风管的清洗消毒，应先清洗、后消毒。可采用化学消毒剂喷雾消毒，金属管壁首选季铵盐类消毒剂，按说明书中规定用于表面消毒时的浓度进行消毒。非金属管壁首选 500mg/L 含氯消毒剂或 0.2% 的过氧乙酸消毒剂。

4.5.2.3 过滤器的运维管理

在新冠肺炎应急医疗设施的空调及通风系统中，应保证过滤器及时维护及更换，更换过滤器时应采取个人防护，使用过及更换下的过滤器按感染性废物处理。过滤器的维护保养周期可参照表4-5-2执行。

表 4-5-2　维护保养周期表

过滤器类别	维护保养周期
新风入口处金属过滤网	宜每7天清洁一次，并做消毒处理，发现破损时及时更换，设置备用
新风机组初效过滤器	宜在阻力超过额定初阻力50Pa或每1~2周更换一次，设置库存
新风机组中效过滤器	宜在阻力超过额定初阻力100Pa或每1~2周更换一次，设置库存
新风机组亚高效过滤器	宜在阻力超过额定初阻力150Pa或已经使用6个月以上时更换
循环机组初效过滤器	宜在阻力超过额定初阻力50Pa或每3~5个月更换一次，设置库存
循环机组中效过滤器	宜在阻力超过额定初阻力100Pa或每3~5个月更换一次，设置库存
送风口高效过滤器	宜在阻力超过额定初阻力160Pa或已经使用3年以上时更换
排风口高效过滤器	宜在阻力超过设计初阻力160Pa时，应更换；如遇特殊传染病源污染需及时更换
排风机组中效过滤器	宜在阻力超过额定初阻力100Pa或每3~5个月更换一次，设置库存，如遇特殊传染病源污染需及时更换
回风口过滤器	宜在阻力超过额定初阻力100Pa或每2~3个月更换一次，清洁完需做消毒处理，发现破损时及时更换，设置备用，如遇特殊传染病源污染需及时更换

（1）热交换器（表冷器或加热器）和挡水板应每季度定期用高压水进行冲洗，消毒方法符合现行行业标准《公共场所集中空调通风系统清洗消毒规范》WS/T 396相关要求。

（2）对空调机组的加湿器和表冷器下的集水盘，应及时清除污物，并定期清洗消毒，并按照现行国家标准《公共场所卫生检验方法　第5部分：集中空调通风系统》GB/T 18204.5进行监测。

（3）对凝结水的排水点应经常检查并清洁消毒，保持清洁。按现行行业标准《公共场所集中空调通风系统清洗消毒规范》WS/T 396相关要求的消毒剂使用浓度和作用时间进行操作。

（4）新风机组，每日检查，保持机箱内部整洁；空气处理机组，每个月检查，保持机箱内部整洁。机组表面应保持整洁。

4.5.3　新冠肺炎应急医疗设施电气系统的运维管理

新冠肺炎应急医疗设施用电负荷属于一级负荷用电中特别重要负荷，所以在运维管理中要着重注意电气安全、应急保障等方面工作。

4.5.3.1 保障新冠肺炎应急医疗设施电源供应的稳定性和可靠性

新冠肺炎应急医疗设施用电负荷为一级负荷，应由城市电网提供双路电源供电，并设置应急发电机组，重点区域设置不间断电源。

（1）城市电网供电。

应定期检查变配电站电源设备的运行情况，编制适应项目自身情况的应急预案。检查每台变压器的负荷运行状态，发现是否存在过负荷运行的情况。

定期检查是否有短路现象，供电电压是否符合要求，是否有缺相现象，测试各支路电流是否有异常。

定期检查各配电柜及线路是否有接线处松动、线材温度异常、终端插座烧糊变色现象。

定期检查各电气元件使用是否正常，接地电阻是否符合要求。

（2）应急发电机组。

应定期检查应急发电机组的设备完好状况，定期开机测试。定期检查发电机组的储油量是否满足最大负荷时能够稳定运行，并达到设计的时间要求，定期对机组进行清洁维护，检查机房内是否有影响机组正常运行的不利因素。

应急发电机组在投入使用时，应注意投入顺序，操作人员应与带电设备保持安全距离，并穿戴好劳动防护装备。倒闸操作要注意先后次序，如停电应先断开各分支开关，然后再断开总开关，再进行四极双投刀闸切换位置。送电时，按相反顺序进行。正常停机应先卸掉部分负载，再断总开关，最后关柴油机，不允许不拉断总开关，随柴油机熄火而自行停电。停机后对机组做常规性检查，并记录运行情况。

按医院电气规范编制紧急情况下发电机组的应急预案。

（3）不间断电源保障。

对于 ICU、手术室、抢救室、计算机系统及网络设备等场所和各类重要的检验、实验室等使用不间断电源 UPS 的场所，应检查 UPS 电源电池的工作状态、衰减老化程度，确保电池组容量满足后备使用时间的要求。

4.5.3.2 新冠肺炎应急医疗设施的重点负荷运维管理

（1）医疗设备带的电源供应。

医疗设备带提供了检查治疗等相关医疗设备的终端电源供应，应保证有充足的插口和负荷。定期检查插座是否完好，测试漏电装置是否正常。供应治疗设备的插座应接 UPS 专用电源。

（2）病房及重点科室的照明。

定期检查照明灯具的运行情况，并检查应急照明设施和疏散指示灯等相关设备；开关需每日定时清洁消毒处理，可根据医疗设施情况设置掌控式照明控制系统，避免接触开关造成多次接触引发污染。

紫外线消毒灯具需专人管理，避免对人体造成伤害。

（3）空调通风系统及控制系统。

因通风系统在新冠肺炎应急医疗设施中起着非常重要的作用，所以在配电时就要考虑双路供应，并与其他负荷分开。

消防控制系统应考虑 UPS 不间断电源供应。

（4）重要诊断设备的电源供应。

新冠肺炎疫情期间，大型医疗设备 CT 的使用频率很高，在 CT 的使用时，应避免变压器有其他引起电压波动、产生大量谐波和占用电源容量较大设备的使用，保障诊断 CT 等医疗设备的成像效果。

在新冠肺炎应急医疗设施中，危重症患者较多，在重症监护室和手术室等 2 类医疗场所均应装配医用隔离电源（IT 系统），因其运行持续时间较长，应注意检查绝缘监测装置是否正常，隔离变压器是否存在发热的情况。

应急医疗设施的污水处理设备、太平间冰柜、医用焚烧炉、中心供应等设备支撑着医院的后勤保障，应确保设备的正常电源供应，并配备应急电源。

4.5.3.3　新冠肺炎应急医疗设施中紫外线灯管理

（1）紫外线灯采取悬吊式或移动式直接照射。安装时，紫外线灯（30W 紫外线灯，在 1.0m 处的强度大于 $70\,\mu W/cm^2$）的数值应为每立方米不小于 1.5W，照射时间不少于 30min。

（2）应保持紫外线灯表面清洁，每周用 70% ~ 80%（体积比）乙醇棉球擦拭一次。发现灯管表面有灰尘、油污时，应及时擦拭。

（3）紫外线灯消毒室内空气时，房间内应保持清洁干燥，减少尘埃和水雾。温度小于 20℃或大于 40℃时，或相对湿度大于 60% 时，应适当延长照射时间。

（4）室内有人时不应使用紫外线灯照射消毒。

4.5.4　医用气体系统的运维管理

医用气体系统是生命支持系统的重要组成部分，新冠肺炎的治疗中涉及大流量的医用氧气需求，并且负压吸引还是集中的传染源，所以保障气源的安全性、稳定性和可靠性是应急医疗设施运维管理的重要环节。

新冠肺炎应急医疗设施一般设置两种气源：医用氧气和真空负压吸引，如设置手术室，需考虑设置氮气、二氧化碳和氩气等特殊气体。医用气体系统一般由各种气源系统、医用气体管道、阀门系统、医用气体终端及医用监控报警系统等部分组成。

医用气体系统的运维应严格按照国家现行标准《医用气体工程技术规范》GB 50571–2012 和《医院用气系统运行管理》WS 435–2013 等的要求进行。

医用气体管道的使用、改造和维修应参照特种行业标准《压力管道安全技术监察规程》TSG D0001–2009 的规定。

4.5.4.1　医用氧气供气系统运维管理

医用氧气供气系统主要由氧源（液氧储罐或制氧机）、减压器、汽化器、氧气分配器（分汽缸）、氧气汇流排（备用）、气体监报装置、二级减压系统、氧气输送管道和终端等多部分组成，每个环节都至关重要。供氧压力调节范围是 0.3 ~ 0.5MPa。

（1）新冠肺炎患者对氧气的需求量较大，供氧管道要满足设计需求，同时要配置备用气源，如氧气汇流排、氧气罐。有条件的可设立应急杜瓦供氧系统。

（2）液氧储罐和汇流排需保证氧气供应和切换。对汽化器和液氧瓶备用，考虑设立医用液氧罐车加汽化器、调压阀组现场紧急供氧维修维护的预案。

（3）定期检查医用气体机房与外界相通的入口门窗及防护措施。必要时可安装入侵报警和视频监控。

（4）根据医用氧气的最大用量确定氧源的容量，再根据氧源的供应模式、容量以及站点的数量确定操作人员班次及数量。

（5）应制订医用氧气设备运行巡检的时间、路线、检查内容，进行巡视检查，发现故障和隐患时及时处理，并如实填写记录。

（6）定期对减压装置、汽化器等供氧重要设备进行检查，避免影响正常供气。

（7）定期检查氧气管道是否存在泄漏情况，并检查接地情况，接地电阻小于 100Ω。

（8）定期检查和校验氧气压力表、阀门，做好记录。

（9）应根据应急医疗设施规模、区域等相关信息，设立氧气应急预案，保证在遇到突发事件时可以及时按照预案协调和部署，保证医用氧气的正常供应。

（10）液氧的安全使用参照《低温液体贮运设备使用安全规则》JBT 6898-2015 的有关规定。

4.5.4.2　真空负压吸引系统运维管理

医用真空供应系统由真空泵、真空罐、中央控制系统、网络报警器、过滤器和管道等部件组成，真空压力调节范围为 −0.04 ～ −0.087MPa。按照《国家卫生健康委员会关于全面紧急排查定点收治医院真空泵排气口位置的通知》和现行国家标准《医用气体工程技术规范》GB 50751-2012 第 4.4.4 条对医院真空泵运行情况排查。

（1）人员进入中心吸引站房，特别是使用水环式真空泵的站房时，应采取个人防护，要准备医用口罩、护目镜、防护服等必要防护用品，根据现行国家标准《个体防护装备选用规范》GB 11651 的规定选择个人防护装备，使用过的防护用品按感染性废物处理。

（2）使用有防倒吸装置的负压吸引（调节）器。有条件的医院可更换油润式真空泵或爪式（干式）真空泵，利用泵内部高温，有助于病毒的灭活。真空泵的启停会导致刚运行时温度不够高，可采用小机组多台油润式真空泵或爪式（干式）真空泵的设计，减少启停时间，通过可编程逻辑控制器（PLC）设置设备的最小运行时间，保证真空泵腔内温度。感染科设置独立的医用中心吸引系统，在没有单独的医用中心吸引系统时可采用负压吸引机作为临时替代。

（3）定期检查备用真空泵，保证当最大流量的单台真空泵故障时其余的真空泵系统应能满足设计流量。

（4）真空吸引站可使用紫外线灯每日 3 次，每次 60min 定时消毒，紫外线灯开启时应有明显的警示标示，避免人员进入。

（5）使用水环式真空泵的，在机组排水口加消毒剂或加装二氧化氯发生器装置，水环式真空泵循环水箱中可添加消毒剂，水箱宜采用不锈钢材质，污水应排放至医院污水处理系统。

（6）定期排放负压罐及排污罐内污物，污物按感染性废物处理。

（7）负压排气口设置在地下室的，应将排气口引至室外。排气口设置于室外或新引至室外的，排气口不应与医用空气进气口位于同一高度，与其他建筑物的门窗间距不应小于3m，不应设置在上风口；排气口设置明显的有害气体警示标识，并划出安全区域。

（8）负压排气口加装消毒灭菌装置，宜选用与排气量相符的高压蒸汽或电加热灭菌装置，以满足灭菌效率。在所有真空机组的抽气端加装过滤精度为0.01μm的除菌过滤器，并采用一用一备的方式。已安装了除菌过滤器的，应对滤芯及时进行更换。细菌过滤器建议配压差传感器，有助于及时发现过滤器失效并及时更换；使用过的细菌过滤器滤芯应按感染性废物处理。

（9）病房应选用防倒吸装置的负压吸引（调节）器，并及时对负压吸引器进行清洗消毒处理。

4.5.4.3 医用气体管道及终端运维管理

（1）根据医用气体管道系统的运行特点，每月至少一次对医用气体管道进行安全检查，包括医用气体温度、压力、流量、纯度是否正常，有无漏气现象。

（2）按照医用气体管道系统运行要求制订巡检时间、路线和检查内容。巡视人员检查发现故障和隐患时，应根据故障实际情况进行应急处理，并如实填写相关记录。

（3）医用气体管道井门应保持锁闭，进入管道井前，应先打开管道井门，保持空气流通后方可进入。

（4）医用气体管道应有明显标识，标识应包括气体的中英文代号、颜色标记、气体流动方向的箭头及气体工作压力。

（5）定期检查医用气体终端的标识代号，检查压力是否符合设计要求，是否有漏气状况。

4.5.5 给水排水系统的运维管理

给水排水系统安全运行是新冠肺炎应急医疗设施管理的重要环节，既要保证生活给水系统安全，又要达到污水排放安全。

4.5.5.1 给水系统、热水及饮用水系统

新冠肺炎应急医疗设施供水，应避免系统在供水过程中受到二次污染，供水管道宜采用不锈钢管及铜管等金属管材管件。

（1）按时检查断流水箱和供水泵系统或减压型倒流防止器，保证设备正常运行。

（2）洗手盆的水龙头均采用感应水龙头，需定时检查感应器是否正常。

（3）定期对医院的一般生活用水、生活热水和管道直饮水等给水系统做水质检测，水质检测应委托具有相应资质的第三方检测机构进行。如发现水质不合格，应分析和排查污染原因，采取措施保证水质安全，如清洗生活水箱、对冷水管道系统进行清洗消毒和对热水管道进行高温消毒等。

（4）定期检查集中供应热水的稳定性，确保温度开关和温度传感器正常可靠。如采用单元式电热水器，需检查水温是否稳定且温度可调节，确保水电分离，防止触电事故。

（5）饮用水系统需定时检查过滤器状态，定期更换和维护设备。

4.5.5.2　排水系统

严格执行现行国家标准《医疗机构水污染物排放标准》GB 18466–2005 的规定，参照《医院污水处理技术指南》(环发〔2003〕197 号)、现行行业标准《医院污水处理工程技术规范》HJ 2029–2013 和《新型冠状病毒污染的医疗污水应急处理技术方案（试行）》等有关要求，对污水和废弃物进行分类收集和处理，确保持续达标排放。

污水应急处理的其他技术要点可参照《医院污水处理技术指南》(环发〔2003〕197 号) 和《医院污水处理工程技术规范》HJ 2029–2013 的相关要求。

新冠肺炎医疗设施污染区内存在大量的病毒细菌，主要的传播途径有接触传播、呼吸道传播，消化道传播、气溶胶传播。所以医院的卫生间是高危区域，卫生间下水道的气体外溢应该成为控制的重点。

（1）在运行管理和操作人员可能接触到污水、污泥的生产区域（场所），加强卫生清扫的同时，还应对作业区、垃圾暂存区及周围环境进行喷洒消毒。运行管理人员应始终佩戴口罩和手套等防护用品，做到勤洗手、勤消毒、少触摸。

（2）应急维修位于室内、井下的污水设施时，必须配有强制通风设备，需穿防护隔离服、佩戴防护口罩、护目镜及一次性防水手套，必要时配备呼吸器方可进行维修。维修完成后，对现场用 4% 的 84 消毒液进行消毒，防护服、口罩、手套按医废处理。

（3）定期排查设施内所有卫生清洁器具（包括洗手盆、刷手池、洗涤池、污物池、化验盆、拖布池、大便器和小便器等）存水弯和地漏的水封密闭状态，连接洗手盆排水的下水道口周边用发泡剂或白油灰密封。

（4）地漏水封的补水措施是洗手盆排水给地漏水封补水。

（5）排水通气管道出口应定期进行高效过滤器更换和消毒。

（6）清洁人员应加强对卫生间的清洁，每日应对卫生间的器具和地漏进行清洁消毒。

（7）加强分类管理，严防污染扩散，检查排放口，确保无固体传染性废物和化学废液的弃置和倾倒排入下水道。

（8）定期投放消毒剂。目前消毒剂主要以强氧化剂为主，这些消毒剂的来源主要可分为两类：一类是化学药剂，另一类是产生消毒剂的设备。应根据不同情形选择适用的消毒剂种类和消毒方式，以保证消毒效果。

（9）设立消毒应急处理方案分为化学药剂的消毒处理应急方案和专用设备的消毒处理应急方案。

4.5.5.3　医院污水消毒处理应急方案

（1）化学药剂的消毒处理应急方案。

1）常用药剂：医院污水消毒常采用含氯消毒剂（如次氯酸钠、漂白粉、漂白精、液氯等）消毒、过氧化物类消毒剂消毒（如过氧乙酸等）、臭氧消毒等措施。

2）药剂配制：所有化学药剂的配制均要求用塑料容器和塑料工具。

3）投药技术：采用含氯消毒剂消毒应遵守现行国家标准《室外排水设计规范》GB 50014 的要求。投放液氯用真空加氯机，并将投氯管出口淹没在污水中，且应遵守现行国家标准《氯气安全规程》GB 11984 的要求；二氧化氯用二氧化氯发生器；次氯酸钠用发生器（或液体药剂）；臭氧用臭氧发生器。加药设备至少为 2 套，一用一备。没有条件时，也可以在污水入口处直接投加。污水处理可根据实际情况优化消毒剂的投加点或投加量，消毒剂投放后的 pH 值不应大于 6.5。

采用含氯消毒剂消毒且医院污水排至地表水体时，应采取脱氯措施。采用臭氧消毒时，在工艺末端必须设置尾气处理装置，反应后排出的臭氧尾气必须经过分解破坏，达到排放标准。

（2）专用设备的消毒处理应急方案。

1）污水量测算：国内市场上可提供的成套消毒剂制备设备主要是二氧化氯发生器和臭氧发生器，这些设备基本可以采用自动化操作方式，设备选型根据产生的污水量而定。污水量的计算方法包括按用水量计算法、按日均污水量和变化系数计算法等，计算公式和参数选择参照现行行业标准《医院污水处理工程技术规范》HJ 2029 执行。

2）消毒剂投加量：

①消毒剂消毒：采用液氯、二氧化氯、氯酸钠、漂白粉或漂白精消毒时，参考有效氯投加量为 50mg/L。消毒接触池的接触时间不小于 1.5h，余氯量大于 6.5mg/L（以游离氯计），粪大肠菌群数小于 100 个 /L。若因现有氯化消毒设施能力限制难以达到前述接触时间要求时，接触时间为 1.0h 的，余氯大于 10mg/L（以游离氯计），参考有效氯投加量为 80mg/L，粪大肠菌群数小于 100 个 /L；若接触时间不足 1.0h 的，投氯量与余氯还需适当加大。

②臭氧消毒：采用臭氧消毒，污水悬浮物浓度应小于 20mg/L，接触时间大于 0.5h，投加量大于 50mg/L，大肠菌群去除率不小于 99.99%，粪大肠菌群数小于 100 个 /L。

③肺炎患者排泄物及污物消毒方法：应按照现行国家标准《疫源地消毒总则》GB 19193 相关要求消毒。

（3）污泥处理处置要求：

1）污泥在贮泥池中进行消毒，贮泥池有效容积不应小于处理系统 24h 产泥量，且不宜小于 1m³。贮泥池内需采取搅拌措施，以利于污泥加药消毒。

2）应尽量避免进行与人体暴露的污泥脱水处理，尽可能采用离心脱水装置。

3）医院污泥应按危险废物处理处置要求，由具有危险废物处理处置资质的单位进行集中处置。

4）污泥清掏前应按照现行国家标准《医疗机构水污染物排放标准》GB 18466-2005 中表 4 的规定进行监测。

4.6 医护人员防护技术

4.6.1 基本术语

（1）传染源：指体内有病原体生存、繁殖并能排出病原体的人和动物，包括传染病患者、隐性感染者、病原携带者和受感染的动物。

（2）传播途径：指病原体离开传染源，通过分泌物、排泄物及其适应的外界环境到达另一个易感者的途径。

（3）个人防护装备：用于现场调查处置人员对感染性因子或其他有毒有害的因子进行防护的各种屏障用品，包括工作帽、口罩、手套、护目镜、防护面屏、隔离衣、防水围裙、防护服、防水靴套（胶靴）等。

（4）标准预防：针对医院所有患者和医护人员采取的一组预防感染措施，包括手卫生、被动和主动免疫，根据预期可能的暴露之处选用手套、防护服、口罩、护目镜或防护面屏，以及穿戴合适的防护用品处理患者环境中污染的物品与医疗器械。

（5）额外预防：在标准预防措施的基础上，针对特定情况的暴露风险和传播途径所采取的补充和额外的预防措施，如呼吸道隔离、消化道隔离、血液体液隔离、咳嗽礼节和注射等措施。

（6）安全注射：对接受注射者做到无害，使实施注射操作的医护人员不暴露于可避免的危险，注射后的废弃物不对环境和他人造成危害。

（7）隔离技术：采用适宜的技术、方法，防止病原体传播给他人的方法，包括空间隔离、屏障隔离、个人防护装备（PPE）的使用、污染控制技术如清洁、消毒、灭菌、手卫生、环境管理、医疗废物处置等。

（8）医护人员职业暴露：指医护人员在从事诊疗、护理活动过程中接触有毒、有害物质或传染病病原体从而引起伤害健康或危及生命的一类职业暴露。

4.6.2 医疗机构的基本配置与管理

4.6.2.1 预检分诊、早期识别及源头控制

预检分诊指的是在患者就诊时系统评估所有患者，早期识别包括疑似患者，并能立即在一个单独的区域将疑似患者隔离。为达到早期识别疑似患者的目的，医疗机构可参照以下措施执行：

（1）通过培训、教育等方式提升医护人员对疑似患者的警觉性，掌握筛分疑似患者的方法。

（2）医疗机构应在门诊、急诊分别设立相对独立、标识明确的预检分诊处，配备接受过培训的分诊人员。

（3）按照最新的病例定义对就诊患者进行排查。

（4）在公共区域张贴醒目标识，提醒有症状的患者及时告知医护人员。加强手卫生和呼吸卫生是防控措施的关键。

在疫情暴发期间，医院应在其入口处设筛查区。在接诊过程中，应严格落实首诊负责制，对来诊的患者进行传染病预检筛查。未设置感染性疾病科或发热门诊的医疗机构，应告知患者到就近设有发热门诊的医疗机构就诊。

初步排除疑似患者，方可进一步到相应的科室就诊。对疑似患者，应将患者引导至感染性疾病科或发热门诊就诊并进行进一步排查，同时提醒患者及陪诊人员佩戴医用外科口罩，可在方便位置提供口罩或售卖设备。

4.6.2.2　严格落实标准预防措施

标准预防措施包括手卫生、呼吸卫生、经过风险评估选用恰当的个人防护用品（PPE）、安全注射、正确的医疗废物处理及医用织物处理、环境清洁以及患者使用设备的消毒。

（1）医护人员可参照世界卫生组织（WHO）规定的"手卫生的五个时刻"执行手卫生，分别为：接触患者前、进行清洁/无菌操作前、暴露于患者的血液/体液后、接触患者后、接触患者周围环境后。

（2）合理、正确并坚持使用个人防护用品。防护用品的防护效果，很大程度上取决于充足的供应、充分的使用方法培训、正确执行手卫生以及良好的个人行为习惯。

4.6.2.3　额外防护措施

对特殊病原体疑似患者执行经验性的额外防护措施（包括飞沫、接触及可能产生气溶胶的防护措施）。

（1）接触及飞沫预防措施：

1）所有人员在进入疑似或确诊患者的房间前，除采用标准预防措施外，还应采用接触和飞沫防护措施。

2）患者应被安置在通风良好的单人间，如不具备单间病房时，可将确诊患者安置在同一病房，疑似患者应单间隔离。

3）在可能的情况下，应设定一组医疗照护人员专门照护疑似或确诊患者，以减少传播风险。

4）医护工作人员应在标准预防前提下，根据风险评估结果使用医用外科口罩、医用防护口罩、护目镜或防护面屏、连体防护服、一次性隔离衣、手套、靴套或鞋套等个人防护用品。

5）在完成对患者的诊疗操作后，应正确脱摘个人防护用品，并进行手卫生。在对不同患者进行诊疗操作时，应更换新的个人防护用品。

6）对每位患者使用一次性或专用设备，必须共用的设备，应在每个患者使用之前对其进行清洁和消毒。

7）除非医疗需要，避免让患者离开其房间或所在区域，尽量使用床旁检测或诊断设备。如确需要转运，应使用预定的转运路线以最大程度减少与工作人员、其他患者和人员的暴露，让患者佩戴口罩。

8）确保运送患者的医护人员正确执行手卫生，并穿戴恰当的个人防护用品；在患者到达之前，尽早通知接收患者的区域，以便准备相关的防护措施；对患者接触过的设备、设施表面进行清洁和消毒。

9）限制与疑似、确诊病例的医护人员、家属及其他探视人员数量。

10）对所有进入患者病室的人员进行登记。

（2）气溶胶预防措施：在进行某些可能产生气溶胶的操作（如气管插管、气管切开、吸痰、无创通气、支气管镜检查等）时，医护人员必须做到以下两点：

1）在通风良好的环境或在换气次数不低于 12 次 /h 的负压隔离病房内进行操作，使用机械通风时，应控制气流方向。

2）在标准预防基础上，加穿预防气溶胶感染的个人防护用品，主要包括医用防护口罩、连体防护服、一次性防水隔离衣、手套、护目镜或防护面屏，有条件时可选用全面型呼吸防护器。

4.6.3　环境及工程生物安全控制措施

（1）医疗机构的基础设施生物安全控制旨在保证机构内所有区域的良好通风及环境卫生，工作人员的工作场所有严格的足够的空间距离和充分通风有助于减少病原体的传播。

（2）环境清洁和消毒必须遵循规正确的原则和规范的程序。

1）日常清洁消毒：在日常清洁消毒基础之上，适当增加病区和诊室通风及空气消毒频次。

2）终末清洁消毒：推荐采用有效浓度的高水平消毒剂进行喷雾→擦拭→再喷雾→通风。能耐受高水平消毒剂的医疗设备可采用擦拭及喷雾法消毒。医用织物多用一次性用品，化学灭菌后集中焚烧。

按照现行行业标准《医疗机构消毒技术规范》WS/T 367 的规定，做好医疗器械、污染物品、物体表面、地面等的清洁消毒。在诊疗过程中产生的医疗废物，应根据《医疗废物处理条例》和《医疗卫生机构医疗废物管理办法》有关规定处置和管理。

4.6.4　标准预防的原则和管理要求

（1）既要防止血源性疾病传播，也要防止非血源性疾病传播。

（2）既要保护医护人员，也要保护患者。

（3）根据疾病传播特点采取相应的隔离措施。

（4）所有医护人员在从事医疗活动前均应树立标准预防的概念，掌握标准预防的具体措施、应用原则和技术要求，并能应对各种暴露风险所需要的防护装备（如医用防护口罩、防护镜、防溅屏、防护手套、隔离衣、鞋套、靴套等），具体要求如下：

1）在医护人员频繁操作的医疗活动场所和出入口均应设置流动水洗手池、非手触式水龙头，配备手消毒剂和干手纸巾等手卫生设施；

2）在隔离病区应设有专门的防护更衣区域；

3）卫生通过区域除了配备上述防护装备外，还应设置穿衣镜、靠椅（靠凳）、污衣袋、医疗废物桶以及沐浴设施等；

4）所有防护装备均应符合国家相关标准的规定，按不同型号进行配备，并便于取用；

5）防护更衣区的出入口张贴防护服的穿、脱流程图；

6）制订更衣区域的清洁消毒制度与流程，明确岗位职责；

7）安排专人监督检查，确保进出医护人员严格正确操作，保证安全。

（5）手卫生管理：诊疗活动中医护人员的手是直接或间接接触患者的重要环节之一，所以医护人员的手卫生是标准预防措施中的重中之重。所有临床医护人员在诊疗活动应遵循现行行业标准《医务人员手卫生规范》WS/T 313 的规定。进行高风险操作或无菌操作时应戴手套，改变操作部位或目的时应及时更换手套，脱去手套后应立即进行手卫生。

4.6.5 标准预防措施的应用

4.6.5.1 基于暴露后发生感染的不同风险进行防护

通常情况下，将医护人员感染暴露后发生感染的风险分成以下四类：

（1）按传染性或感染性疾病传播的途径分类：

1）空气传播性疾病，如结核；

2）以飞沫传播为主的疾病，如传染性非典型肺炎；

3）以接触（直接、间接）为主的传播性病疾，如手足口病；

4）以虫媒为主的传播性疾病，如登革热。

（2）按接触的情景进行分类。根据医护人员诊疗操作时的具体情景，分为以下三种：

1）与患者一般接触或暴露于污染环境中，如分诊、触诊、问诊等；

2）直接接触患者的体液、黏膜或不完整皮肤，如口腔检查、穿刺、口腔护理、手术等；

3）有分泌物或污染物喷溅至医护人员身上和面部的风险，如口腔诊疗、气管插管等。

（3）按感染的风险强度分类。将感染暴露的风险按强度分为三级：

1）低风险：与患者的一般性接触，如导诊、问诊等；

2）中风险：给患者进行侵入性操作，如各种内镜、穿刺、注射等；

3）高风险：给传染病患者进行侵入性操作，如手术、插管、尸检等。

（4）自身状态：

1）自身免疫状态（包括人工免疫）；

2）皮肤黏膜屏障是否完整；

3）其他：如医护人员自身处于感染状态，根据风险评估适当回避或采取保护性隔离措施。

4.6.5.2 根据感染风险暴露强度的特点进行防护

在日常诊疗活动中，临床医护人员除了在各种医疗活动中存在暴露感染的风险外，与所在地区传染病的流行状态也密切相关。应急设施中，临床医护人员在一般医疗活动中发生暴露感染的风险明显增加。

4.6.5.3 按照可疑暴露的风险安全需要进行防护

按需防护的理念是基于标准预防的思想，结合临床医护人员操作中可能暴露的风险强度和情景，从安全需求的角度而提出的一种防护方法。

（1）按需防护原则：

1）安全、有效、科学、方便、经济的原则，采取按需配备和分级防护的原则；

2）所有人员必须遵循公众意识的原则；

3）面向所有医护人员，所有人员必须参加培训、考核的原则；

4）防护措施始于诊疗之前而不是诊断明确之后；

5）违规必纠的原则。

（2）按需防护的方法：

1）基本防护，是临床每一位医护人员必须遵守的基本措施。

适用对象：医院诊疗工作中所有医护人员（无论是否有传染病流行）。

防护配备：医用口罩、工作服、工作裤、工作鞋、工作帽。

防护要求：遵循标准预防的理念，洗手和手消毒。

2）加强防护，在基本防护的基础上，根据感染暴露的风险加强防护措施。

防护对象：可能接触患者血液、体液或接触血液体液暴污染的物品或环境表面的医、护、技、工勤等人员；进入区域、留观室、病区的医护人员；转运患者的医护人员、实验室的技术人员和其他辅助人员、工勤人员或司机等。

防护配备：医用手套、医用外科口罩、医用防护口罩、防护镜、面屏、防护服、隔离服、鞋套、靴套等。

3）严密防护，由于感染的风险特别严重，在加强防护的基础上，额外增加更为严密的措施。

防护对象：甲类或新发再发传染病患者（如埃博拉病毒病、中东呼吸综合征、传染性非典型肺炎、肺鼠疫等）或为原因不明的传染患者进行如气管切开、气管插管、吸痰等有创操作时；为传染病患者进行尸解时。

防护要求：在加强防护的基础上，增加使用全面型防护头盔或其他全面型防护器等有效的防护用品。

总之，按需防护对临床医护人员而言，是在标准预防概念指引下，基于临床诊疗操作中不同的暴露风险，根据安全防护的需要而采取的一种适当、易行且安全的防护方法。

在实际工作中，应结合疾病传播途径、感染风险强度和特点以及按需防护的原则及方法等综合考虑，采取相应的防护措施。

4.6.6　个人防护装备穿脱流程（极高风险与高风险暴露）

4.6.6.1　极高风险

极高风险主要针对新型传染性与致死性很高的传染病，头部防护需要额外增加防护头罩。

（1）穿戴顺序。以诊治传播途径不明、高致病性、高病死率、以呼吸道感染为主要临床特征的新发、再发传染病医护人员防护装备穿脱流程为例进行说明。

步骤 1：手卫生，更换个人衣物，穿内穿衣或刷手服，去除个人用品如首饰、手表、手机等，戴一次性工作帽。

步骤 2：戴医用防护口罩，做密合性检测。

步骤 3：检查防护服，穿医用防护服。

步骤 4：戴内层手套（检查手套完好性，推荐乳胶手套），覆盖防护服袖口。

步骤 5：穿隔离服（非连脚）。

步骤 6：戴外层手套（检查手套完好性，推荐丁腈手套），覆盖防水隔离衣袖口。

步骤 7：戴护目镜，防护面屏或防护头罩。

步骤 8：穿防水靴套。

步骤 9：穿外层鞋套。

步骤 10：按标准操作流程，由同事协助确认穿戴效果，检查全部个人防护装备是否齐备、完好、大小合适，确保无裸露头发、皮肤和衣物，不影响诊疗活动。

（2）脱摘顺序。脱个人防护装备时，必须至少有 1 名穿戴个人防护装备（至少包括防护服或隔离衣、口罩、防护面屏或防护眼镜和手套等）的医护人员在场，评估个人防护装备污染情况，对照脱摘顺序表，口头提示每个脱摘顺序，必要时可协助医护人员脱摘装备并及时进行手套消毒。

步骤 1：摘防护面屏（防护眼罩）（后侧摘）。

步骤 2：脱外层隔离衣连同外层手套。

步骤 3：脱防护服连同内层手套及防水靴套。

步骤 4：手卫生。

步骤 5：摘医用防护口罩和一次性工作帽。

步骤 6：监督员与工作人员一起评估脱摘过程，如可能污染皮肤、黏膜及时消毒，并报告上级部门，评估是否进行集中隔离医学观察。

步骤 7：沐浴。

4.6.6.2　高风险

高风险与极高风险主要区别在于头部防护不需要额外增加防护头罩。

4.6.7　职业暴露后处置

如医疗救治过程中发生、发现传染病病原体和接触有毒有害物质的情况，可能损害健康时，相关人员应立即终止工作并如实报告相关情况。责任机构组织对暴露情况和暴露风险进行科学评估。为降低暴露者感染、发病的风险，根据疾病严重程度和可采取的预防措施，可针对性采用紧急局部处理、接种疫苗、免疫球蛋白和服用预防性药物等措施。同时采取适宜的医学观察或隔离措施，必要时对暴露者开展实验室检测，若出现疑似症状应及时进行诊治。

第5章 工程案例

5.1 小汤山应急医院

5.1.1 工程简介

建设地点：北京。

建成时间：2003 年 5 月。

建筑面积：2.5 万 m^2。

床位数：612 床。

主要建筑物层数：1 层。

结构形式：轻钢框架，成品金属复合板，成品混凝土盒子房。

设计单位：中国中元国际工程有限公司。

5.1.2 项目特点

5.1.2.1 三大区的配置

在本工程项目中，新建病区是安排在原小汤山医院院区之外的东北角空地。各个区间严格区划分开、严格管控，利用原院区安排生活区及限制区的各类设施。

5.1.2.2 院区人流物流车流安排

运送患者专用车限制在医院接诊部入口广场，于院区两条进出口道路旁分设急救车洗消站，进出均须清洗消毒。后勤保障部门均安排在限制区、生活区内，一般车辆不进入污染区。

病区病患者经由室外半开敞通廊进入各病室，医护人员从生活区必须经由中间专用工作廊进入各个病区。

5.1.2.3 医疗区域基本工作流程

接诊区医护人员穿戴全身防护服在接诊区接诊，并经由室外通道分送病患者，换班时需经限制区的卫生通过室。

医护人员由限制区经由工作通道进入各病区，必须经由各病区的卫生通过室穿戴全身防护服后才能进入。由病区内工作廊进入各个病室时须经缓冲间，缓冲间配置洗手盆，布置双道错位门。

送餐由营养厨房经工作通道推送至各病区。由各病区的转运间的传递窗口传递，应并由病区内专用推车经传递窗分送至各病房，均采用一次性餐具。

残余食物、固体废弃物由专人用专用袋，由病区外走廊收集并运送污物暂存间集中，先用环氧乙烷灭菌再转运至焚烧炉集中焚烧处理。

各病区病患者需做检查时，经由室外联廊安排电动平车运送进入治疗室或送医技室检查，并备有移动式床头 X 线机供床旁检查。

5.1.2.4 标准护理单元

各病房均配置有独立卫生间，设淋浴、大便器及洗手盆，各病房与工作走廊之间分设600mm×600mm（$b×h$）双门密闭传递窗，供传递食物、药品等使用。

病房均设有电视及吸引、氧气插口、电气插座、护士呼叫按钮等医用设施。

约40床组成一病区，在工作区内还设有处置室、治疗室。设有医疗仪器、移动式X线机停放间，医生办公室、护士办公室、备用间、配餐转运等。

污物污洗间设于各病区端头，污物均由室外走廊进出。

5.1.2.5 通风空调系统

病区采用机械通风系统，考虑拼装式建筑密闭性较差，在医护人员活动区域（清洁通道、淋浴、更衣、办公室、护士站等房间）只设集中机械送风系统，医护人员走廊（半污染区）按病区设集中机械送风系统，同时在每间病房设机械排风系统，排风量大于送风量。这样充分保证了清洁区压力高于半污染区，半污染区压力高于污染区，病房绝对呈负压状态的有序气流流向，保证各区域气流流向，即区域空气医护人员活动区域压力最大，同时控制空气由医护人员走廊，经缓冲间流向病房，不会回流。由于部分病毒附着在微粒上在空气中流动，因此排风系统需经过初效、中效、高效三级过滤后方可排出，而且为了进一步保证新风源不受病毒污染，送风系统也经过初效、中效、高效三级过滤后方可送入室内。此方案经建委及卫生局讨论，认为建设时间紧迫，必须予以简化，在保证气流组织合理性的前提下确定最终设计方案为医护人员活动区域及医护人员走廊（半污染区）仍按原设计设置送排风系统，各病房底部设置带低阻亚高效过滤器排风机直接向室外排风，每个病房排风机开关按区域统一控制，患者不可随意开关。进风口采自高空6m的空气。同时要求安装分体空调机的病房冷凝水不可随意排放，应排至病房卫生间的便池内，同污物一同处理。

5.1.2.6 给排水系统

鉴于工程紧急，现场讨论形成以下技术导则：

（1）病房的给水阀门，考虑维修时的困难和风险，建议设施在病房外。

（2）污水排水管道的水封应防止破坏的措施，水封深度50～75mm。

（3）排水管道的申顶通气立管应采用紫外线消毒处理后排放。

（4）其他按现行规范执行，以及当时形成的《综合医院建筑设计规范》送审稿执行，送审稿同现在发布实施的差异很少。

（5）污水处理站，其设置地点、处理工艺均难以确定，为在时间紧急的条件下保证工期和运行维护，确定把院区现有游泳池形成3个并排的水池，经就地防腐处理改造加盖，前端为化粪池，后端加药消毒，处理后排入市政下水道。运行实践证明没有产生水环境污染和社会问题，正常投入使用。

5.1.2.7 电子信息系统

病例、化验、医学影像等均为电子文档，实现无纸化、无片化，阻断院内交叉感染渠道，并实现与院外联网。

5.1.2.8 医用气体

医院设置氧气、负压吸引、压缩空气三种集中供应的医用气体，其他医用气体采用高压钢瓶就地供应。

氧气站设在非污染区,选用 2 台 10m³ 液氧罐,系统配置:液氧储罐→汽化器→减压装置→氧气分气缸→用户端;由管道供应至医院各个用气点。

压缩空气站设在非污染区,选用 2 台少油螺杆空气压缩机组,系统配置:空气压缩机→储气罐→空气干燥机(宜采用吸附式干燥机)→过滤器→用户端;由管道供应至医院各个用气点。

负压吸引考虑非典型性肺炎病毒可能经由飞沫、气溶胶传染传播,负压吸引真空泵房设在污染区内。选用 2 台水环式真空泵,医用真空汇设置:用气端点→集污罐→真空罐→水环真空泵→浸入消毒(次氯酸钠液体)→大气排放。

5.1.2.9 模数与标准化单元的应用

设计平面方案以沿中间主廊东西延展布置病区,建筑公司根据当时可调配的不同厂家成品金属复合夹芯板、现成混凝土盒子房屋等,在现场组装,所有地基采用混凝土现场浇筑,实现快速施工。

代表性图纸及照片如图 5-1-1~图 5-1-4 和附录中图 3 所示。

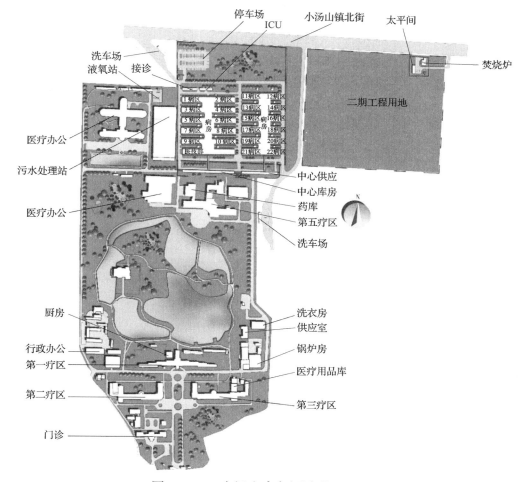

图 5-1-1 小汤山应急医院总平面图

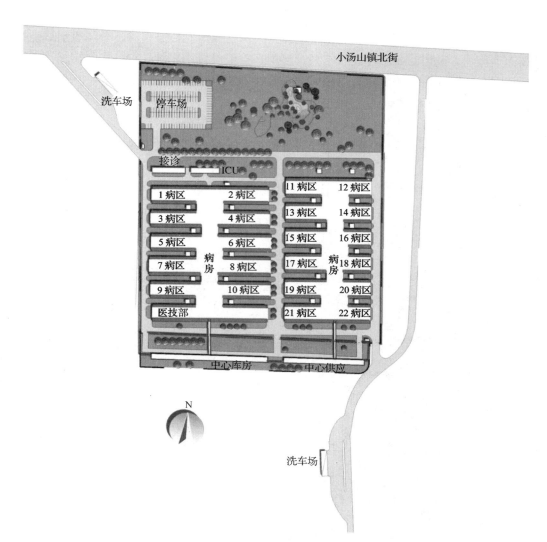

图 5-1-2 小汤山应急医院病房区总图

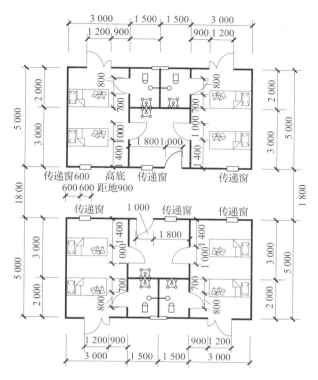

图 5-1-3　3m 开间标准病房平面图

图 5-1-4　小汤山应急医院建成后照片

5.2 新冠肺炎小汤山医院

5.2.1 工程简介

建筑面积：53 000m²。

床位数：1 500 床。

主要建筑物层数：3 层。

结构形式：集装箱箱体房、轻钢结构。

设计单位：北京市建筑设计研究院有限公司。

本项目为北京市应对 2020 年新冠肺炎疫情的储备项目，于 2020 年 1 月 23 日启动，包含 B 区既有建筑改造病区（160 床）及新建临时病区（1 500 床）。起初定位为收治轻重症患者，随着北京市疫情的发展与控制，最终用于输入性境外患者筛查、隔离、救治病房。

本项目主要功能有病床：30 个病区；医技用房：放射科、超声室、功能检查室、检验科、药剂科、B 超室、肺功能室；配套工程：餐厅食堂、换热站、120 急救洗车、垃圾暂存间、垃圾消毒间、负压吸引机房、压缩空气机房、液氧站、污水处理站、洗衣房、危险品暂存间、危险废弃物暂存间、防护隔离服洗消间等。医院的管理、后勤人员休息等保障用房利用医院既有建筑规划。本项目按照 1 660 床满负荷运转，需配备医护人数较多，考虑到用地受限，采取院外集中休息、集中接驳方式规划。

本项目主要分为四个阶段：B 区改造期设计、CDE 区改造设计论证（最终放弃改造）、新建临时病区设计、提升新建临时病区。

5.2.2 各专业设计要点

5.2.2.1 通风空调设计

（1）冷热源。

本项目空调采用多联机空调系统，由于燃气锅炉供货原因，本项目采用其他项目已生产好的一体化真空燃气热水锅炉作为本项目热源，需满足 1 420kW 散热器采暖系统热负荷及 6 700kW 冬季新风加热热负荷。一体化真空燃气热水锅炉自带气候补偿器、软化水系统、定压补水系统，锅炉排水设备自行预处理排水温度 40 ~ 65℃。散热器系统供回水温度 75/50℃（供水 75℃，回水 50℃，下同），冬季新风加热系统75/50℃（机组配高温热盘管）。

（2）空调系统。

空调系统采用多联机系统，冷凝水按污染分区排放至污废水排水系统，最终排至污水处理站。污染区病房由于区域内无地漏，故将排水点设置在病房缓冲间手盆排水处，通过设置三通利用手盆排水为冷凝水排水、存水弯补水，半污染区冷凝水就近排入半污染区排水地漏，清洁区冷凝水排入清洁区公共卫生间拖布池或地漏。室外机设置在屋面，并因屋面设计提升采取了倒流风罩形式散热。

室内机形式采用风管式，以便管线综合，同时方便冷凝水排出。

（3）采暖水系统。

供暖系统采用下供下回式垂直双管系统，并异程布置。按不同护理病区及医技功能，系统划分为多个环路。

各并联环路分支管上设静态平衡阀，每组散热器设散热器恒温阀。

供水干管末端、回水干管始端设置闸阀，各供回水立管底部设置泄水丝堵。

每组供水立管的顶部设自动排气阀，各顶层散热器设手动排气阀。

（4）送风、排风系统。

1）病房区（按呼吸道传染病房设计，不是负压隔离病房）。根据传染病医院规范要求设置机械通风系统，严格按照污染区、半污染区、清洁区分别设置系统，新风设置变频直膨式新风机组并设置冬季加热盘管段供冬季新风加热，同时设置初效过滤＋亚高效过滤段。排风设置集中变频排风机并设置初效＋高效过滤段。

污染区、半污染区最小换气次数不小于 6 次 /h，送风口位于房间上部，病房排风位于房间下部，同时卫生间设置顶部排风口；诊室、处置室的排风设置于房间下部，且风口底部距地面不小于 100mm。

清洁区办公等房间以送风为主，无窗房间增加排风，但需满足送风量大于排风量 150m³/h 的要求，污染区病房每个房间送风达到换气 8 次 /h、排风达到 15 次 /h。病房医护走廊与护士站间缓冲区设置送风系统，换气次数为 40 次 /h，风机设置亚高效过滤器。

建筑气流组织形成从清洁区至半污染区至污染区的有序的压力梯度，房间气流组织应防止送排风短路，送风口位置应使清洁空气首先流过房间中医护人员可能的工作区域，然后流过传染源进入排风口。

污染区、半污染区各房间到总送风、排风管的支风道上设置两位开关电动密闭阀，并可单独关断以进行房间消毒，各房间排风支管电动调节阀与变频风机联动，由电动阀开启数量控制排风机转速，同时各房间新风支路上的电动调节阀与排风电动阀联动启闭，排风电动阀关闭时新风电动阀必须关闭。新风支路电动阀与直膨式新风机组联动，根据电动阀开启数量控制新风及转速。污染区、半污染区送排风支路设置定风量阀。

2）其他区。检验科按 P2 实验室设计，聚合酶链式反应（PCR）实验室设置独立的送风、排风机，保证压力梯度。

厨房设置局部排风、全面排风及相应补风，餐厅设置新风换气机。

洗衣房设置机械通风，烘干机房通风量大，排风由厂家完成（设备自带风机），设计院根据需求设置补风机同时设置热盘管。

120 洗消采用雾态过氧化氢喷洗消毒，排风换气次数大于 10 次 /h，并设置搅拌风机。危险物品暂存库设置平时兼事故通风，换气次数大于 12 次 /h，所有设备采用防爆型。

3）系统监控。设置自动监控系统，监测设备故障过载报警、启停次数、累计运行时间、定时检修更换提示。对过滤器积尘后阻力超限报警，提示及时更换过滤器，保证卫生安全。

（5）防排烟系统。

1）本项目防排烟系统按《建筑防烟排烟系统技术标准》GB 51251–2017 的要求设计。

2）病房区通过设置天井的形式满足走廊自然排烟条件。

3）医技区及配套的厨房区设置机械排烟系统。

5.2.2.2　给排水系统改造设计

（1）给水系统。

给水系统不分区，全部为市政直供。引入管在首层及顶层，有地面排水的适当位置增加低阻力减压型倒流防止器，阀后压力不小于 0.25MPa，满足工程使用要求。市政入口设置一级水表，各楼栋分别设置二级水表，分别设置在室外给水检查井内。新增水表均采用机械水表。

（2）热水系统。

本项目新增集中统一供给 24h 集中热水系统，因供货周期影响，采用的由其他项目已订货的一体化真空燃气热水锅炉提供一次高温水，经浮动盘管容积式换热器换热后提供 60℃ 生活热水，院区原有温泉水作为备用水源。设备自带定压、水质处理设备及蒸汽凝结水回收措施，凝结水温度为 40 ~ 65℃。热水为全日制下行下回式机械循环系统，干管同程、立管异程、不分区。

（3）饮用水系统。

本项目各层开水间内均设置全自动电开水器，为医护人员提供饮用水。开水器选用带净化装置的加热水箱和储热水箱分别配置的产品。每处饮水点预留功率为 9kW 的直饮水机电量。管道直饮水系统用户端的水质应符合现行行业标准《饮用净水水质标准》CJ 94–2005 的规定。病房内设电开水壶供病患饮用水。电开水器应设电气接地等装置。

（4）排水系统。

1）地上污废水采用重力自流式排出室外，室内按污染区、半污染区、清洁区改造各区单独收集汇总排放，病房区卫生间均为同层排水，不设置地漏，器具后出水，淋浴采用整体式淋浴房，仅清洁间和报警阀室设置下排水地漏。

2）病房内卫生间室内污废分流，管井内接入污水立管。

3）所有污物洗涤池和污水盆的排水管管径不得小于 75mm。

4）通气系统：均采用伸顶通气立管，分别伸出屋面后合并引导远离新风取风口的位置，出口处均需设紫外线消毒设施。

5）室外排水检查井采用密封井盖。

6）新建一处处理能力为 800m³/ 天的污水处理站，供 1 500 床位医院工程排水处理。采用化粪池预消毒 +MBR 膜处理工艺，处理后的出水水质标准需满足《医疗机构水污染物排放标准》GB 18466–2005 中传染病医院水污染物排放限值规定中预处理标准的要求。调节池、预消毒池均设于地下，生化处理单元设于室外地上。

7）雨水系统由屋面天沟汇水后，有组织地排入建筑外圈雨水沟，经指挥部协调会确定未设置雨水收集消毒系统。

（5）消防水系统。

室外水源由两路市政给水提供，现状为南侧市政路引入管径为 $DN200mm$ 的引入管，市政给水压力为 0.3MPa。本次及后续园区改造在北侧市政路增加一根管径为 $DN200mm$ 的引入管，在园区内构成环状给水管网，满足园区生活给水及室外消防用水的要求。消防水源需为两路市政给水，水压为 0.25MPa。室外给水管网在本项目红线内布置成环状管网，管网上设置地下式消火栓，消火栓井内设置 $DN100mm$ 和 $DN65mm$ 的消火栓各一个。室外消火栓间距不超过 120m，室外消火栓距消防水泵接合器 15～40m。室外环状管网根据园区整体改造和规划逐步落实。

项目由 B 区新增消防水池及消防泵房供水，满足室内新增室内消火栓及自动喷洒灭火系统的要求。

设置磷酸铵盐干粉型灭火器，根据建筑物各区域的火灾类别、危险等级，确定单具灭火器最小配置灭火级别及最大保护距离。由于项目箱体耐火极限不足，验收时指挥部要求在原有系统设计基础上，所有房间加配不少于 2 具灭火器。

5.2.2.3　医用气体设计

病房设两气，包括医用氧气和负压吸引。

重病监护室、各层紧邻护士站抢救间、处置室及治疗室设三气，包括医用氧气、负压吸引和压缩空气。

室外设置液氧站（含 3 个 $5m^3$ 液氧罐）、负压吸引机房、压缩空气机房管道经埋地后进入楼栋内气体管井。同时液氧站增加供应 B 区管路接至 B 区氧气汇流排间。

5.2.3　代表性图纸及照片

代表性图纸及照片如图 5-2-1~图 5-2-10 和附录中图 4~ 图 6 所示。

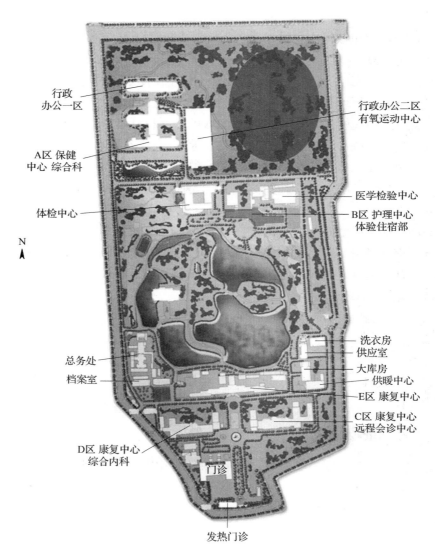

图 5-2-1　新冠肺炎小汤山医院选址示意图

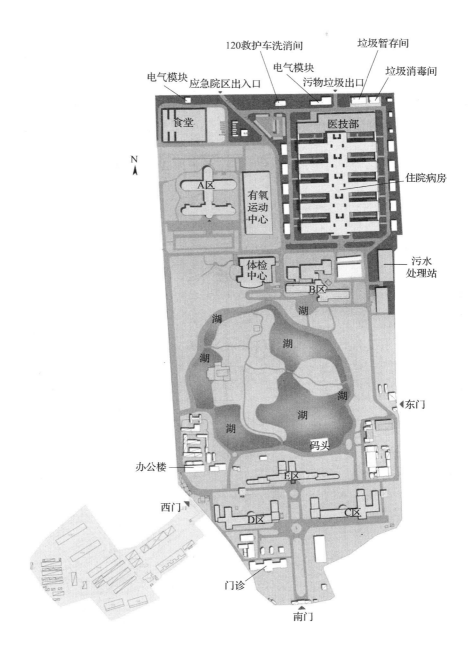

图 5-2-2　新冠肺炎小汤山医院总平面图

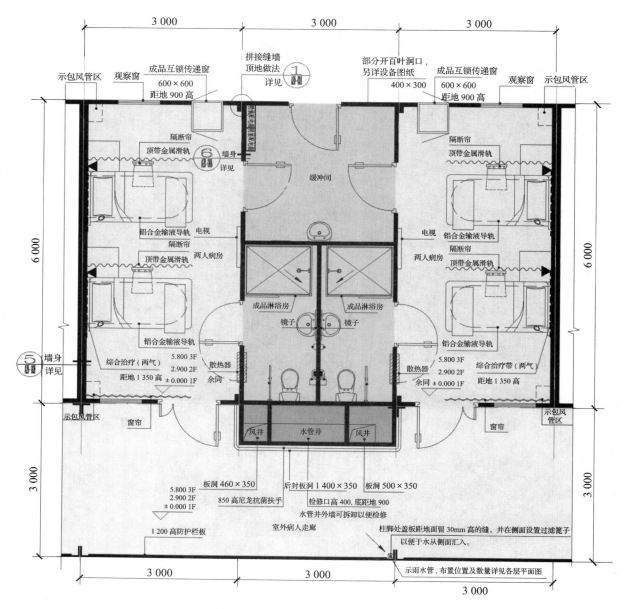

图 5-2-3　新冠小汤山单元平面

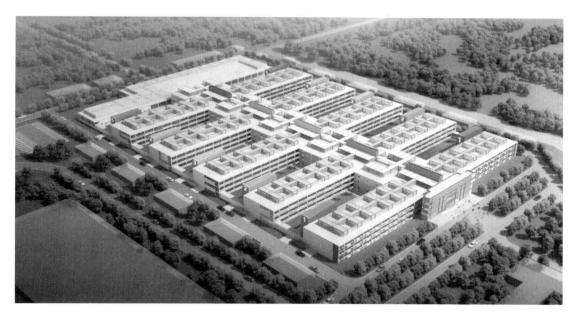

图 5-2-4　方案设计鸟瞰图

图 5-2-5　建设中航拍

图 5-2-6　建成后航拍

图 5-2-7　实景照片

图 5-2-8　庭院实景

图 5-2-9　检验科实景

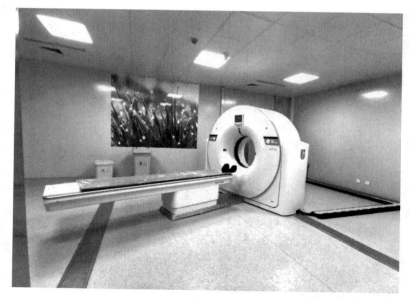

图 5-2-10　CT 室实景

5.3　武汉火神山医院

5.3.1　工程简介

建筑面积：34 571m²。

建筑层数：1 层（局部 2 层）。

总床位数：1 000 床。

结构形式：钢筋混凝土整板基础、预制箱型结构房屋、预制板材装配式轻钢结构。

建造周期：10 天。

设计单位：中信建筑设计研究总院有限公司。

监理单位：武汉华胜工程建设科技有限公司。

技术支持：中国中元国际工程有限公司。

本项目为收治新冠肺炎确诊患者的应急医院，设有接诊、医技、ICU、病房，以及相应的保障系统。医院的管理、院内生活、餐食供应等利用选址处的既有疗养院。医院的消毒供应、洗衣等采取外包方式。

本项目位于知音湖畔，为避免因医院使用而存在的湖泊水系污染风险，在场地设计时采取了地面雨水径流排水全收集消毒处理及全基地铺设防渗膜的技术措施。建筑构成采用鱼骨状布置方式，并根据该医院仅收治确诊患者的特点，合理确定建设内容，简化患者流线。除住院部外，严格控制其他部分的非应急功能设置，并采用摆渡车接驳转运患者的方式，避免了设置不必要的建筑空间和大量的患者通道，从而达到功能集约化、效率最大化、建筑体量最小化。建筑功能布置严格按照三区两通道的格局，并强化了分区之间的卫生通过设计，最大程度地保障医护人员的安全。项目采用标准化、通用化、模块化设计，为装配式建造提供了根本保证，整个项目从设计到交付仅用了 10 天时间。

5.3.2 各专业设计要点

5.3.2.1 结构设计

（1）设计原则。

在确保安全的前提下，本项目结构设计中更关键的问题要便于快速施工。为此，对于不同功能的建筑用房采用了预制箱型结构房屋和预制板材轻钢结构等不同方式的装配式建造。同时，考虑到材料供应、运输、现场施工、安装、多专业交叉等因素，要求设计充分应考虑到相应的适应性及可行性。

（2）上部结构。

本项目由住院楼、医技楼、ICU、医护生活用房和一些配套的室外设备用房组成。

1）住院楼。

住院楼部分结构形式为轻型模块化钢结构组合房屋（箱式房）。模块化房屋可以分为四大类：标准模块、走廊模块、功能模块、异形模块。本项目采用标准模块，其规格为：长 × 宽 × 高 =6 055 × 3 000 × 2 900，采用工厂预制的集成模块，是由立柱、底框、顶框、墙板等部分组合而成的。

箱式房整体采用钢结构骨架和彩钢复合板墙体，骨架以冷弯薄壁型材为主要材料，通过高强螺栓连接。本次选择的箱式房，其结构构件承载力及楼面使用荷载限制条件基本可以满足本次应急医院使用的相关要求。同时，箱式房的构件可拆分单独运输，现场直接拼装，满足运输方便、安装快捷的要求。

2）医技楼及 ICU。

医技楼及 ICU 由于医疗工艺的要求，存在大空间、大跨度用房，若采用标准集装箱拼装已无法满足使用要求，因此采用活预制板材轻钢结构，即主体结构采用钢排架和门式钢架，外墙采用夹心彩钢板房相结合的结构形式。

由于施工单位在春节期间只能找到小截面的矩形钢管（型号为"口 140 × 80 × 5"和"口 120 × 80 × 4"），因此，应按组合截面进行计算和设计。组合截面在工厂焊接运到现场进行拼接组装，这样省去了二次采购和再加工制作的时间，提高了工作效率。

3）基础设计。

住院楼集装箱装配式建筑是在现场拼装完成，设备专业（特别是水专业）管道需从室内铺设至室外，考虑当时时间紧迫，同时在筏板内无法完全准确地确定管道的位置，设计采用了筏板及筏板上加钢梁支撑这两项技术措施，大大提高了工程的进度。在场地平整完成后，立即进行筏板基础的施工，待筏板基础施工完成 24h 后，就开始安放钢支座及拼装集装箱，使整个工地可以分段施工、循环作业，大大加快了施工的速度。

5.3.2.2 给排水设计

（1）供水系统。

本项目供水主管为双水厂供水，采取市政直供 + 无负压给水设备联合供水方式。在设备吸入管上预留加氯机接口及检测接口，当管网余氯量不达标时，可直接接驳加氯机自动定比投加含氯消毒剂，保证管网供水安全。

（2）排水系统。

污水系统对应三区两通道分别设置污染区排水管网和清洁区排水管网，排水管网均直接排至预接触消毒池进行消毒。室外污水管网为密封系统，要求所有管道及构筑物检查井盖采取密闭措施，所有污水管道接口处采取混凝土满包加固措施。为保证系统排水通畅，在室外合适位置的检查井设通气管并排至屋顶大气，通气管口设置高效过滤加消毒设施。

污水消毒处理系统采用预消毒＋二级处理＋消毒工艺，生活污水处理达到《医疗机构水污染物排放标准》GB 18466–2005 中传染病、结核病医疗机构水污染排放限值后排放。预消毒工艺段位于管网末端的化粪池前，预消毒工艺采用液氯对医院污水进行预消毒，接触时间为 2h，污水经预消毒后进入化粪池。二级处理采用 MBBR 生化处理工艺。深度处理工艺采用混凝沉淀器进行泥水分离，同时进一步降低悬浮物浓度。针对本次疫情特点，采用液氯作为消毒剂。污水处理过程中产生的污泥排入污泥储存池，经消毒后脱水至 80% 以下，由有资质的危废处理单位集中清运处理。污水处理站臭气经收集后由高效活性炭吸附＋紫外光催化消毒处理后排放。

（3）雨水系统。

室外雨水系统采用全回收无下渗方式，由建筑专业在全区域敷设防渗膜保证所有雨水不进入地下，均由雨水系统雨水口收集，收集后的雨水重力自流进入雨水调蓄池，经调蓄池错峰后再由一体化雨水泵站加压提升排放至污水处理厂，为减少污水处理厂处理负荷，在一体化雨水泵站内设置加氯管，对雨水进行加氯消毒处理。

室内给水系统竖向不分区，进入污染区的给水管起段设倒流防止器。公共卫生间的洗手盆、小便斗、大便器及医护人员使用的洗手盆均采用非接触性或非手动开关。饮用水由电开水器制备；病房卫生间和医护人员淋浴处提供热水供应，热水为分散系统，由储热式电热水器制备。

（4）防扩散设计。

室内排水系统中室内清洁区和污染区的污废水分别独立设置管网，排至室外对应的小市政管网内。为减少有害气体浸入造成污染，应减少地漏的设置场所，其中准备间、污洗间、卫生间、浴室、空调机房等应设置地漏；医护工作区的工作房间不应设地漏。地漏采用带过滤网的无水封地漏加存水弯；排水立管的通气管口设置高效过滤器＋紫外线消毒装置；空调冷凝水有组织收集间接排水，并进入污水消毒处理站统一消毒。

（5）消防系统。

室外消防系统采用低压制，与给水系统管网合并设置，室外消火栓布置间距不大于120m，且在室外消火栓前设置倒流防止器，供火灾时消防车取水灭火使用。

室内设消防软管卷盘，其布置满足同一平面至少有 1 股水柱能达到任何部位的要求；室内严重危险级部位设置磷酸铵盐干粉灭火器；护士站配置微型消防站，移动式高压细水雾储水量为 100L；每名医护人员配备 1 具过滤式消防自救呼吸器，并放置在醒目且便于取用的位置。

5.3.2.3　电气设计

（1）供配电设计。

1）供电电源。本项目由城市电网引来 2 路 10kV 电源，两路电源相对独立、同时工作、分列运行、互为备用。正常运行时，主供 1 回供电容量为 7 300kV·A，主供 2 回供电容量为 7 300kV·A，当任意一电源失电时，另一路电源可承担全部容量。

2）变配电站设置。根据本项目建筑特点，在建筑周边设置 24 座 10/0.4kV 箱式变配电站，其中 630kV·A 箱式变电站 20 台，500kV·A 箱式变电站 4 台。每个病房医护区设置 1 台 630kV·A 箱式变电站，并两两成组，出线回路互为备用（除风机电加热负荷外），医技楼设置 2 台 630kV·A 箱式变电站，接诊及 ICU 等设置 4 台 500kV·A 箱式变电站。

3）自备应急电源设置。本项目共设置室外箱式柴油电站 16 台，其中 12 台常用功率 600kW 的柴油电站，4 台常用功率 500kW 柴油电站，每两个病房医护区共同设置 1 台常用功率 600kW 的箱式柴油电站，医技楼设置 2 台常用功率 600kW 的箱式柴油电站，接诊及 ICU 等设置 4 台常用功率 500kW 的箱式柴油电站。医技楼、接诊及 ICU 用电负荷 100% 配备柴油电站，病房医护区除风机电加热负荷外，其他负荷均可由柴油电站提供第三电源。箱式柴油电站自带日用油箱，储油量不小于 8h，且地块北侧为中石化知音大道加油站，可保证柴油供应可靠。

另外，针对手术室、ICU、检验科、弱电机房等重点区域均配备了应急供电时间 30min 的 UPS 电源，作为柴油发电机启动前的过渡电源，进一步加强供电可靠性。

（2）照明系统设计。

1）光源及灯具选择。本项目照明选用发光效率高、显色性好、使用寿命长、色温相宜、符合环保要求的光源，主要采用 LED 灯、T5 直管三基色节能型荧光灯。清洁走廊、污物间、卫生间、候诊室、诊室、治疗室、病房、手术室、血库、洗消间、消毒供应室、太平间、垃圾处理站等场所，宜设紫外线消毒器或紫外线消毒灯。

2）照明控制。病房走廊照明、病房夜间守护照明在护士站统一控制，其他场所采用翘板开关就地控制。

3）应急照明。在疏散走道、门厅设置疏散照明，其地面最低水平照度不应低于 3 lx；在手术室、重症监护室等病人行动不便的病房需在协助疏散区域设置疏散照明，其地面最低水平照度不应低于 5 lx。在走廊、大厅、安全出口等设置疏散指示灯及安全出口标志灯。应急照明灯具采用自带蓄电池灯具，应急供电时间不低于 30min。

（3）电气设备及管线安装。

为保证设备后期控制、维护人员的安全，本项目绝大部分配电箱（柜）、控制箱（柜）都是安装在对清洁区或室外开门的配电间内，只有末端病房配电箱明装在缓冲区的墙面上；本项目除病房医疗带上插座外，其他插座也都是明敷在墙面上。

本项目高压线路选用 ZR-YJV22-8.7/15 型高压电缆穿室外电缆管群敷设。室外进线电缆采用铠装交联电力电缆（YJV22-0.6/1kV）；一般室内电力干线、支干线采用无卤低烟 B 级阻燃交联铜芯电力电缆（WDZB-YJY-0.6/1kV）；一般支线选用 WDZD-BYJ-450/750V 无卤低烟 D 级阻燃铜芯导线；应急照明线路选用 WDZDN-BYJ-450/750V 无卤低烟 D 级阻燃耐火铜芯导线。

本项目室内在公共走道上的主干线路是沿电缆桥架敷设，为加快施工进度，支线主要穿阻燃塑料线槽沿顶板或墙面明敷。电缆桥架、线槽等穿越污染区、半污染区及洁净区之间的界面时，隔墙缝隙及槽口、管口应采用不燃烧材料可靠密封，防止交叉感染。

（4）建筑防雷及接地。

1）工程防雷类别属于第二类。利用集装箱金属顶或彩钢板屋面（外层钢板厚度大于0.5mm）作为接闪器，利用集装箱等竖向金属构件作为防雷引下线，引下线平均间距不大于18m。

2）因本项目整板基础下铺设了一层绝缘的防渗膜，且集装箱建筑都是直接通过方钢管垫块搁置在整板基础上，与基础钢筋没有物理连接，为保证接地的可靠性及施工快速，在整板基础外沿各单体建筑物外轮廓敷设一圈热镀锌扁钢，并在热镀锌扁钢沿线每隔9m在整板基础上预留一块接地连接板，接地连接板下端与基础钢筋相连，上端通过热镀锌扁钢与集装箱金属框架相连，如实测电阻大于1Ω，可通过热镀锌扁钢向外补充人工接地极。

（5）火灾自动报警系统。

1）因本项目为短期应急工程，且为单层（局部二层）建筑，为减少施工工期，本项目仅在门厅、公共走道、病房、诊室、检查室、检验室、手术室、库房等场所设置自带蜂鸣器的独立式感烟火灾探测器。

2）利用设置于室外的高音喇叭兼作本项目消防广播，利用现有普通电话系统、医护对讲系统、无线对讲机兼做消防电话系统。

（6）信息设施系统。

1）语音通信系统。

本工程设置语音通信系统，为项目提供先进的通信手段及各种先进的通信业务和多媒体信息服务。在与医疗业务有关的房间、医生办公室、护士站、病房等部位设置电话，本项目设置固定电话约800门。

从市政电信网络引来的电话电缆，由院区西侧进入，经室外智能化管群进入一层信息网络机房。

2）信息网络系统。

利用先进、成熟的网络互联技术，构造高速、稳定、可靠、可伸缩的信息网络平台，该网络平台必须满足相应医疗救治的总体要求，并实现与上级主管部门的平滑连接。数据网络系统对各种信息予以接收、储存、处理、交换、传输并提供决策支持。由移动及电信两家运营商提供网络接入服务，运营商提供各自网络机房设备。各网络的核心层交换机及服务器设置在一层信息网络机房内，核心交换机采用CLOS交换架构、信元交换、VOQ、分布式大缓存交换架构，能提供持续的带宽升级能力和业务支撑能力，要求最大支持536/1032Tbps交换容量。

信息网络采用双路由、双运营商的双链路设计，以确保信息传输的可靠。系统分三层结构，即核心层、汇聚层、接入层；系统还应包括网络管理系统、网络安全系统、网络储存和备份系统等子系统。

3）综合布线系统。

综合布线系统是将语音信号、数字信号的配线，经过统一的规范设计，综合在一套标准的配线系统上，此系统为开放式网络平台，方便用户在需要时，形成各自独立的子系统。综合布线系统可以实现资源共享，综合信息数据库管理、电子邮件、个人数据库、报表处理、财务管理、电话会议、电视会议等。本设计仅考虑布线不涉及网络设备。

由市政引来语音通信及信息网络外线电缆经室外智能化管群进入一层信息网络机房，再经一层干线桥架进入各配线间。与外部通信应充分考虑安全性，有效防止外界非法入侵。进入建筑的智能化线缆均应采取电涌保护器 SPD，以防雷击电磁脉冲的破坏。

本次综合布线系统共划分为医疗专网、外网（含 Wi-Fi）、安防网三个部分。综合布线系统由工作区子系统、配线子系统、干线子系统、设备间子系统等子系统组成。

三张网络均采用 6 类非屏蔽系统。

每个护士站和医生工位设置 1 个内网、1 个电话点位；护士站设 1 个外网、3 个内网；每个 ICU 床位设置 4 个内网点位。病房床头设置 2 个内网、1 个外网、1 个电话点位；共设置语音点 800 个、外网点 800 个、内网点 2 100 个。

工作区子系统：在媒体区、运营办公室、会议室、设备用房等场所设置语音及数据通用的信息插座。工作区末端支线采用六类铜缆；出线端口采用六类连接器件。

水平子系统：采用符合《电缆及光缆燃烧性能分级》GB 31247 的 B_1-（d_0，t_0，a_1）级燃烧性能标准的非屏蔽 / 屏蔽 4 对对绞线（CAT6-UTP/STP），按六类的标准布线到室内每个使用单元。

干线子系统：每护理单元为一个配线区，从楼层配线间至设备间的主干线缆终接于相应的配线设备。数据主干采用 24 芯 OS2 单模光缆，满足 G.625 的 C、D 参数，所有干线线缆应符合《电缆及光缆燃烧性能分级》GB 31247 B_1-（d_0，t_0，a_1）级燃烧性能标准。

设备间子系统：楼层配线间内安装标准网络机柜，配线架采用 24 口 RJ45 模块化结构，1U 高度，模块后面须带线缆固定套的配线架，可在配线间通过跳线实现数据点和语音点的互换。

4）Wi-Fi 覆盖系统。

Wi-Fi 覆盖系统采用业界主流架构"无线控制器 + 瘦 AP"方式，所有无线 AP 接入点由无线控制器统一管理，而且所选 AP 支持 2.4G 和 5G 频段，支持弹性扩容，按需使用。提供用户自动漫游、RF 优化等智能无线业务。

室内全部使用吸顶无线 AP，安装于走廊、大厅、病房等覆盖周围区域的房间。

根据公安部《计算机信息网络国际联网安全保护管理办法》的要求，确保用户实名制登记公共区域上网。

5）公共广播系统。

在室外及护理单元医护走廊等区域设置公共广播系统。公共广播系统满足应急广播和背景广播的需要。公共广播机房位于一层安防控制室。

公共广播系统有多种用途，紧急广播应具有最高级别的优先权。公共广播系统应能在手动或警报信号触发的 10s 内，向相关广播区播放警示信号（含警笛）、警报语声文件或实时指挥语声。以现场环境噪声为基准，紧急广播的信噪比应大于或等于 12dB。

公共广播系统的功率馈送回路采用三线制。

6）无线对讲系统。

本项目采用数字式集群无线对讲系统，无线对讲系统覆盖整个医院，系统由信道收发共用器、耦合器、功分器、避雷器、同轴电缆、室内外天线构成。

系统对项目用地红线内各建筑单体内外 100% 全面覆盖，保证无盲区、无死角，并可提供双向的工作方式，通话质量要求达到集群通信话音质量五级评分标准的 4 级以上，即信噪比优于 12dB。

系统采用集群模式，实现载波信道自动分配。设计容量为 4 个数字载波，提供 8 个无线中继转发信道，为各部门提供专用移动通信服务，提供不低于 10 个独立且互不干扰通信呼叫组。

7）会议系统。

设计范围为在会议室设置电子会议系统。会议系统包括会议发言系统、会议扩音系统、大屏幕投影系统及会议中控系统。

会议扩音系统由调音台、数字式声音处理器、功放设备、扬声器、音源设备等组成，满足会议和其他环境场合扩声的需要。

显示系统：采用投影机完成高清晰度的会议图像、资料。

远程视频会议系统：预留接口。

信号切换系统：所有的信号源采用 HDMI 矩阵、RGB 矩阵、AV 矩阵实现对高清信号、VGA 信号及 AV 信号的切换。

8）安全技术防范系统。

系统主要包括视频监控系统，出入口控制系统、停车场管理系统等子系统。安防监控室设于 ICU 一层，负责整个区域的安保监控。安防监控室对所有报警装置及视频摄像机进行监控。

9）医疗专用系统。

①医护对讲系统。

医护对讲系统基于局域网 LAN 和广域网 WAN 传输技术，可实现患者、护士、医生之间的求助呼叫及双向高清可视对讲；医生、护士可通过病床智能终端刷卡查阅医嘱、病历信息；护士可扫描核对患者输液/发药信息；患者可刷卡查看手术安排、治疗费用以及进行服务评价、远程探视等。

②医院信息化系统。

医院信息化系统包括医学影像信息系统（PACS）、医院信息系统（HIS）、放射学信息系统（RIS）、实验室信息系统（LIS）及临床信息系统（CIS）等，此部分由卫健委协调相应的系统供应商完成设计、施工调试及验收工作。

10）机房工程。

机房工程包括：信息网络机房和安防控制室。按照相关机房规范要求，机房工程内容分为：机房装饰工程、机房配电系统、机房照明系统、机房防雷系统、机房接地系统。

供电由城市引入两路 10kV 独立电源同时工作、分别运行、互为备用，并设置 16 台箱式柴油发电站作为自备应急电源，另外还针对手术室、ICU、检验科等配置了 UPS 电源。变配电系统根据建筑布置设置 24 座箱式变电站。

信息系统包括：语音通信、信息网络、综合布线、Wi-Fi 覆盖、公共广播、无线对讲、会议系统、安全技术防范、医疗专用系统、机房工程等。

5.3.2.4　暖通设计

（1）通风系统设计。

机械通风系统在三区两通道的基础上进一步细化分区设置，保证气流从清洁区→潜在污染区（医护工作区）→半污染区（通向病房的走廊）→污染区正确的流动方向，并保证相邻相通不同污染等级房间的压差不小于 5Pa。

负压隔离病房采用全新风直流式通风系统，按照三类（分区负压隔离病房 12 次 /h 或 8 次 /h、标准负压隔离病房 16 次 /h 或 12 次 /h、ICU 24 次 /h 或 12 次 /h）分别设置排风与送风系统。病房排风量与送风量的差值为 300m³/h，采用床尾顶部送风，床头下部排风。

隔离病房送风、排风系统均采用粗、中、高效过滤器三级处理，过滤器集中设置于室外；通风系统采用高位排风、低位进风，排风口高于地面 9m，进风口、排风口水平间距 20m 以上，垂直高差 6m 以上。

医护走道设置独立送风系统（8 次 /h），不设排风系统，送风系统兼顾缓冲区送风。清洁区与潜在污染区送风按 6 次 /h 设计，排风分别按 2～3 次 /h 及 3～4 次 /h 设计。送风系统、排风系统均采用粗、中、高效过滤器三级处理。

患者走道设置壁挂式排风机（亚高效过滤）。

卫生通过室"借用"人防工程防毒通道以及消防设计中防烟前室的做法，采用大小风机混用、带阀短管及小风机接力，保证医护人员安全通过。

病房集中排风系统采用两级风机接力，分房间设置一级排风风机；每个集中系统负责 6~12 间病房，系统分支管上设置调节阀、密闭阀；风管系统采用同程设置，并适当降低通风主管道风速，以利于风量平衡。

ICU、医技楼等有净化要求的区域，严格按照相应标准进行设计。

各相邻防护单元之间设置机械式压差传感器，病房主排风机设置过滤网压差在线检测，超压时联锁启动声光报警装置。

主要通风设备设置于室外地面，并预留 20% 的库存备份。通风、空调管线从病房侧面接出，避免穿越屋面。

（2）空调设计。

病房楼与医生防护区均按房间设热泵式分体空调器。医技楼的手术室及 ICU，设置热泵式净化空调系统。新风系统设置电加热装置。

（3）防排烟设计。

防排烟系统以自然排烟为主。清洁走廊等走道的新风系统基本满足加压送风防烟要求，按防烟系统设计。病人走廊可利用外窗开启自然排烟，在管理上明确标识，并配置适当数量的安全锤。

（4）医用气体设计。

本项目设置氧气与负压吸收两类医用气体，各按一个集中的站房设计。每床呼吸机用氧气流量为90L/min，总的满负荷流量为4 666m³/h；设8台卧式液氧罐（单罐为10 m³），罐体设计承压为1.0MPa，液氧的补给由槽车完成。

液氧站设2台气化器（单台流量为5 000m³/h），一用一备。负压吸引系统设12个真空罐与12台爪式真空泵，组成4套系统（2用2备），尾气经粗、中、高三级过滤，并由真空泵产生200℃的高温杀菌后排入大气。

5.3.3 代表性图纸及照片

代表性图纸及照片如图5-3-1~图5-3-7及附录中图7、图8所示。

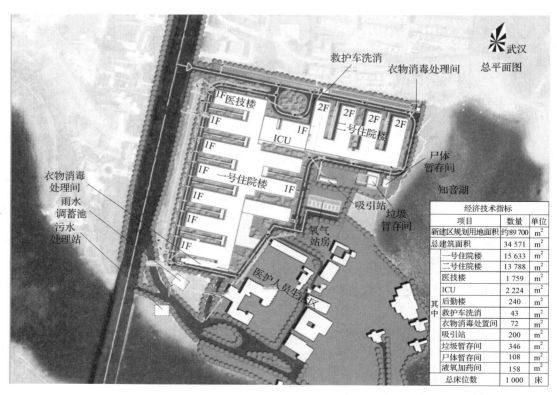

图 5-3-1 武汉火神山医院总平面图

图 5-3-2　武汉火神山医院实景鸟瞰

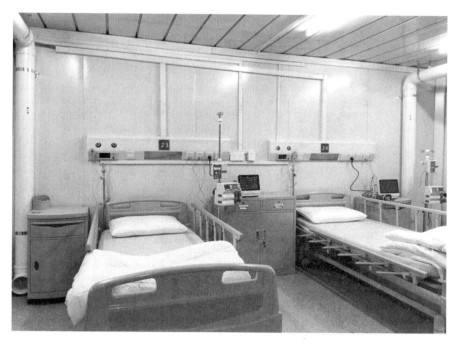

图 5-3-3　武汉火神山医院病房内景

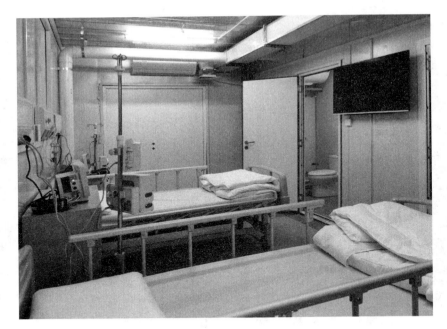

图 5-3-4　武汉火神山医院病房内景

图 5-3-5　武汉火神山医院病房单元中的医护走道

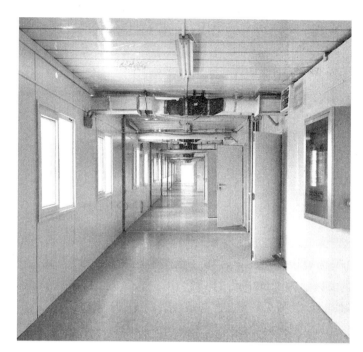

图 5-3-6　武汉火神山医院病房单元中的患者走道

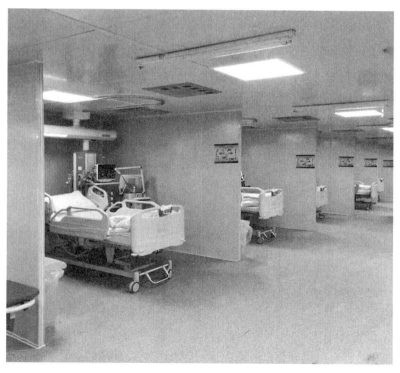

图 5-3-7　武汉火神山医院 ICU 病房

5.4 武汉雷神山医院

5.4.1 工程简介

建筑面积：7.99 万 m²。

建筑层数：1 层。

总床位数：1 500 床。

结构形式：轻型模块化钢结构组合房屋（箱式房）结构体系、钢框架结构体系及轻型钢框架结构体系。

建造周期：12 天。

设计单位：中南建筑设计院股份有限公司。

武汉雷神山医院选址于江夏区军运村，建设用地面积约 22 万 m²，总建筑面积约 7.99 万 m²。总床位数建设目标为 1 500 床，可容纳医护人员约 2 300 人。武汉雷神山医院是主要用途为收治已确诊的新冠肺炎患者的专项应急传染病医院。

用地东西两区分别规划为隔离医疗区和医护生活区，并配备有相关运维用房。隔离医疗区和医护生活区做到了相对独立，并规划了严格的医护、病患、物流及污物流线，医患分流、洁污分流，互不交叉。隔离区西侧医护入口处设置了卫生通过，保证两区的隔离不交叉。整体建筑与周边道路及其他建筑的间距满足传染病医院的要求。

5.4.2 各专业设计要点

5.4.2.1 建筑概况

隔离医疗区为新建一层临时建筑，设有卫生通过单元、病区护理单元、医技单元、接诊区，不含门急诊。护理单元为集装箱拼接式建筑，医技区为钢结构板房建筑；规划建筑呈"鱼骨状"布局。隔离医疗区共设 30 个隔离病区及 2 个重症监护病区。

隔离医疗区北侧设有污水处理站、微波消毒间、垃圾暂存库、垃圾焚烧间、液氧站、正负压站房等配套设施，并在隔离医疗区东侧出入口处设置救护车消毒间。

医护生活区包括宿舍区、办公区、餐饮区及清洁用品库。宿舍区一共新建 10 栋宿舍楼，均为板房结构临时建筑。其中在原运动员餐厅内新建 7 栋，在室外场地上新建 3 栋，其中室外场地有 1 栋 1 层宿舍为专家楼；其他 8 栋均为 2 层建筑。办公区利用原有运动员餐厅内的附属用房改造而成。餐饮区直接利用场地西侧军运会工作人员餐厅作为医院医护及营养餐厅使用，为整个医院提供餐饮服务。原物资库改为清洁用品库，可就近提供整个医院的物资存储。

5.4.2.2 结构设计

（1）设计原则。

结构设计不仅要保证安全性，更关键的是要便于快速施工。临时医院结构设计优先选择预制装配式结构形式，遵循标准化、模数化、集成化，利用工业化产品体系。装配式的模块集成度越高，现场安装工作越少，施工速度越快，质量也更容易保证。装配式建筑是建造方式的改变，更是设计理念的升级。

结构设计需要充分结合现场施工条件，设计初期和施工方就工期、加工运输、人力设备、材料供应、现场施工方法等方面沟通。在充分论证的前提下提出结构方案，确保实施的可行性。

（2）上部结构。

本项目设计中，针对隔离医疗区、医护生活区不同的建筑功能和空间特点，对应采取了不同的结构形式。

1）隔离医疗区。隔离医疗区从平面功能和空间特点上可分为病区护理区和医技区两种典型区域。其中病区护理单元均为尺寸、规格一致的病房单元与医护办公单元，具有典型的标准化、模块化的特征，故采用轻型模块化钢结构组合房屋（箱式房）结构体系。该体系采用工厂预制的集成模块，是由主体结构、楼板、墙板、吊顶、设备管线、内装部品组合而成的、具有集成功能的三维空间体，满足各项建筑性能要求和吊装运输的性能要求。

箱式房整体采用钢结构骨架和彩钢复合板墙体，骨架以冷弯薄壁型材为主要材料，通过焊接连接，结构整体性强，承载力高，抗风抗震，安全耐用。

箱式房单元能根据使用需求进行多元化改造，自由拼接，以箱体为基本单元，可单独使用，也可通过水平及竖直方向的不同组合形成宽敞的使用空间，垂直方向可以叠层。

隔离医疗区的医技区域层高为4.5m，平面柱网不统一且局部跨度达到18m，箱式房、板式房等预制装配式体系难以满足要求，故选择采用钢框架结构体系。

为了缩短设计时间，钢结构设计采用一阶段设计，直接用详图深化软件 Tekla 进行建模，将模型导入通用有限元软件计算，如 Midas Gen、SAP2000 等；设计成果直接用详图方式表达；便于与施工下料对接。

2）医护生活区。医护生活区为两层，根据建筑平面和空间要求采用了轻钢活动板房体系。建筑平面布置以墙板宽度 1 820mm 为模数，标准房间单元平面尺寸为 3 640mm × 5 460mm。

医护生活区采用的活动板房结构为轻型钢框架，设置交叉拉索以保证结构刚度和稳定。

5.4.2.3　给排水设计

（1）室外给水设计。

本项目所有生活、消防用水全部取自市政给水管网。医护生活区和隔离病区均可从市政不同道路引入 2 根市政给水管网以满足场地生活和消防用水要求。医护生活区和隔离病房区合用二次加压给水泵站，且保证生活水箱进水采用两路市政水源供给。

本项目供水全部采用断流水箱供水，泵房内出水管处设紫外线协同防污消毒器。考虑本项目为传染病医院，生活供水系统采取应急加氯措施。在生活加压泵房生活水箱进水管处预留 $DN32$ 投加口，并预留计量泵，应急加氯，满足传染病医院给水要求。

（2）室外排水设计。

医护生活区室外雨、污分流，设置两套独立管网；隔离病房区为防止交叉感染，室外分设病区污水、医技区废水及室外雨水三套独立排水管网。隔离病区污废水经独立管网收集后进入污水处理站统一处理达标排放。

（3）室内给水设计。

为确保供水安全及用水可靠性，本项目全部生活用水均采用加压供水，由集中二次加压给水泵站统一供水。隔离病区生活给水按病区和非病区分别设置给水管网，在病区给水引入总管前端设置倒流防止器。按护理单元各病区给水分设控制阀门，阀门设置于清洁区易于操作处。

（4）室内热水设计。

综合场地安装条件、设备采购情况及市政热媒的供给条件，本项目医护生活区医护宿舍采用 3 套空气源热泵机组提供集中卫生热水；隔离病区的病房采用每个卫生间设置局部电热水器的方式提供卫生热水；隔离病区各医护单元集中淋浴设置商用燃气热水炉提供集中热水。

（5）室内排水设计。

隔离病区病房卫生间污废水、医技用房污废水设独立排水管道单独排放，不得混接。准备间、污洗间、卫生间、浴室等房间设置地漏，护士室、治疗室、诊室、检验科、医生办公室等房间不设地漏。地漏采用带过滤网的无水封地漏加存水弯，存水弯的水封大于50mm；手术室、急诊抢救室等房间的地漏采用密闭地漏。排水系统设通气管等防止水封破坏的措施，地漏应采用水封补水措施。隔离区病房的通气管汇合后穿外墙并升至屋面以上 0.3m，在屋面设置紫外线杀菌消毒器消毒，且排水通气管的位置避开屋面新风机房的位置。

（6）室内消防设计。

本项目为临时建筑，设计施工周期极短，无法在如此短时间内按相关消防规范和标准设置一套完整的室内消防系统。为确保医院按期交付，跟相关部门沟通并得到主管部门的认可，本项目采用的主要消防设施是室外消火栓系统、建筑灭火器和微型消防站。

（7）医院污水处理。

本项目污水处理站主要处理隔离病区的所有污废水，处理规模按 2 条 40m³/h 处理单元并联运行设计，总规模为 80m³/h。污水处理工艺采用"预消毒接触池 + 化粪池 + 提升泵站 + 调节池 +MBBR 生化池 + 混凝沉淀池 + 折流消毒池"工艺，处理达到《医疗机构水污染物排放标准》GB 18466–2005 表 1 中传染病、结核病医疗机构水污染排放限值后排放。

（8）场地雨水收集处理。

本项目隔离病区地面铺设防渗膜，防止带病毒细菌雨水渗入地下污染地下水。地表径流雨水经地面雨水口、雨水管网等收集，经不锈钢拦截网后，进入模块式雨水调蓄消毒池消毒，且为避免雨水进入湖泊水体，将消毒后的雨水排入市政污水管网，最终进入黄家湖污水处理厂处理后达标排放。

5.4.2.4　电气设计

（1）强电设计。

本项目为新冠肺炎专项应急医院，供电负荷等级为一级，采用 4 路 10kV 高压电源供电（4 路电源共分为两组，每组中的 2 路电源互为独立电源，引自不同的区域变电站）。

院区共设置 28 座室外箱式变电站及 10 台室外柴油发电站，总供电容量达到 17 720kV·A。手术室、抢救室、ICU 等处还设置了 UPS 电源，极大地保障了用电的可靠性和安全性，为医疗救护提供了可靠的供电保障。

照明系统设置普通照明、应急照明、道路照明等。病房、医疗、办公、检验科采用吸顶式荧光灯具。洁净及无菌区灯具采用洁净型荧光灯。

病房、卫生间、走廊、诊室、手术室等需要灭菌消毒的场所设置紫外杀菌灯。

为防止交叉感染，本项目线槽及穿线管穿越污染区、半污染区及洁净区之间的界面时，采用不燃材料可靠密封。

（2）弱电智能化设计。

本项目的弱电智能化设计以实用、安全为主，选用系统结构简单的产品，共设置综合布线（包含电话、内网、外网、无线网、设备专网）、病房呼叫系统、一键报警系统、视频监控系统、门禁控制系统、火灾自动报警系统及联动控制系统等弱电智能化系统。

综合布线系统采用结构化网络布线技术，实现了全院的有线信息点、无线 Wi-Fi 5G 信号和运营商移动通信 5G 信号覆盖，可搭载智慧屏、高清智能会议终端、远程会诊终端、远程探视终端，能够让诊疗更加高效便捷，在目前疫情防控形势下，对于新冠肺炎患者的诊疗，对于减少医患的直接接触具有显著优势，更有利于疫情防控。

综合安防系统包含一键报警系统、视频监控系统和门禁控制系统。一键报警系统在护士站和医生办公室安装一键报警按钮，便于医护人员在紧急情况下一键报警求助。视频监控系统在各公共区域、护士站、医生办公室、ICU 等处设置摄像机，实现安防监控的全覆盖。门禁控制系统在病房区出入口，负压病房的医、患通道，污染与洁净区的过渡区设置门禁点，能有效地对人员进出实施管控，避免交叉感染；负压检验室缓冲间设置门禁点，满足工艺的 A、B 门联锁控制要求。

负压隔离病房设置有监视病房与缓冲间空气压差的装置，当压差失调时应能声光报警，防止病毒四处扩散。

每间病房还设置有病房呼叫、Wi-Fi 信号覆盖、有线电视、电话等设施，极大地方便了患者住院期间的治疗和生活。

5.4.2.5　通风空调设计

（1）设计方案。

根据项目周边能源状况，考虑临时医院建设周期短、应急的特点、设备材料库存及供货周期、设备材料安装时间等实际情况，为确保通风空调系统在短时间内完成投入使用，通风空调系统经多次调整，采用以下设计方案：

1）负压手术室、ICU 等高精度医疗用房采用净化空调系统。送风设置初效（G2）、中效（F7）、高效（H13）三级过滤，排风设置高效（H13）过滤。冷热源采用直膨式空气热泵机组，室内采用全新风直流式空调系统。

2）除手术室、ICU 等高精度医疗用房外，其他区域均采用热泵型分体空调。

3）每套负压隔离病房的送风、排风系统服务的病房数量为 5～6 间。送风经过初效（G2）、中效（F7）、高效（H13）过滤器三级处理。排风的高效过滤器应安装在房间的排风口处，排风经过高效过滤器处理后排放。送风、排风机均设置在屋面，新风口与排风口水平间距为 20m。

4）负压隔离病房及其他区域的通风系统的送风、排风量，应能保证各区压力梯度要求。送风、排风系统支管上均设置定风量装置及电动密闭阀（可单独开关）。

5）由于直膨式热泵机组的货源无法满足项目建设周期的要求，除手术室、ICU外，负压隔离病房及医护区的送风系统均采用空气电加热器（三档调节），并采取无风断电保护措施。

6）负压隔离病房通风系统的送风机与排风机应联锁控制，启动通风系统时，应先启动系统排风机，后启动送风机；关停时，应先关闭系统送风机，后关闭系统排风机。

7）送风机出口及排风机吸入口均设置与风机联动的电动密闭阀，总管上设置风量调节阀。

8）各种管道在穿越负压隔离病房的外墙及屋面处均采取严密的密闭及防漏水措施。

9）空调的冷凝水不应单独散排至室外，均分区集中收集，并应随各区污水、废水排放集中收集。

（2）气流组织与压差控制。

1）不同污染等级区域压力梯度的设置应符合定向气流组织原则，应保证气流从清洁区→半污染区→污染区方向流动。

2）相邻相通不同污染等级房间的压差（负压）不小于5Pa，负压程度由高到低依次为病房卫生间、病房房间、缓冲间与半污染走廊；清洁区气压相对室外大气压应保持正压。

3）负压隔离病房的送风口与排风口布置应符合定向气流组织原则，送风口应设置在房间上部；排风口应设置在病房内靠近床头的下部，卫生间排风口宜设置在房间上部，利于污染空气就近尽快排出。

4）有压差的区域，应在外侧人员目视区域设置微压差计，并标志明显的安全压差范围指示。

5）送风、排风系统的过滤器宜设置压差检测、报警装置。

（3）设备与管材的选择。

本项目实施时间为疫情高发时段及春节，因空调通风设备、部件及材料种类很多，设计初期方案中的较多设备采购周期长，镀锌钢板制作加工量大，加工时间已经无法满足工程的需要，同时加上几乎所有生产空调设备、各种阀门的厂家放假，尽管一些供货商提供大力支援，但是部分设备、部件及材料采购无法及时供货，给前期设计带来很大的困难。因此设计方案只能根据现有货源，多次进行调整。根据项目的实施时间要求，结合具体情况因地制宜，在满足国家有关规范及标准等要求的前提下，选择安装便捷、调试简单的设备，选择满足建设周期要求，制作安装简单，气密性好的通风空调管道。

（4）医用气体设计。

本项目设置有氧气、负压吸引及压缩空气等医用气体。

根据应急临时传染病医院的使用要求，充分考虑氧气用量。

病房氧气终端用量按 40～80L/（min·床），终端压力按 0.4～0.45MPa 确定；负压吸引终端用量按 30～80L/（min·床），终端压力按 -0.03～-0.07MPa 确定；压缩空气终端用量按 15～25L/（min·床），终端压力按 0.4～0.45MPa 确定。

氧气气源宜采用液氧形式，配置 6 台 20m³/h 的液氧储罐，每台液氧储罐配套 1 200m³/h 气化器，总气化量为 7 200m³/h，可充分满足使用需求。

5.4.3　代表性图纸及照片

代表性图纸及照片如图 5-4-1~图 5-4-7 所示。

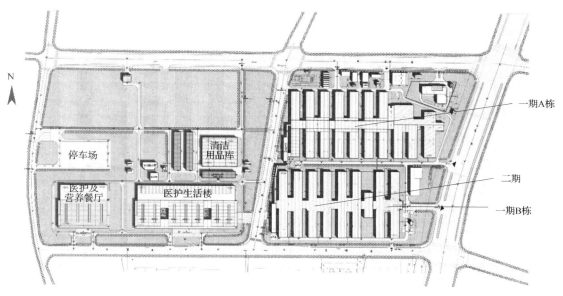

图 5-4-1　武汉雷神山医院总平面图

图 5-4-2　武汉雷神山医院施工期间航拍图（一）

图 5-4-3 武汉雷神山医院施工期间航拍图（二）

图 5-4-4 武汉雷神山医院施工期间航拍图（三）

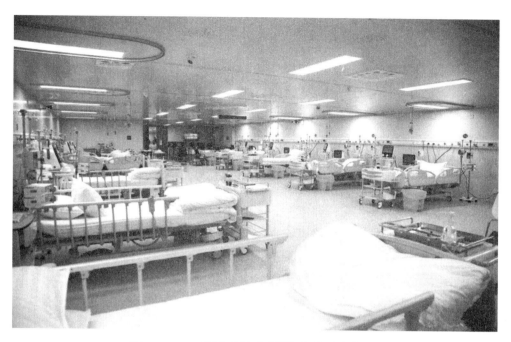

图 5-4-5　武汉雷神山医院建成后内景图

图 5-4-6　武汉雷神山医院建成后检验科内景图

图 5-4-7　武汉雷神山医院建成后检验科内景图

附录　应急医疗设施相关图片

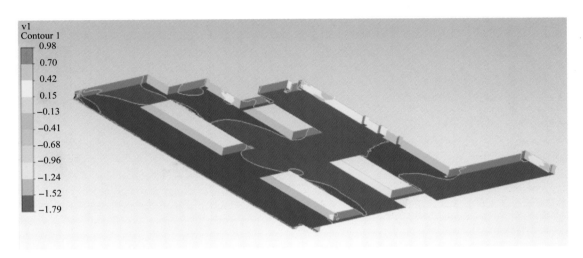

图 1　某应急医疗设施架空地面风压系数

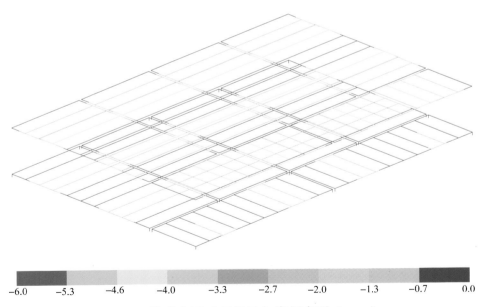

图 2　箱式房屋（顶板及）底板变形（mm）

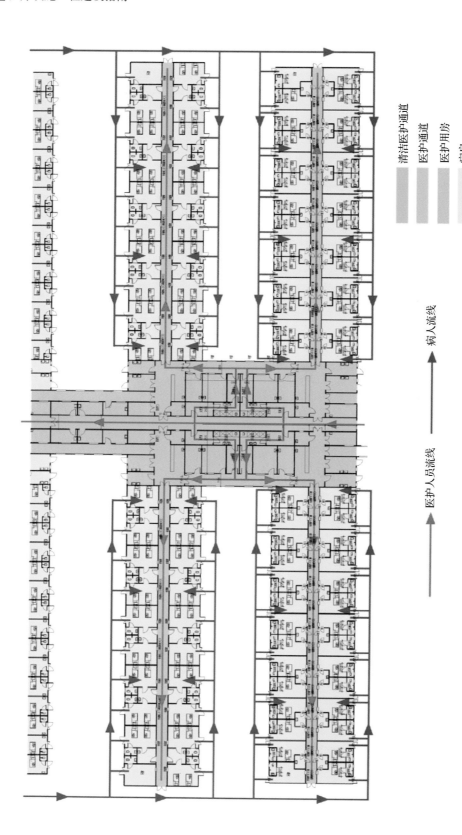

图 3 小汤山医院平面局部流线图

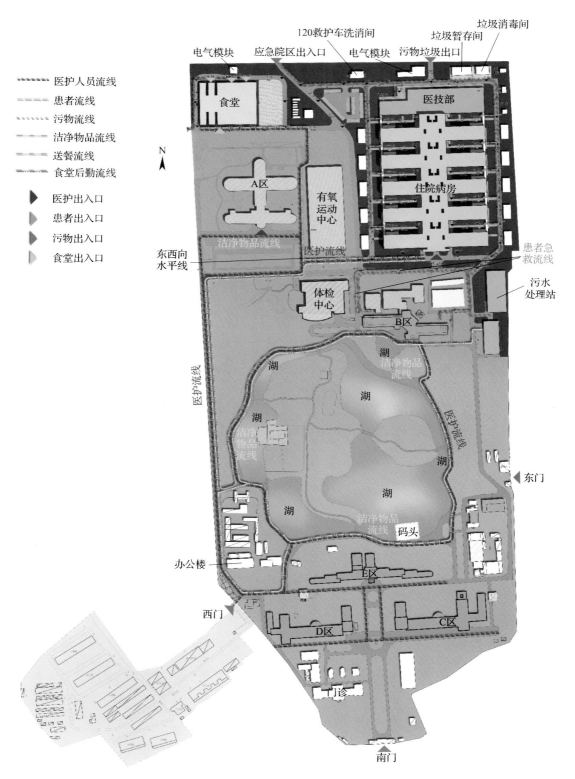

图例：
医护人员流线
患者流线
污物流线
洁净物品流线
送餐流线
食堂后勤流线

医护出入口
患者出入口
污物出入口
食堂出入口

图 4 新冠肺炎小汤山医院医、患、洁、污、流线示意图

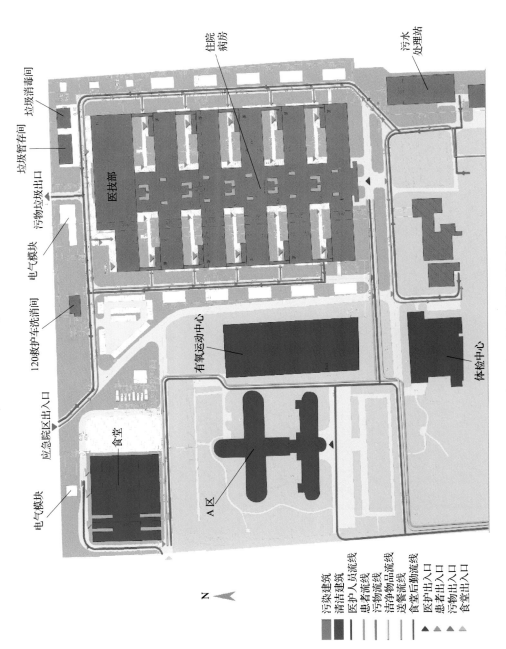

图 5　新冠肺炎小汤山医院功能分区

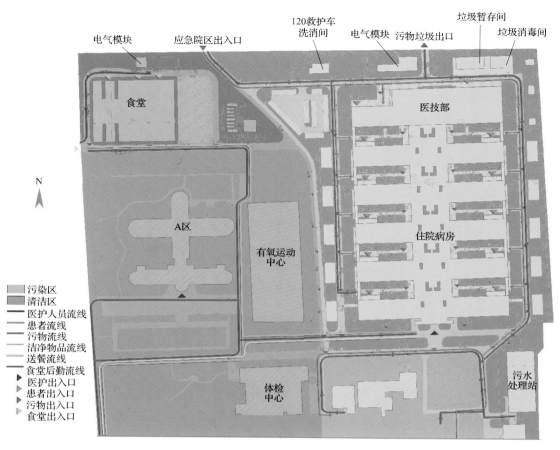

图6 新冠肺炎小汤山医院用地分区

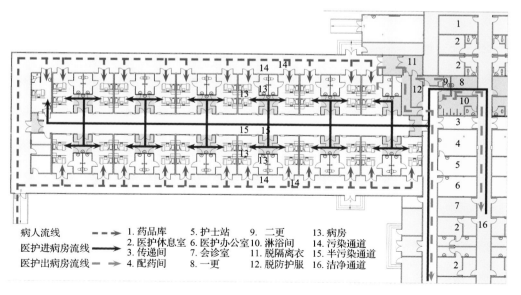

图7 武汉火神山医院护理单元平面及流线

ICU楼平面图

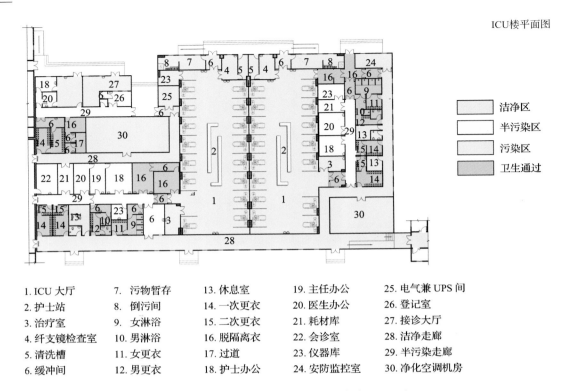

洁净区	
半污染区	
污染区	
卫生通过	

1. ICU 大厅	7. 污物暂存	13. 休息室	19. 主任办公	25. 电气兼 UPS 间
2. 护士站	8. 倒污间	14. 一次更衣	20. 医生办公	26. 登记室
3. 治疗室	9. 女淋浴	15. 二次更衣	21. 耗材库	27. 接诊大厅
4. 纤支镜检查室	10. 男淋浴	16. 脱隔离衣	22. 会诊室	28. 洁净走廊
5. 清洗槽	11. 女更衣	17. 过道	23. 仪器库	29. 半污染走廊
6. 缓冲间	12. 男更衣	18. 护士办公	24. 安防监控室	30. 净化空调机房

图 8 武汉火神山医院 ICU 病房平面图

参 考 文 献

［1］中国有色金属工业协会，工程测量规范：GB 50026-2007［S］.北京：中国计划出版社，2007.

［2］中华人民共和国住房和城乡建设部，建筑地基基础工程施工质量验收规范：GB 50202-2018［S］.北京：中国计划出版社，2018.

［3］中华人民共和国住房和城乡建设部，混凝土结构工程施工及验收规范：GB 50204-2015［S］.北京：中国建筑工业出版社，2015.

［4］中国工程建设标准化协会化工分会，工业金属管道工程施工及验收规范：GB 50235-2010［S］.北京：中国计划出版社，2010.

［5］中华人民共和国住房和城乡建设部，建筑工程施工质量验收统一标准：GB 50300-2013［S］.北京：中国建筑工业出版社，2013.

［6］中华人民共和国住房和城乡建设部，智能建筑设计标准：GB 50314-2015［S］.北京：中国计划出版社，2015.

［7］中华人民共和国住房和城乡建设部，生物安全实验室建筑技术规范：GB 50346-2011［S］.北京：中国建筑工业出版社，2012.

［8］中华人民共和国卫生部，传染病医院建筑施工及验收规范：GB 50686-2011［S］.北京：中国建筑工业出版社，2012.

［9］中华人民共和国卫生部，医用气体工程技术规范：GB 50751-2012［S］.北京：中国计划出版社，2012.

［10］中华人民共和国卫生和计划生育委员会，传染病医院建筑设计规范：GB 50849-2014［S］.北京：中国计划出版社，2015.

［11］中华人民共和国卫生和计划生育委员会，综合医院建筑设计规范：GB 51039-2014［S］.北京：中国计划出版社，2015.

［12］中华人民共和国住房和城乡建设部，装配式混凝土建筑技术标准：GB/T 51231-2016［S］.北京：中国建筑工业出版社，2017.

［13］中华人民共和国住房和城乡建设部，装配式钢结构建筑技术标准：GB/T 51232-2016［S］.北京：中国建筑工业出版社，2017.

［14］建筑材料联合会，建筑用金属面绝热夹芯板：GB/T 23932-2009［S］.中国标准出版社，2009.

［15］全国洁净室及相关受控环境标准化技术委员会，医院负压隔离病房环境控制要求：GB/T 35428-2017［S］.北京：中国标准出版社，2017.

［16］中华人民共和国住房和城乡建设部，医疗建筑电气设计规范：JGJ 312-2013［S］.北京：中国建筑工业出版社，2014.

［17］中华人民共和国卫生部，医院隔离技术规范：WS/T 311-2009［S］. 北京：中国标准出版社，2009.

［18］中华人民共和国卫生和计划生育委员会，医院医用气体系统运行管理：WS 435-2013［S］. 北京：中国标准出版社，2014.

［19］中国中元国际工程有限公司，急医疗设施设计标准：T/CECS 661-2020［S］. 北京：中国建筑工业出版社，2020.

［20］谭西平. 医用气体系统规划建设与运行管理指南［M］. 北京：中国质检出版社，中国标准出版社，2016.